苜蓿科学研究文丛
（三）

苜蓿考

孙启忠 著

科学出版社

北 京

内 容 简 介

本书是作者多年研究苜蓿历史、文化和科学的系列研究成果《苜蓿科学研究文丛》的第三分册，也是文丛第一分册《苜蓿经》、第二分册《苜蓿赋》的延续和深化。全书分为四篇，分别对我国苜蓿的起源和古代、近代苜蓿植物学研究，以及苜蓿栽培利用进行了考证，对明清、民国时期方志中的苜蓿进行了追溯考证。书稿中引用、查证了大量历史文献资料，征引丰富的历史记录来详细阐述了四篇的四个主题。

本书适合对苜蓿或牧草进行研究的科技工作者，关心国家牧草发展的人士，对草学史、农学史研究和中国古代农业文化有兴趣的爱好者阅读；适合大中型图书馆作为基础资料收藏。

图书在版编目（CIP）数据

苜蓿考 / 孙启忠著. —北京：科学出版社，2018.11
（苜蓿科学研究文丛）
ISBN 978-7-03-059227-9

Ⅰ.①苜… Ⅱ.①孙… Ⅲ.①紫花苜蓿－研究 Ⅳ.①S551

中国版本图书馆CIP数据核字（2018）第241367号

责任编辑：马 俊 孙 青 / 责任校对：郑金红
责任印制：张 伟 / 封面设计：刘新新

科 学 出 版 社 出版

北京东黄城根北街16号
邮政编码：100717
http://www.sciencep.com

北京虎彩文化传播有限公司 印刷
科学出版社发行 各地新华书店经销

*

2018年11月第 一 版 开本：787×1092 1/16
2018年11月第一次印刷 印张：16 1/2
字数：350 000

定价：128.00元
（如有印装质量问题，我社负责调换）

《苜蓿考》是在拙著《苜蓿经》《苜蓿赋》的基础上，对我国苜蓿的起源乃至古代、近代苜蓿栽培利用等若干问题的考证研究，是《苜蓿经》《苜蓿赋》的续篇和深化。

牧草的起源和栽培史不仅是草业的重要内容，也是农业的重要内容。苜蓿不仅是我国草业中的重要牧草，也是农业中的重要作物。我国不仅是世界上种植苜蓿最早的国家之一，也是种植面积最大的国家，而且目前种植面积仍在扩大。苜蓿在我国2000多年的栽培利用中，不仅在农业、畜牧业中发挥着重要作用，而且在军事和邮政乃至救荒及人们的生活改善等方面亦发挥着重要作用。我国在古代不论是苜蓿研究水平，还是苜蓿生产技术水平均是世界一流。苜蓿的科学技术有着一定的历史延续性和传承性，今天的苜蓿科学技术，正是由过去的科学技术发展而来。研究和了解我国苜蓿的科技发展史，探讨其发展规律，可以起到借鉴历史、温故知新的作用。

我们的祖先在利用苜蓿的过程中，积累了丰富的知识和经验，形成了世界上历史最悠久、内容最丰富、技术最全面的传统苜蓿科技与文化。然而，到目前为止，关于苜蓿的许多历史问题（如苜蓿引入者、引入时间、汉代苜蓿的原产地等）在认识上还有分歧，有些问题或观点因沿袭前人而出现不妥，甚至是错误。这就需要我们做进一步的考证研究，以求得苜蓿的本来面貌。对我国苜蓿相关历史问题的考证，从古至今从来没有停止过，如晋郭璞《尔雅注》、宋罗愿《尔雅翼》、明朱橚《救荒本草》、明李时珍《本草纲目》、明王象晋《群芳谱》、清程瑶田《程瑶田全集·释草小记》、清吴其濬《植物名实图考》和近现代黄以仁《苜蓿考》、向达《苜蓿考》、谢成侠《中国马政史》及劳费尔《中国伊朗编》、桑原骘藏《张骞西征考》、陈直《史记新证》等都从不同方面、不同角度对苜蓿进行了考证研究。另外，我国古代在苜蓿栽培利用方面创新性地采用了许多行之有效的技术,有些技术(如分期播种、苜蓿 - 荞麦混播、旱地 - 水地播种技术、苜蓿改良盐碱地、刈割制度、苜蓿地冬春季管理等)不仅在当时居世界领先水平,而且到现在亦不显落后。然而,由于我们对这些技术缺乏挖掘,导致现在对这些技术认识不足、领会不深、应用不广,许多技术还没有在生产中发挥作用,而有些技术正被我们淡忘或正在消失。本书就是在前人考证研究的基础上,采用植物考据学的原理与方法,将文献记载和考古发掘中所涉及的苜蓿内容梳理成 21 个问题,进行初步的尝试性考证研究,以期求得苜蓿史实,或对苜蓿的几个问题有个基本判断,或将古代的先进技术挖掘出来,使之古为今用。

宋罗愿曾指出:"草木所以难言者,以其名实相乱,每每如此。"植物学家钟观光也因整理古代植物而发感慨:"整理旧籍,视若平易,行之则难。非经费之难,而人才实难。亦非人才之难,而热心毅力之为难也,惟其人多读古书,不能从事。读书而愿为矣。"承传古今、沟通中外是一件十分困难的事。要查阅大量的古代文献,进行甄别与考证,辨析与扒梳之艰难,超出人们的想象。我们在考证研究时,十分注重对原始文献记载研读和解译,尽力规避历代修书过程中因错讹疏漏而产生的偏差和错误。在本书的资料收集钩沉、扒梳整理、剪裁取舍、编写内容、谋篇布局等方面,韩丹蕊、魏晓斌、方珊珊、闫亚飞、王林、王晓娜、张慧杰、王清郿、高润、张仲娟、柳茜、邢启明、徐丽君、陶雅和李峰等费了苦心,下了不少的功夫,在此向他们表示由衷的感谢。倘若没有他们的帮助,可能这本书就不会与读者见面或还需些时日。由于书中涉及内容庞杂,作者水平所限,更兼时间短促,未能细研深究,书中不足之处在所难免,恳请读者批评指正。

目录

第四篇 方志中的苜蓿考

第一篇

苜蓿起源

　　苜蓿起源，既是一个历史问题，也是一个理论问题，更是一个科学问题。它既是史学界研究的重要内容，也是农史界研究的重要内容，更是草学界研究的重要内容。与其他栽培的植物相比，我国苜蓿的起源是世界上记载最完整，历史最可信的。美国汉学家劳费尔（Berthold Laufer，1874~1934年）指出，在汉代大量种植苜蓿的中国人并没有认为苜蓿是本土所产。中国人在阐明苜蓿的来历方面具有很重要的贡献，这使人们对这个问题有了一个新的看法。其实在栽培的植物中，只有中国的苜蓿具有这样确实可信的历史。

一、苜蓿的起源与传播

　　研究每一种作物起源地在哪里，它的传播路径又是怎么样的，既是一个历史问题，也是一个理论问题，既是农学界的重要研究领域，也是农史界乃至史学界的重要研究领域。探讨苜蓿（*Medicago sativa*）的起源与传播历来受到人们的重视，它的栽培利用史堪称人类栽培利用牧草史的缩影，倘若了解和掌握了苜蓿的起源与栽培史，就犹如知道了牧草栽培的发展史。早在 1884 年，de Candolle（德·康道尔）[1] 对包括苜蓿在内的多种作物的起源与传播进行的研究成为该领域的经典之作，为之后乃至现在研究苜蓿等作物的起源与传播奠定了基础。近 100 多年来，世界各国的学者对苜蓿起源的探讨研究一直没有停止过 [2~8]，其研究主要集中在苜蓿的起源与进化 [1, 2, 9~12]、传播路径 [13~19] 和各国引种 [4, 20~23] 等方面。目前人们普遍认为苜蓿（紫花苜蓿）起源于古波斯，其传播扩散有两个路径：一是从小亚细亚（土耳其的亚洲部分）到外高加索高原地带，再到欧洲和北非；另一个是起源于中亚，随着古代文明的灌溉栽培发展而扩展 [8, 24]。近几年，我国对古代苜蓿的研究主要集中在汉代苜蓿引入者 [25]、引入时间 [26] 与物种 [27]，张骞与汉代苜蓿 [28]，古代和近代苜蓿植物学 [29, 30]，以及两汉魏晋南北朝 [31]、隋唐五代 [32]、明代 [33]、近代苜蓿栽培利用 [34] 和民国时期西北苜蓿种植利用 [35] 等方面，而对苜蓿的起源与在世界各地传播途径研究较少 [36~38]。苜蓿是古老的世界性牧草，开展其起源与传播路径的研究，对了解我国苜蓿的来龙去脉、亲缘关系和植物区系等具有十分重要的意义。鉴于此，本文旨在应用植物考据学原理，以近现代苜蓿乃至作物起源研究成果为基础，探讨苜蓿的地理分布中心、最早栽培起源以及传播路径等，以期对我国苜蓿的起源与传播乃至亲缘关系研究提供一些有益借鉴。

1　苜蓿的来源和起源中心

1.1　苜蓿的来源

　　苜蓿原产于亚洲西南部，其小种（form）以及近亲种（species）在中亚细亚分布很多，甚至北至西伯利亚亦有其踪迹 [39]。一般认为紫花苜蓿（*Medicago sativa*）起源于近东中心，即小亚细亚、外高加索、伊朗及土库曼斯坦的高地 [7, 40, 41]。王启柱认为，苜蓿原产地范围由现今伊拉克（美索不达米亚）北向跨过土耳其及伊朗（波斯）至西伯利亚[39]。伊朗作为苜蓿地理学上的中心得到普遍认可[8]。该地区属大陆性气候，冬季寒冷、春季来临晚，夏季高温干燥而短促，土壤为典型的中性土，从表土到下层石灰含量多，排水良好。

1.2 苜蓿的起源中心

根据苏联学者进行的广泛系统发育研究，苜蓿有两个不同的起源中心。其一是外高加索山区地带，现代欧洲型苜蓿来源于此。该地区属于大陆性气候，冬季严寒为其主要特征。现在在北非绿洲中生长的苜蓿在生态型和形态上与外高加索野生苜蓿种相似，属于同源种。只不过在绿洲生长的苜蓿适应了高温气候，渐渐地失去了耐寒性，形成了生长迅速和刈割后快速生长的适应高温气候的特性[8, 18]。另一个苜蓿起源中心为中亚细亚，从系统发育学上与前述欧洲类型不同。该地区为有史以来进行灌溉的地方，夏季酷热干燥，这点和外高加索一样，但不同的是冬季温暖。因此，起源于该地区的苜蓿在灌溉条件下发生了进化，缺乏抗干旱性和抵御叶病的能力[8, 16]。

2 有关苜蓿的最早记载

苜蓿是一种古老的作物，它的出现比文字记录的时间要早。虽然确定它是古地层植物物种非常困难，但在伊朗考古遗址中发现的炭化苜蓿种子足以证明这一点，它将人类利用苜蓿的历史追溯到 8000 年之前[17, 42]，同时，叙利亚出土了 2000 年前人们收集到的豆科和禾本科牧草种子的炭化标本[7]。公元前 490 年，在大流士的统治下，苜蓿被带入了希腊和迈迪安。据报道，公元前 4 世纪希腊人在迈迪安军队撤退后第一次看到大片的绿色苜蓿。该入侵者显然已经建立了苜蓿地以供养他们的马、骆驼等驯养的家畜。苜蓿被研究过或至少被几个希腊人提及过，包括阿里斯托芬和亚里士多德[7]。Mechdel[7]认为这些炭化种子可能是植物或动物粪便作为燃料的残留物。

Platt[42]指出，苜蓿作为饲料作物和种子被人类利用。Hendry[43]认为，苜蓿早在公元前 7000 多年前就得到栽培利用，在公元前 7000 年前就有船航行在地中海，公元前 4000 年地中海东部一带海上生活呈现繁荣景象，这一切对具有极高利用价值的苜蓿推广利用起到了十分重要的促进作用[7, 44]。根据约 3300 年前砖头写字板上记录的罗马时代最古老的记录，苜蓿当时已经作为家畜饲草被利用，在土耳其的 Corum/Alacahoyuk 地区进行考古挖掘时，发现了公元前 1400～前 1200 年的 Hittcte 砖块，砖块上记载着动物整个冬季都在被饲喂苜蓿，并且认为苜蓿是动物的高营养饲料[16, 45]，

Sinskaya[45]认为历史证据充分证明,公元前1000年在米堤亚(Media,伊朗高原西北部)苜蓿就有广泛分布,土库曼斯坦、伊朗、土耳其、高加索地区以及亚洲中部其他国家是最早引种驯化苜蓿的国家,苜蓿也是早期巴比伦王国重要的栽培作物,同时也受到了波斯人、古希腊人和古罗马人的青睐[46]。

最早关于苜蓿的论述则来自于公元前1300年的土耳其和公元前700年的巴比伦人的教科书中[4, 47, 48]。早在公元前1000年的波斯,最古老的苜蓿品种紫花苜蓿就广泛分布并被用做牲畜饲料。波斯萨珊王朝(公元3～7世纪)的霍斯鲁一世把苜蓿纳入新兴的土地税内,苜蓿税比小麦和大麦高7倍,可见其时苜蓿不仅仅是饲料作物,而且被当作有别于传统农业品种的"经济作物"。同时,在那个时期的波斯医书中,苜蓿也被用于处方配药。Klinokowsk[46]指出,古希腊伟大的剧作家阿里斯托芬(Aristophanes,444B. C.～380B. C.)和伟大的哲学家与科学家亚里士多德(Aristotle,384B. C.～322B. C.)对苜蓿都曾做过叙述,植物学家泰奥弗拉斯托斯(Theophrastus)大约在300B. C.对苜蓿进行了明确的记述。当希腊人从波斯引进苜蓿后,喜剧大师阿里斯托芬在《骑士》一剧里,对苜蓿进行了最早的文字记载。在阿里斯托芬的记述中,苜蓿被当作幸运的象征:骑士军团按原定计划稍事停留后继续向战场前进,临行前精灵们采集了一些四叶苜蓿,送给他们,精灵们相信这会给他们带来好运。

3 苜蓿的传播

3.1 苜蓿在亚洲的传播

像其他作物的传播一样,苜蓿也是随着航海贸易和入侵军队而传播。苜蓿在公元前1000年被引入波斯西北部[18]。大约在公元前700年,苜蓿被列入犹太王国园林植物的清单中。公元前126年由汉武帝派往西域的使者张骞带回苜蓿种子,从此,苜蓿开始在中国种植[42],成为中国重要的饲草和作物。Michael[17]研究指出,公元前2世纪4000英里(1英里≈1.69千米)的"丝绸之路"向中国开放,允许经陆路与西方国家进行贸易。渴望提高他的军事能力以超过匈奴游牧民,汉武帝派汉使张骞出使西域。那些汗血马是最好的马,被发现在今天的乌兹别克斯坦,机敏的张骞带着两匹马和著名的马饲料(苜蓿)一起返回[17]。此为苜蓿在中国栽培之起源。之后,陕西西安(长安)附近的黄河流域一带皆有栽培。至今黄河沿岸的山东、河北、山西、河南、甘肃及陕西等省种植的苜蓿,皆由此逐渐扩展,并曾传播至东北各省。此种苜蓿属土耳其的紫苜蓿。此外,厚和市(今呼和浩特市)及其附近地区所种的土耳其的紫苜蓿,则可能由商旅从中亚细亚传入。而台湾则在日本人侵略时期输入[39]。

日本的苜蓿则为文久享保年间（1861 年）由中国引进[39]，但因风土关系，内地栽培不多。目前北海道一带栽培者则多由美国输入，其中尤以 Grimm（格林）苜蓿为主[49]。

3.2 苜蓿在欧洲的传播

大约在公元前 490 年，波斯及 Medes（米底）人侵略希腊时，为饲养其战马、骆驼及家畜，曾输入苜蓿[3, 45]，并开始种植，由此传播至意大利，再经 1 世纪又传播至其他欧洲国家，如西班牙等。普林尼（Pliny）认为苜蓿从波斯传入希腊的时间在公元前 492 ～前 490 年[7]，希腊人第一次见到了生长着的苜蓿。从此苜蓿在希腊农业中得到了大的发展。在公元前 146 年罗马人从希腊农业文明获得一批极珍贵的物质遗产，其中就有苜蓿种子[3]。Bolton[3] 指出，苜蓿被引入意大利的确切时间还不清楚，可能是公元前 200 年。大约在 2000 年前的古罗马农业时期，苜蓿成为一种非常重要的作物被意大利广泛栽培利用。Varro[48] 记录了 1 世纪罗马人种植苜蓿时，在选择地块、播种和管理等方面所掌握的先进技术。罗马人（2000 年前）已经拥有牧草栽培的先进知识，真让人感到惊奇。他们的技术很发达，与现代栽培和利用的技术相比并不落后。因此，Ahlgren[5] 认为罗马人是饲草栽培之父（饲草栽培之父应该是中国，因为中国公元前 126 年就开始种植苜蓿了，并已开始分期播种，这要比古罗马早 100 多年），因为他们掌握了包括播种、田间管理和干草调制等在内的饲草种植先进技术。真木芳助[18] 指出，苜蓿饲料价值高，促进血液循环，瘦家畜可增肥，也有治疗病的医药效果。并且，苜蓿适合生于排水良好富含石灰的土壤，具有改善土力的功效。为蜜蜂喜欢的牧草，具有施用石灰的效果，播种适量为 38kg/hm²，收割适期为开花期，一年刈割 4 ～ 6 次。因此，在苜蓿传入意大利的同时，苜蓿也开始了在世界范围内的传播[5, 18]。

在欧洲紫花苜蓿是由罗马帝国向各国散布的[49]。在 1 世纪和 2 世纪苜蓿可能是通过罗马帝国运送的，科卢梅拉（Columella）在西班牙南部安大路西亚（Andalusia）种植了苜蓿[17]。与此同时，瑞士中部的卢塞恩湖（Lucerne lake）地区广泛种植苜蓿[43, 50]，之后苜蓿开始在整个欧洲传播，并被称为 Lucernce（苜蓿）。另外也有人认为此时法国南部也有苜蓿种植，但直到 13 世纪前苜蓿在该地区尚未得到大的发展。Hendry[43] 指出，在摩尔人侵略战争时期，苜蓿由北非被引入西班牙，因此，西班牙人更早地接受了阿拉伯语 "Alfalfa"（苜蓿），与罗马文字的 "medica" 或 "lucerne" 相比，西班牙人更偏爱用 Alfalfa。随着罗马帝国的没落，苜蓿随之也从欧洲消失[16]。然而，16 世纪中叶，意大利又重新从西班牙将苜蓿引入，并且再一次在全国广泛种植[43]。根据 Klinokowsk[44] 对苜蓿历史的详述，1550 年苜蓿从西班牙扩展到法国，1565 年到比利时，1580 年到荷兰，1650 年到英国，大约在 1750 年到德国和奥地利，1770

年到瑞典，18 世纪传到俄国 [39]。

3.3 苜蓿在南美洲的传播

Michael[17] 研究指出，16 世纪中叶，由于美洲新大陆的发现和殖民化，许多西班牙人和葡萄牙人将苜蓿种子带入秘鲁、阿根廷及智利，到 1775 年最后将苜蓿种子传入乌拉圭 [46]。传说那时当地人为了得到紫花苜蓿种子不惜重金。16 世纪墨西哥和秘鲁被西班牙人征服，成为苜蓿传入新大陆的契机。一个叫克里斯托巴尔（G. Cristobal）的西班牙士兵，于 1535 年将紫花苜蓿引进到秘鲁。直到 18 世纪，紫花苜蓿通过安第斯山脉进入阿根廷 [17]。从秘鲁传入智利，再传入阿根廷找到了合适的地方并得到迅速普及。

3.4 苜蓿在北美洲的传播

西班牙对美洲殖民，曾将苜蓿输入墨西哥，然后经墨西哥及智利于 19 世纪中叶传入美国。1736 年，苜蓿经传教士之手从墨西哥传入美国。据记载 [4, 18]，佐治亚州、北卡罗来纳州或者纽约州栽培的时间为 1736 ～ 1781 年。1836 年，在美国西南部各州有了苜蓿栽培，包括得克萨斯州、亚利桑那州、新墨西哥州等。约于 1850 年，来自西班牙的苜蓿原种从南美洲引到美国的西南部，随后传播到加利福尼亚州北部，并向东远至堪萨斯州。1858 ～ 1910 年，自欧洲和俄国的 3 个耐寒种质资源被引到美国中西部地区的北部和加拿大 [51]。来源于秘鲁（1899 年）、印度（1913 年和 1956 年）和非洲（1924 年）的 3 个不耐寒类型也被引进。此外，还引进了两个中间类型，其中之一来源于法国北部（1947 年），另一个则来源于俄国南部、伊朗、阿富汗和土耳其（1898 年至约 1925 年）。目前在美国利用的栽培品种中，共有 9 个是最有代表性的苜蓿基本种质类型 [51]。

在美国出现大规模种植和普及苜蓿是 1850 年以后的事。那时太平洋沿岸正兴起淘金热，和从各地寻找金矿的人集聚一起，苜蓿也开始了登陆旅程。主要是从墨西哥、秘鲁、智利引进，当时被称作智利三叶草进行栽培。强烈的日照、干燥的气候加上灌溉适合于苜蓿栽培，苜蓿传播于加利福尼亚州、蒙大拿州等，如同燎原之火，仅仅 40 年就传播于广大地区，这是有名的苜蓿东进 [17]。但是，顺利东进的苜蓿未能跨过密苏里河进行东扩，适合于高温干燥地带的温地型苜蓿，在密苏里河东岸的冷湿地带冬季多枯死，生长衰退并得病而东扩失败 [2, 18]。

关于苜蓿传入美国的路径目前还没有统一的认识。Hanson[16] 认为苜蓿通过 4 条路径传入美国：

（1）1736 年从大不列颠群岛传到佐治亚州；

（2）1836 年从墨西哥传到加利福尼亚州；

（3）1851 年从智利传到加利福尼亚州；

（4）1857 年从德国传到明尼苏达州。

3.5　苜蓿在大洋洲的传播

Sinskaya[45] 和 Klinokowsk[46] 研究指出，苜蓿大约在 1800 年由欧洲传入新西兰，1806 年引入澳大利亚。

苜蓿在新西兰的栽培历史记载稀少。一般认为苜蓿大约在 1800 年由欧洲引进，而 Palmer[52] 则认为是引自阿根廷。Marlborough 苜蓿，是在南岛发展特别适应于新西兰的主要品系。一般认为它是由 Provence 或猎人河类型经长期自然选择的产物。另外有一杂种来源的苜蓿，如格林苜蓿的种质，也可能是对 Marlborough 品系杂花和黄花的植株以及某种程度的冬季休眠性提供了种质来源。Marlborough 型苜蓿（即 Wairaw）至今仍是新西兰种植的主要苜蓿[16]。

正如同在新西兰的情况　样，苜蓿在澳大利亚的历史也不可靠[16]。早在 1806 年殖民地建立初期 Governor King 将苜蓿引进该国，并获得好评。商业上首次种植苜蓿是在猎人河和 Peel 河的冲积平原上。1833 年新南威尔士当地种植了 2000 英亩（约 810hm²）的苜蓿，到 1920 年，面积增加达 100 000 英亩（约 40 500hm²）。猎人河苜蓿是澳大利亚种植的主要品种，一般认为系起源于法国的 Provence 品种，也有认为系起源于无毛的秘鲁苜蓿（Smooth Peruvian）、阿拉伯苜蓿，或其至来自美国普通苜蓿。在澳大利亚，经过 100 多年的自然选择，无疑对猎人河苜蓿的发展起着重大作用[16]。

王启柱[39] 指出，澳大利亚的苜蓿是由英国 1860 年传入新南威尔的。

3.6　苜蓿在非洲的传播

在公元前后，苜蓿就由起源中心伊朗开始向外传播[16]，Sinskaya[45] 和 Klinokowsk[46] 认为在公元元年前后，苜蓿也开始在北非的绿洲得到种植和生长。王启柱[39] 指出，711 年西班牙侵入非洲时，曾传入苜蓿（或谓由罗马帝国输入）。Hanson[16] 指出，苜蓿系 1850 年左右由法国传到非洲南部，初期即在养育鸵鸟的大农场得到较大发展。虽然鸵鸟农场走向衰落，但苜蓿却保存下来，并广泛栽培于干旱和半干旱地区的灌溉土地上。Provence 苜蓿是最广泛的种植了许多年的品系。起源于西藏的中国苜蓿，也在此种植一些，并以其抗寒性特别值得称道[16]。

4 美国最早苜蓿引种与格林苜蓿

4.1 美国最早的苜蓿引种栽培与失败经验

在新英格兰移民进入美国的同时，也把苜蓿种子带到了北美洲东部进行试种，但是由于难以克服的酸性土壤和潮湿的气候，大部分试验都以失败告终。探其失败原因，寒冷、多湿、酸性土壤等严酷的自然条件不能接受苜蓿所致。尤其是从西欧带来的西班牙苜蓿（*M. sativa*）为耐寒性弱的类型，不适应当地条件。Ahlgren[5] 指出，1736 年美国首次在佐治亚州进行苜蓿种植，之后的 1739 又在北卡罗来纳州进行种植。纽约州也在 1791 年开展过苜蓿种植，少量生长在石灰质土壤上的苜蓿表现较好。值得一提的是托马斯·杰弗逊（Thomas Jefferson，1743 ～ 1826 年，美国第三任总统）和乔治·华盛顿（George Washington，1732 ～ 1799 年，美国第一任总统）在弗吉尼亚州分别于 1793 年和 1798 年种过苜蓿，但是没有成功[44]。

熟悉法国农业的托马斯·杰弗逊最初对苜蓿相当热情。他在 1793 年和 1794 年种植苜蓿，但是该种显然不适合蒙蒂塞洛（Monticello）的条件，在 1795 年 9 月，杰弗逊写信给华盛顿“在去年冬季前，我给紫花苜蓿上面覆盖了许多的粪便并到期进行了中耕；然而冬季仍然冻死不少，以至于我要放弃他了”，华盛顿回应道，“比起你种植紫花苜蓿，我也没有成功，但我会继续种植，在完全放弃之前进行更符合实际的试验。”华盛顿认为在苜蓿种植方面还存在许多问题，必须解决苜蓿种子活力低和缺乏田间管理的问题[17]。华盛顿在 18 世纪 90 年代中期给芒特·弗农（Mount Vernon）的经理威廉·皮尔斯（William Pearce）写信，包括关于苜蓿苗床的准备和种植时间的详细说明。在 1799 年 11 月，华盛顿向商人克莱门特比德尔抱怨说，“让我知道三叶草种子在什么价位出售和紫花苜蓿是否有好种子？这些种子，你今年春天为我提供的苜蓿种子，很少或根本没有发芽。”尽管美国东部是苜蓿种植最早的地区，但是直到 1899 年，密西西比河以东的苜蓿仅占美国苜蓿总面积的 1%。通过育种家在苜蓿改良、接种根瘤菌、石灰改良土壤和施肥等方面的不懈努力，在 1949 年密西西比河以东的苜蓿已占美国苜蓿总面积的 40%。

苜蓿传入美国传教士可能起了重要的作用。早期的传教士从墨西哥、智利，可能还有秘鲁将苜蓿种子带入美国西南部，Stewart[53] 认为到 1936 年，美国西南部已有许多地区生产苜蓿。大约在 1850 年“淘金热”时期，像许多作物一样，苜蓿也在加利福尼亚立足了，这是非常重要的。虽然不知道苜蓿第一次（1847 ～ 1850 年）从南美洲进入加利福尼亚中部的确切时间，但是加利福尼亚的农民已将在智利种植了 20 多年的苜蓿称为“智利三叶草”进行种植，并成为加利福尼亚许多农场的重要作物[44]。Ahlgren[5]认为，1851 年 Cameron 在加利福尼亚萨克拉曼多河谷的马里斯维尔（Marysville）第一次种植苜蓿，到 1858 年苜蓿种植面积达 270 英亩①[4]。

由于加利福尼亚苜蓿种植的成功，苜蓿迅速向东扩展到了犹他州，犹他州的干燥气候和灌溉条件为苜蓿生长提供了良好的条件，从此苜蓿由犹他州向毗邻各州扩展。到 1894 年苜蓿在堪萨斯州扩大种植。19 世纪末和 20 世纪初，在蒙大拿、艾奥瓦、密苏里和俄亥俄等州开始种植苜蓿[8]。

4.2 格林（Grimm）与格林苜蓿

起源于西班牙的普通苜蓿在促进美国大部分地区苜蓿种植中发挥了重要的作用，但这种苜蓿非常不耐寒，不能适应美国北部，如蒙大拿州、达科他州的部分地区[4]。在美国苜蓿引种工作中，最早、最重要和最有影响的就是德国移民格林（Grimm）的工作。当格林从德国到明尼苏达州定居时，带了 15 ～ 20 磅②（6.75 ～ 9kg）的苜蓿种子，他在 1857 年到达美国，并于第二年进行了播种[4]。Rodney[54]研究指出，1858 年格林种植的苜蓿即为 ewigerklee（即宿根三叶草），由于明尼苏达州的冬季比德国寒冷，在早期格林种植苜蓿也不是很成功，但是，德国人坚强的性格使他们不畏失败，他从幸存的植株上采收了种子，翌年种植了该种子。这样反复进行了若干年若干世代的栽培和采收种子，他逐渐淘汰了那些不耐寒的植株，在该过程中苜蓿在遗传上产生了自然进化，形成了耐寒性强的个体群，结果获得了较耐寒的品系。1900 年出现了罕见的严冬，周围的田地因冬枯而接近"全军覆没"，而格林的苜蓿完全健康。见到该情景的邻居莱曼（A. B. LyMan）感到惊奇，见人就说此事。这样，格林的苜蓿一夜成名。格林苜蓿的选择成功，引起明尼苏达州农业试验站和美国农业部的关注，到 1900 年格林种的苜蓿被命名"格林苜蓿"（Grimm alfalfa）。从 1901 年开始，海斯（W. M. Hays）就将格林苜蓿引种在明尼苏达州农业试验站进行研究，证明了其卓越的耐寒性。这已是格林移民以来第 34 年的事。"格林苜蓿"得到快速普及扩大，与普通苜蓿相比，格林苜蓿具有显著的耐寒性。在美国苜蓿向北扩展和加拿大苜蓿引种中，格林苜蓿起了重要的作用。格林苜蓿的引种成功不仅是明尼苏达州对美国农业的最主要贡献之一，也是对世界耐寒性苜蓿种质资源挖掘利用的重要贡献[49]。

经过多年耐寒苜蓿植株的筛选，从 1865 年开始了格林苜蓿商品种子的生产，在 1867 年从 3 英亩苜蓿地上，获得格林苜蓿种子 480 磅，到 1889 年 Carver 地区的苜蓿生产规模已占明尼苏达州苜蓿总面积的 50%。虽然，格林苜蓿也得到了较大规模

---

① 1 英亩 ≈ 0.004 047km², 下同。

② 1 磅 =0.45kg, 下同。

的发展，但是由于受制于种子生产量少，不能满足生产需求，导致格林苜蓿发展缓慢。到了 1904 年，由于格林苜蓿种子生产量的增加，有 40 000 磅的格林苜蓿种子引种到了明尼苏达州的北部地区[54]。与此同时，许多种子公司也参加到格林苜蓿种子的生产与经营中，使格林苜蓿种植范围迅速扩大（表 1-1），莱曼将格林苜蓿种子引种到了爱达荷、蒙大拿和北达科他等州，这些地区干燥的气候为苜蓿种子生产提供了较为适宜的条件。到 1920 年，格林苜蓿种植范围明显扩大，在美国北部许多州都有格林苜蓿种植，1914 年，加拿大西部也引种了格林苜蓿。同时格林苜蓿也开始向美国南部扩展。然而，实践证明格林苜蓿在温暖湿润地区的生长不能令人满意。

表 1-1　1900 ～ 1930 年格林苜蓿在明尼苏达州的种植面积变化 [16]

项目	1900 年	1910 年	1920 年	1930 年
苜蓿面积 / 英亩	658	2 288	45 419	702 578
与前 10 年比面积增加性 / 倍	0	2.48	18.85	14.47

由明尼苏达州农业试验研究结果发现，格林苜蓿生长型和花色有混杂现象，所以判断，可能是欧洲中部栽培的 *M. sativa* 和种植地周边自然生长的黄花种（*M. falcata*）自然杂交的结果，即格林带来的种子肯定是当时知道的 Old German 或 German Franconian 苜蓿的地方生态型。

综上所述，紫花苜蓿起源于近东中心，即小亚细亚、外高加索、伊朗及土库曼斯坦的高地，伊朗被认为是苜蓿的地理学中心。苜蓿有两个不同的起源中心：一个是外高加索山区地带，现代欧洲型苜蓿来源于此；另一个苜蓿起源中心为中亚细亚，从系统发育学上与前述欧洲类型不同。苜蓿在公元前 4000 年不仅是最早的饲料作物，而且还是家畜最喜欢的营养来源之一。除了提供优良的动物饲料之外，多年生土壤也会改善，增加其他作物的产量，可作为食物或药物供人使用。几千年来，在航海贸易或战争中，常常带着苜蓿，到了公元前 1 世纪，它已经传播到希腊和中国（"丝绸之路"），公元 100 年，在西班牙南部有苜蓿种植，18 世纪初，从智利传入阿根廷，再到美国，在 1800 年左右到达新西兰和澳大利亚。到 1800 年，苜蓿已蔓延到七大洲，并且得到广泛种植。在今天，苜蓿已成为我国草业中最重要的牧草，在草业、畜牧业乃至农业中仍然扮演着重要的角色，发挥着越来越重要的作用。

参 考 文 献

[1]　de Candolle. Origin of cultivated plants. London: Kegan Paul, Trenoh & Co. 1, Paternoster Square, 1884.

[2]　Wastgate J M. Alfalfa. Washington: Government Printing Office, 1908.

[3] Coburn F D. The book of alfalfa. New York: Orange Judd Company, 1912.

[4] Tysdal H M. Alfalfa improvement. Washington: United States Department of Agriculture, Bureau of Plant Industry, Division of Forage Crops and Diseases, 1937.

[5] Ahlgren G H. Forage crops. New York: McGraw-Hill Book Co, 1949.

[6] Burkill I H. 人的习惯与旧世界栽培植物的起源. 胡先驌译. 北京: 科学出版社, 1954.

[7] Bolton J L. Alfalfa botany, cultivation and utilization. London: Leonard Hill, 1962.

[8] Hanson H. Alfalfa science and technology. Madison: American Society of Agronomy, Inc, Publisher, 1972.

[9] 瓦维洛夫 H H. 1935. 主要栽培植物的世界起源中心. 董玉琛译. 北京: 中国农业出版社, 1982.

[10] Bolton J L. Alfalfa. New York: Inter Science Publishers, 1962.

[11] 星川清親[日]. 栽培植物的起源与传播. 段传德, 丁法元译, 萧位贤校. 郑州: 河南科学技术出版社, 1981.

[12] Fabio V. Origin and systematics. Fodder Crop and Amermy Grasses, 2000, 34(5): 396-398.

[13] Hanson N E. The wild alfalfas and clovers of Sibera, with a perspective view of the alfalfas of the world. Washington : Washington Government Printing Office, 1909.

[14] Graber L F A. Century of Alfalfa Culture in America. Agronomy Journal, 1950, 42(11): 525-533.

[15] California Field Office. California historic commodity data. Sacramento: USDA. NASS, 2012.

[16] Hanson A A. Alfalfa and alfalfa improvement. Madison: American Journal of Agronomy, 1988.

[17] Michael P. Alfalfa. American Scientist, 2001, 89(3): 252-261.

[18] 真木芳助. アルファルファの栽培史と研究の進展. 北海道農試研究資料, 1975, 6 : 1-12.

[19] 池田哲也. 北海道におけるアルファルファの栽培ー最近の研究と新技術ー. 北農, 1999, 66: 308-314.

[20] Sewart G. Alfalfa growing in the United States and Canada. New York: Macmillan Co., 1916.

[21] Mason B A. Alfalfa production. Sacramento: California University of California Printing Office Berkeley, 1929.

[22] Piper C V. Forage plants and their calture. New York: Macmillan Co., 1935.

[23] 孙启忠. 苜蓿经. 北京: 科学出版社, 2015.

[24] 鈴木信治. マメ科牧草アルファルファ(ルーサン)ーその品種・栽培・利用ー. 北海道: 雪印種苗発行, 1992.

[25] 孙启忠, 柳茜, 那亚, 等. 我国汉代苜蓿引入者考. 草业学报, 2016, 25(1): 240-253.

[26] 孙启忠, 柳茜, 陶雅, 等. 汉代苜蓿传入我国的时间考述. 草业学报, 2016, 25(12): 194-205.

[27] 孙启忠, 柳茜, 李峰, 等. 我国古代苜蓿物种考述. 草业学报, 2018, 27(8): 163-182.

[28] 孙启忠, 柳茜, 陶雅, 等. 张骞与汉代苜蓿引入考述. 草业学报, 2016, 25(10): 180-190.

[29] 孙启忠, 柳茜, 李峰, 等. 我国古代苜蓿的植物学研究考. 草业学报, 2016, 25(5): 202-213.

[30] 孙启忠, 柳茜, 陶雅, 等. 我国近代苜蓿生物学研究考述. 草业学报, 2017, 26(2): 208-214.

[31] 孙启忠, 柳茜, 陶雅, 等. 两汉魏晋南北朝时期苜蓿种植刍考. 草业学报, 2017, 26(11): 185-195.

[32] 孙启忠, 柳茜, 陶雅, 等. 隋唐五代时期苜蓿栽培利用刍考. 草业学报, 2018, 27(9): 183-193.

[33] 孙启忠, 柳茜. 明代苜蓿栽培利用刍考. 草业学报, 2018, 27(10): 204-214.

[34] 孙启忠, 柳茜, 陶雅, 等. 我国近代苜蓿栽培利用研究考述. 草业学报, 2017, 26(1): 178-186.

[35] 孙启忠, 柳茜, 陶雅, 等. 民国时期西北地区苜蓿栽培利用刍考. 草业学报, 2018, 27(7): 187-195.

[36] 耿华珠. 中国苜蓿. 北京: 中国农业出版社, 1995.

[37] 黄文惠, 朱邦长, 李琪, 等. 主要牧草栽培及种子生产. 成都: 四川科学技术出版社, 1986.

[38] 孙启忠, 王宗礼, 徐丽君. 旱区苜蓿. 北京: 科学出版社, 2014.

[39] 王启柱. 饲用作物学. 台北: 正中书局, 1975.

[40] Whyte R O. FAO Agriculture Studies. Rome: Series No. 21, 1953.

[41] Wilsie C P. Crop adaptation and distribution. London: Freema, San Franicisco, 1962.

[42] Platt T. Alfalfa's Potential in Dryland. Crop Production-Spokane County, 2003.

[43] Hendry C W. Alfalfa in history. J Am Soc Agron, 1923, 15: 171-176.

[44] Summers C G, Putnam D H. Irrigated alfalfa management. California: University of California Agriculture and Natural Resources, 2008.

[45] Sinskaya E N. 1950. Flora of cultivated plants of the USRR. XIII perennial leguminous plants. Translated by Israel Program for Scientific Translations, Jerusalem, 1961.

[46] Klinokowsk M. Lucerne: Its ecological position and distribution in the world. Bull: Imperial Bareau of Plant Genetics, 1933.

[47] Putnam D H. Alfalfa: wildlife and the environment. California: California Alfalfa and Forage Association, 2001.

[48] Varro M T. 论农业. 王家绶译. 北京: 商务印书馆, 1981.

[49] 川瀬勇. 实验牧草讲义. 东京: 株式会社养生堂, 1941.

[50] Harte W. Essays on husbandry. W. Frederick. London, 1770.

[51] 希斯E. 牧草-草地农业科学. 黄文惠译. 北京: 农业出版社, 1992.

[52] Palmer T. Lucerne breeding in New Zealand. Wellington: Lucerne Crop, 1967.

[53] Stewart G. Alfalfa-growing in the United States and Canada. New York: Macmilcan, 1926.

[54] Rodney M. Wendelin Grimm and alfalfa. The eigth-ninth annual meeting of the Minnesata Historical Society. Paul on January, 1938.

二、《史记》《汉书》中的苜蓿

迄今，司马迁[1]成书于征和二年（公元前91年）的《史记》被发现是记载我国苜蓿（*Medicago sativa*）的最早史料。在司马迁去世的几十年后又出现了班固[2]《汉书》，在其中也有"目宿"记载。《史记》[1]《汉书》[2]是研究我国苜蓿起源，了解我国汉代苜蓿的来龙去脉最基本、最重要和最有价值的史料。虽然《史记》《汉书》成书时间相差不长，但对苜蓿的记载既有相似亦有不同，如《史记》只记载大宛有苜蓿，而《汉书》则记载大宛、罽宾皆有目宿。由于《史记》《汉书》记载苜蓿（目宿）产地的不同，给我国汉代苜蓿原产地的考证带来困惑。贾思勰[3]《齐民要术》记载罽宾有苜蓿，大宛有马，汉使采苜蓿种归。张华[4]《博物志》记载张骞从西域带归苜蓿。近现代许多学者对《史记》《汉书》记载的苜蓿（目宿）进行了考证研究，如松田定久[5]、黄以仁[6]、劳费尔[7]（Berthold Laufer）、向达[8]、Bretschneider[9]、于景让[10]、孙醒东[11]、谢成侠[12]等。近年来我国古代苜蓿科技与文化倍受人们的关注，对古代苜蓿的研究已悄然兴起，孙启忠[13~19]对我国汉代苜蓿的引入者、引入时间、原产地、苜蓿名称和物种进行了考证研究，也对两汉魏晋南北朝、隋唐五代、明代苜蓿[20~23]的栽培利用进行了考证，同时也考证了我国古代苜蓿的植物学特性研究。本文拟结合近现代对我国古代苜蓿考证研究成果，开展《史记》《汉书》中的苜蓿相关信息比较研究，以期了解《史记》《汉书》中苜蓿史实的相似性和差异性，为我国苜蓿史的研究积累一些资料。

1 《史记》《汉书》有关苜蓿的原文考录

《史记》[1]《汉书》[2]是最早记载我国苜蓿的史料，仅将其中记载苜蓿的相关内容抄录如下

《史记·大宛列传》[1]曰："西北外国使，更来更去。宛以西，皆自以远，尚骄恣晏然，未可诎以礼羁縻而使也。自乌孙以西至安息，以近匈奴，匈奴困月氏也，匈奴使持单于一信，则国国传送食，不敢留苦；乃至汉使，非出币帛不得食，不市畜不得骑用。所以然者，远汉，而汉多财物，故必市乃得所欲，然以畏匈奴于汉使焉。宛左右以蒲陶为酒，富人藏酒至万余石，久者数十岁不败。俗嗜酒，马嗜苜蓿。汉使取其实来，于是天子始种苜蓿、蒲陶肥饶地。及天马多，外国使来众，则离宫别观旁尽种蒲陶、苜蓿极望。"

《汉书·西域传》[2]曰:"罽宾地平,温和,有目宿,杂草奇木,檀、槐、梓、竹、漆。种五谷、蒲陶诸果,粪治园田。地下湿,生稻,冬食生菜"。

《汉书·西域传》[2]又曰:"大宛国,王治贵山城,去长安万二千五百五十里。户六万,口三十万。胜兵六万人。副王、辅国王各一人。东至都护治所四千三十一里,北至康居卑阗城千五百一十里,西南至大月氏接,土地风气物类民俗与大月氏、安息同。大宛左右以蒲陶为酒,富人藏酒至万余石,久者至数十岁不败。俗耆酒,马耆目宿。

宛别邑七十余城,多善马。马汗血,言其先天马子也。

张骞始为武帝言之,上遣使者持千金及金马,以请宛善马。宛王以汉绝远,大兵不能至,爱其宝马不肯与。汉使妄言,宛遂攻杀汉使,取其财物。于是天子遣贰师将军李广利将兵前后十馀万人伐宛,连四年。宛人斩其王毋寡首,献马三千匹,汉军乃还,语在张骞传。贰师既斩宛王,更立贵人素遇汉善者名昧蔡为宛王。后岁馀,宛贵人以为昧蔡谄,使我国遇屠,相与(兵)(共)杀昧蔡,立毋寡弟蝉封为王,遣子入侍,质于汉,汉因使使赂赐镇抚之。又发(数)(使)十馀辈,抵宛西诸国求(其)(奇)物,因风逾以(代)(伐)宛之威。宛王蝉封与汉约,岁献天马二匹。汉使采蒲陶、目宿种归。天子以天马多,又外国使来众,益种蒲陶、目宿离宫馆旁,极望焉。"

2 《史记》《汉书》中苜蓿记述比较分析

2.1 《史记》《汉书》中的苜蓿信息比较

从上述《史记》[1]《汉书》[2]所记载的苜蓿(目宿)可获得如下信息(表2-1),在这些信息中,有的信息是肯定的,如苜蓿产地大宛、罽宾,引入者汉使,种植在离宫别观旁(离宫馆旁)等,但有些信息是不确定的,如苜蓿引入时间、种类,这已成为苜蓿的千古之谜,需要考证研究。

表2-1 《史记》[1]《汉书》[2]中的苜蓿信息比较

苜蓿要素	史记	汉书
名称	苜蓿	目宿
产地	大宛	罽宾、大宛
引入者	汉使	汉使
引入时间	不详	李广利伐大宛
种植地	离宫别观旁	离宫馆旁
种类	不详	不详

2.2 苜蓿名称

苜蓿为大宛语 buksuk, buxsux, buxsuk 的音译[24]，在其入汉初期有多种同音异字，如《汉书》[2]目宿、《四民月令》[25]牧宿、《尔雅注》[26]䒩蓿等。随着苜蓿在我国栽培利用时间的延长，文字也开始本土化，因为目宿是草，到唐代在其上加草字头，从字形上就让人能意识到"苜蓿"是一种草，故"苜蓿"沿用至今[7, 10]。《史记》[1]中的"苜蓿"原本也是"目宿"，而遗憾的是在历代的传抄过程中被改为唐之后的苜蓿沿用至今，从而造成《史记》[1]"苜蓿"与《汉书》[2]"目宿"的不同[10]（表 2-1）。

2.3 苜蓿原产地

从《史记·大宛列传》[1]原文可知，大宛有马，喜欢吃苜蓿，并且汉使从大宛带苜蓿种子归来，即"俗嗜酒，马嗜苜蓿。汉使取其实来，于是天子始种苜蓿、蒲陶肥饶地。"《汉书·西域传》[2]亦有同样的记载，"大宛……俗耆酒，马耆目宿。……宛王蝉封与汉约，岁献天马二匹。汉使采蒲陶、目宿种归。"另外，《汉书·西域传》[2]还记载了罽宾也有苜蓿："罽宾地平，温和，有目宿，杂草奇木……。"但未说明汉使带罽宾苜蓿种子归来，只是说明罽宾有苜蓿存在。黄以仁[6]认为，我国汉代苜蓿来源于西域的大宛和罽宾，谢成侠[12]则认为我国的苜蓿来源于大宛，张平真[27]指出，我国紫苜蓿来源于大宛，而南苜蓿则来源于罽宾。

2.4 苜蓿引入者

张骞出使西域带归苜蓿种子，为国内外学者广泛接受[6-12, 28-34]。劳费尔[7]明确指出，中国汉代苜蓿和葡萄是由张骞从大宛带回来的。但从《史记·大宛列传》[1]《汉书·西域传》[2]可以看出，《史记·大宛列传》[1]《汉书·西域传》[2]中记载的苜蓿，皆为汉使引入，并没有提及张骞带归苜蓿种子。在《史记·李将军列传》[1]、《史记·卫将军骠骑列传》[1]、《史记·西南夷列传》[1]、《史记·货殖列传》[1]和《汉书·张骞李广利传》[a]、《汉书·货殖传》[1]等相关内容中亦未提及张骞或李广利带归苜蓿种子。泷川资言[35]《史记会注考证》指出，"<西域传>改作「汉使采蒲陶、目宿种归。」<齐民要术>引<陆机·与弟书>云「张骞使外国十八年，得苜蓿归」盖传闻之误。"因此，张骞带归苜蓿种子还需进一步考证。

2.5 苜蓿引入时间

《史记·大宛列传》[1]曰："骞为人彊力，宽大信人，蛮夷爱之。堂邑父故胡人，善射，穷急射禽兽给食。初，骞行时百馀人，去十三岁，唯二人得还"。《汉书·张骞李广利传》[2]亦有类似记载，曰："初，骞行时百余人，去十三岁，唯二人得还。"司马光[36]《资治通鉴》确定张骞归国时间为武帝元朔三年，即公元前126年，据此往前推算，张骞出使西域的时间应该为武帝建元二年，即公元前139年。司马迁[1]《史记·大宛列传》指出，苜蓿、葡萄是汉使从大宛带归，但时间未确定，而班固[2]《汉书·西域传》曰："于是天子遣贰师将军李广利将兵前后十馀万人伐宛，连四年。……宛王蝉封与汉约，岁献天马二匹。汉使采蒲陶、目宿种归。"苜蓿、葡萄是李广利伐大宛后汉使带回来的。汉武帝太初元年（公元前104年）李广利伐大宛，元鼎三年（公元前114年）张骞去世，倘若苜蓿是由张骞带回的，则是在公元前126年，倘若不是张骞带回来的，那是谁？如若是李广利征伐大宛之后由汉使带归苜蓿的话，应该是在太初二年（公元前102年），倘若两者都不是的话，那是什么时间引进来的？还需做进一步的考证。

2.6　苜蓿最初种植地

《史记·大宛列传》[1]明确指出，"汉使取其实来，于是天子始种苜蓿、蒲陶肥饶地。及天马多，外国使来众，则离宫别观旁尽种蒲陶、苜蓿极望。"《汉书·西域传》[2]亦有同样的记载，"天子以天马多，又外国使来众，益种蒲陶、目宿离宫馆旁，极望焉。"一是将汉使带回的苜蓿种在肥沃的土地上，二是离宫别观旁全部种的蒲陶、苜蓿，一眼望不到边。班固[37]《西都赋》曰："西郊则有上囿禁苑，林麓薮泽，陂池连乎蜀汉。缭以周墙，四百馀里。离宫别馆，三十六所。神池灵沼，往往而在。其中乃有九真之麟，大宛之马。"班固[37]《西都赋》又曰："前乘秦岭，后越九嵕。东薄河华，西涉岐雍。宫馆所历，百有余区，行所朝夕，储不改供。"班固[37]《西都赋》还有这样的记载："三辅故事曰，上林连绵，四百餘裡。缭，力鸟切。離、別，非一所也。《上林赋》曰：離宮別館，彌山跨穀。"

《汉书·食货志》[2]记载："天子为伐胡，故盛养马，马之往来食长安者数万匹，卒掌者关中不足，乃调旁近郡。""马之往来食长安者数万匹"，"马嗜苜蓿"，所以汉朝将苜蓿种在离宫馆旁，以为马提供饲草。《西京杂记》[38]记载："乐游苑中，自生玫瑰树，下多苜蓿，一名怀风。时或谓光风在其间，常肃肃然照其光彩，故曰苜蓿怀风。茂陵人谓为连枝草。"据冯广平[39]《秦汉上林苑植物图考》指出，汉代上林苑有苜蓿种植。蒋梦麟[40]认为，"汉武帝在宫外好几千亩地里种了苜蓿。天马是指西域来的马，阿拉伯古称天方，从那边来的马称天马。只要用苜蓿来饲养，所以要引进马，同时还要引进苜蓿。"唐颜师古[41]《汉书注》曰"宛王蝉封与汉约，岁献天马二匹。汉使采蒲陶、目宿种归。天子以天马多，又外国使来众，益种蒲陶、目宿离宫馆旁，极望焉。师古曰：「今北道诸州旧安定、北地之境往往有目宿者，皆汉时所种也。」"

2.7 苜蓿种类

清徐松[42]《汉书·西域传补注》曰"「<史记·大宛传>马嗜目宿，汉使取其实来。」案今中国有之,惟西域紫花为异。"王先谦[43]《汉书补注》与徐松持同样的观点，汉使带回来的目宿是紫苜蓿。徐松[41]又曰:"<齐民要术>引<陆机·与弟书>曰「张骞使外国十八年，得苜蓿归」。<西京杂记>云「乐遊苑中，自生玫瑰树下，多目宿，一名怀风。时或谓光风，风在其间，常肃肃然，照其光彩，故曰苜蓿怀风。茂陵人谓连枝草」。<述异记>曰「张骞苜蓿园，今在洛阳中，苜蓿本胡中菜，张骞于西国得之」"。

1911年黄以仁[6]用现代植物分类学知识和技术，考证《史记·大宛列传》《汉书·西域传》记载的苜蓿（目宿）认为，原产于西城之大宛和罽宾苜蓿，"谓苜蓿（紫苜蓿）有 *Medicago sativa* 之学名。……千年之前张骞採来之种。"陈直[44]《史记新证》亦认为，汉使带回来的苜蓿为紫苜蓿，"於是天子始种苜蓿、蒲桃肥地。直按.苜蓿现关中地区普遍栽植，與平茂陵一带尤多，紫花，叶如豌豆苗。"《史记》《汉书》记载的苜蓿为紫苜蓿（*Medicago sativa*）目前已得到广泛认可[5~6, 44~53]。

3 《史记》《汉书》记载苜蓿的意义

在汉代我国虽然大量种植苜蓿，但并未认为苜蓿就是本土原产。《史记》[1]《汉书》[2]明确指出，我国苜蓿是由汉使从大宛带回的。劳费尔[7]认为："中国人在阐明苜蓿的来源方面有很大的贡献，使人对这问题能有一个新的看法，其实在栽培的植物中只有苜蓿有这样确切可信的历史。"另外,《汉书》记载了罽宾、大宛有目宿，对正确认识苜蓿的来龙去脉和繁衍具有重要意义。劳费尔指出："中国人关于苜蓿的记载补充了古人记载之不足，使苜蓿的来历得到正确的看法；我们因此知道了这个有用的经济植物如何和为什么能繁殖于全球。汉朝的中国人除了大宛之外，在罽宾（克什米尔）发现苜蓿。这事很重要，因为和这植物早期地理上的分布有关：在罽宾，阿富汗，俾路之斯坦，这植物或者都是天然产的。"

从最早记载苜蓿的《史记》《汉书》中可探知到汉代苜蓿的一些信息。我国汉代苜蓿是由出使西域的汉使从大宛引入，并种在离宫馆旁，面积较大，引入时间大约在张骞通西域至李广利伐大宛之间。虽然《史记》《汉书》没有明确汉使带回来的苜蓿是开紫花还是开黄花，但清徐松认为西域之苜蓿为紫花，近现代学者亦证实这一点。《史记》中原本为"目宿",在唐之后的传抄过程中改为"苜蓿",沿用至今。研究考证《史记》《汉书》中的苜蓿史实,对了解我国苜蓿起源和发展具有重要意义.

参 考 文 献

[1]   司马迁[汉]. 史记. 北京: 中华书局, 1959.

[2]   班固[汉]. 汉书. 北京: 中华书局, 2007.

[3]   贾思勰[北魏]. 齐民要术今释. 石声汉校释. 北京: 中华书局, 2009.

[4]   张华[晋]. 博物志. 北京: 中华书局, 1985.

[5]   松田定久. 苜蓿 (*Medicago sativa* L.) ノ稱呼ヲ考定シテ支那二産スル苜蓿屬ノ諸種二及ブ. 植物学杂志, 1907, 21(251): 1-6.

[6]   黄以仁. 苜蓿考. 东方杂志, 1911, 8(1): 26-31.

[7]   劳费尔. 中国伊朗编. 林筠因译. 上海: 商务印书馆, 1964.

[8]   向达. 苜蓿考. 自然界, 1929, 4(4): 324-338.

[9]   Bretschneider. 中国植物学文献评论. 石声汉译. 上海: 商务印书馆, 1935.

[10]   于景让. 汗血马与苜蓿. 大陆杂志, 1952, 5(9): 24-25.

[11]   孙醒东. 中国几种重要牧草植物正名的商榷. 农业学报, 1953, 4(2): 210-219.

[12]   谢成侠. 二千多年来大宛马(阿哈马)和苜蓿转入中国及其利用考. 中国畜牧兽医杂志, 1955, (3): 105-109.

[13]   孙启忠. 苜蓿经. 北京: 科学出版社, 2016.

[14]   孙启忠. 苜蓿赋. 北京: 科学出版社, 2017.

[15]   孙启忠, 柳茜, 那亚, 等. 我国汉代苜蓿引入者考. 草业学报, 2016, 25(1): 240-253.

[16]   孙启忠, 柳茜, 陶雅, 等. 汉代苜蓿传入我国的时间考述. 草业学报, 2016, 25(12): 194-205.

[17]   孙启忠, 柳茜, 陶雅, 等. 张骞与汉代苜蓿引入考述. 草业学报, 2016, 25(10): 180-190.

[18]   孙启忠, 柳茜, 徐丽君. 苜蓿名称小考. 草业学报, 2017, 25(6): 1186-1189.

[19]   孙启忠, 刘茜, 李峰, 等. 我国古代苜蓿物种考. 草业学报, 2018, 27(8): 163-182.

[20]   孙启忠, 柳茜, 李峰, 等. 我国古代苜蓿的植物学研究考. 草业学报, 2016, 25(5): 202-213.

[21]   孙启忠, 柳茜, 陶雅, 等. 两汉魏晋南北朝时期苜蓿种植利用刍考. 草业学报, 2017, 26(11): 185-195.

[22]   孙启忠, 柳茜, 陶雅, 等. 隋唐五代时期苜蓿栽培利用刍考. 草业学报, 2018, 27(9): 183-193.

[23]   孙启忠, 柳茜, 陶雅, 等. 我国明代苜蓿栽培利用刍考. 草业学报, 2018, 27(10): 204-214.

[24]   刘正埮. 汉语外来词词典. 上海: 上海辞书出版社, 1984.

[25]   崔寔[汉]. 四民月令. 石声汉校注. 北京: 中华书局, 1965.

[26]   郭璞[晋]注, 宋邢昺疏. 尔雅注疏. 上海: 上海古籍出版社, 2010.

[27]   张平真. 中国蔬菜名称考释. 北京: 北京燕山出版社, 2006.

[28]   天野元之助. 中国农业史研究. 东京: 御茶の水书房, 1962.

[29]   王栋. 牧草学各论. 南京: 畜牧兽医图书出版社, 1956.

[30]   许倬云. 汉代农业: 中国农业经济的起源及特性. 王勇译. 桂林: 广西师范大学出版社, 2005.

[31]   王毓瑚. 我国自古以来的重要农作物. 农业考古, 1981, (1, 2): 1-7, 10-13.

[32] 闵宗殿, 彭治富. 中国古代农业科技史图说. 北京: 农业出版社, 1989.

[33] 陕西省畜牧业志编委. 陕西畜牧业志. 西安: 三秦出版社, 1992.

[34] 中国农业百科全书总编辑委员会. 中国农业百科全书[畜牧业卷(上)]. 北京: 中国农业出版社, 1996.

[35] 泷川资言. 史记会注考证. 上海: 上海古籍出版社, 2015.

[36] 司马光[北宋]. 资治通鉴. 北京: 中华书局, 1956.

[37] 班固[汉]. 西都赋. [南朝梁]萧统. 昭明文选. 郑州: 中州古籍出版社, 1990.

[38] 葛洪[晋]. 西京杂记. 西安: 三秦出版社, 2006.

[39] 冯广平. 秦汉上林苑植物图考. 北京: 科学出版社, 2012.

[40] 蒋梦麟. 现代世界中的中国: 蒋梦麟社会文谈. 上海: 学林出版社, 1997.

[41] 班固撰[汉]. 前汉书. 颜师古注[唐]. 北京: 中华书局, 1998.

[42] 徐松[清]. 汉书西域传补注. 上海: 商务印书馆, 1937.

[43] 王先谦[清]. 汉书补注. 北京: 中华书局, 1983.

[44] 陈直. 史记新证. 天津: 天津人民出版社, 1979.

[45] 中国植物志编辑委员会. 中国植物志[第42(2)卷]. 北京: 科学出版社, 1998.

[46] 中国科学院西北植物研究所. 秦岭植物志. 北京: 科学出版社, 1981.

[47] 内蒙古植物志编辑委员会. 内蒙古植物志. 呼和浩特: 内蒙古人民出版社, 1989.

[48] 商务印书馆. 辞源正续编(合订本). 上海: 商务印书馆, 1939.

[49] 崔寔[东汉]. 四民月令辑释. 缪启愉校释. 北京: 农业出版社, 1981.

[50] 贾思勰[北魏]. 齐民要术校释. 缪启愉校释. 北京: 中国农业出版社, 1998.

[51] 韩鄂[唐]. 四时纂要校释. 缪启愉校释. 北京: 农业出版社, 1981.

[52] 西北农业科学研究所. 西北紫花苜蓿的调查与研究. 西安: 陕西人民出版社, 1958.

[53] 星川清亲. 栽培植物的起源与传播. 郑州: 河南科学技术出版社, 1981.

三、汉代苜蓿引入者

苜蓿（*Medicago sativa*）自汉代从西域大宛传入我国，迄今已有2000多年的栽培史。然而，是谁将苜蓿引入我国的，既是一个充满神秘和疑点的问题，又是一个颇具诱惑力的千古之谜[1~4]。虽然张骞出使西域将苜蓿引入我国已深入人心，并广为流传[5, 6]。但是，随着考证研究的不断深入，有不少学者对张骞带回苜蓿种子的事实产生了怀疑[4, 7~11]。最早记载苜蓿的司马迁[12]在《史记·大宛列传》中并没说张骞带回苜蓿种子，据《史记·大宛列传》[12]记载"俗嗜酒，马嗜苜蓿。汉使取其实来，于是天子始种苜蓿、蒲陶肥饶地。"汉使是谁？司马迁为后人留下了不解之谜。2000多年来，人们对带归苜蓿种子者的思考、揣测、考证和研究从来没有停止过，倘若从史学界、农史界和草学界角度考量最早引入苜蓿的人是谁的话，目前大致上有4种观点：一是苜蓿是由出使西域的汉使带回来的[4, 7~12]；二是由出使西域的张骞带回来的[1, 2, 5, 6, 13~15]；三是由贰师将军李广利带回来的[16~18]；四是苜蓿引进者的不确定性[3, 19]。本文拟在考证记载苜蓿相关典籍的基础上，结合近现代的研究成果进行考证研究，以期查证分歧原因，凝聚共识。

1　文　献　源

应用植物考据学原理，以文献法为主，通过资料收集整理、排比剪裁和爬梳剔抉，查证历史典籍文献记载和近现代研究成果资料（表3-1），进行分析判断，甄别归纳，再回溯史料，验证史实。

2　文　献　考　录

2.1　汉使取其（苜蓿）实来

在汉使通西域的同一时期，他们还带回了许多我国原来没有的农作物，如苜蓿的传入就在这一时期。《史记》[12]和《汉书》[20]是我国最早记载汉使取其（苜蓿）实来的史料。

表 3-1 记载苜蓿带归者相关典籍

表 3-1 记载苜蓿带归者相关典籍

典籍	年代	考查内容
史记[12]	汉	大宛列传卷六十三
汉书[20]	汉	卷六十一·张骞李广利传、卷九十六·西域传
博物志[21]	晋	卷六
陆机集[22]	晋	与弟云书
西京杂记[23]	晋	乐遊苑
述异记[24]	南朝	卷下
齐民要术[25]	北魏	种蒜卷十九、种苜蓿卷二十九
神农本草经[26]	不详	果（上品）
初学记[27]	唐	卷二十、二十八
封氏闻见记[28]	唐	卷七
艺文类聚[29]	唐	卷八十六、八十七·果部
通典[30]	唐	卷一百九十二·边防八
刘宾客嘉话录[31]	唐	一卷
资治通鉴[32]	北宋	卷二十一·汉纪十三
太平御览[33]	北宋	卷九百七十二果部九、卷九百七十七·菜茹部二、卷九百九十六·百卉部三
通鉴纪事本末[34]	南宋	卷三·汉通西域
事物纪原[35]	南宋	草木花果部第五十四
尔雅翼[7]	南宋	卷八·释草
嘉泰会稽志[36]	南宋	卷十七
全芳备祖[37]	宋	后集卷二十四蔬部
古今事物考[38]	明	卷一
本草纲目[39]	明	菜部卷二十七
农政全书[40]	明	卷二十八·树艺菜部
食物本草[41]	明	卷六
夜航船[42]	明	卷十六·植物部
广群芳谱[43]	清	卷十四·蔬谱
程瑶田全集[44]	清	释草小记
植物名实图考[45]	清	卷三菜类
植物名实图考长编[46]	清	卷四　荤菜
农学合编[47]	清	卷六·蔬菜
古今图书集成[48]	清	卷七十三
授时通考[49]	清	卷六十二·农余门蔬四
救荒易书[50]	清	卷一
汉书西域传补注[51]	清	卷二
三农纪[52]	清	卷十七草书
冶城蔬谱[53]	清末	苜蓿

《史记·大宛列传》[12]："大宛之迹，见自张骞。……然张骞凿空，其后使往者皆称博望侯，……宛左右以蒲陶为酒，富人藏酒乃万余石，久者数十年不败。俗嗜酒，马嗜苜蓿，汉使取其实来，于是天子始种苜蓿、蒲陶肥饶地，及天马多，外国使来众，则离宫别观旁，尽种葡萄苜蓿。"

《汉书·西域传》[20]："大宛国，……大宛左右，以蒲陶为酒，富人藏酒至万余石，久者至数十岁不败。俗嗜酒，马嗜目宿。……多善马，……张骞始为武帝言之，上遣使者持千金及金马以请宛善马，……于是天子遣贰师将军李广利，将兵前后十余万人伐宛。连四年，……后岁余，……汉因使赂赐镇抚之，……宛王蝉封与汉约，岁献天马二匹。汉使采蒲陶、目宿种归。天子以天马多，又外国使来众，益种葡萄目宿，离宫馆旁极望焉。"

《资治通鉴·汉纪》[32]："大宛左右多葡萄，可以为酒；多苜蓿，天马嗜之；汉使采其实以来，天子种之於离宫别馆旁，极望。"

《尔雅翼》[7]记载："苜蓿本西域所产，自汉武帝时始入中国。〈史记〉曰，大宛有苜蓿汉使取其实来，於是天子始种苜蓿，离宫别观旁，尽种蒲陶、苜蓿极望。〈汉书·西域传〉亦曰，灟宾有目宿，大宛马嗜目宿，武帝得其马，汉使采蒲陶、目宿种归，天子益种离宫馆旁。然不言所携来使者之名。"

汉使带归苜蓿种子的记载被不少典籍引用或记载（表3-2）。

表 3-2　记载汉使得苜蓿种子归的其他典籍

典籍	主要内容
神农本草经 [26]	大宛左右，以葡萄为酒，汉使取其实来，于是天子始种苜蓿，葡萄，肥饶地
通鉴纪事本末 [34]	大宛左右多葡萄，可以为酒；多苜蓿，天马嗜之；汉使采其实以来，天子种之於离宫别观旁，极望
汉书西域传补注 [51]	补曰：《史记·大宛列传》马嗜苜蓿，汉使取其实来
冶城蔬谱 [53]	《史记》：大宛国马嗜苜蓿，汉使得之，种于离宫

2.2　张骞使西域得苜蓿归

《博物志》[21]是记载张骞从西域带归苜蓿的最早史料。《博物志》[21]记有："张骞使西域，还得大蒜、安石榴、胡桃、葡萄、胡葱、苜蓿、胡荽。"

另外，《齐民要术》[25]记载："陆机〈与弟云书〉曰：'张骞使外国十八年，得苜蓿归。'"但今《陆机集》[22]和陆机《陆士衡文集》[54]等版本中的〈与弟云书〉记载："张骞为汉使外国十八年，得塗林安石榴也。"与《齐民要术》[25]的记载有差异。

在《述异记》[24]中亦记载："张骞苜蓿园，今在洛中，苜蓿本胡中菜也，张骞始于西戎得之。"

之后有不少典籍记载或征引《博物志》[21]或《述异记》[24]张骞得苜蓿种子带归

汉（表3-3）。

表3-3　记载张骞得苜蓿种子归的典籍

典籍	主要内容
初学记[27]	《博物志》曰：张骞使西域，还得葡桃、胡荽、苜蓿、安石榴
封氏闻见记[28]	汉代张骞自西域得石榴、苜蓿之种，今海内遍有之
刘宾客嘉话录[31]	苜蓿、葡萄，因张骞而至也
嘉泰会稽志[36]	王逸曰：张骞周流绝域，始得大蒜、葡萄、苜蓿，南人或谓之齐胡，又有蒜泽
古今事物考[38]	［苜蓿］张骞使大宛得其种
本草纲目[39]	［时珍曰］杂记言苜蓿原出大宛，汉使张骞带归中国
食物本草[41]	李时珍：苜蓿原出大宛，汉使张骞带归中国
程瑶田全集[44]	《本草纲目》［时珍曰］杂记言苜蓿原出大宛，汉使张骞带归中国。《群芳谱》亦云：张骞带归（苜蓿）
植物名实图考[45]	《述异记》始谓张骞使西域，得苜蓿菜
农学合编[47]	苜蓿一名木粟，由张骞自大宛带种归
授时通考[49]	张骞自大宛带（苜蓿）种归，今处有之
救荒简易书[50]	张骞自大宛带（苜蓿）种归，今处处有之
三农纪[52]	（苜蓿）种出大宛，汉使张骞带入中华

2.3　汉使或张骞带归苜蓿种子

贾思勰[25]可能是将苜蓿带归者汉使与张骞联系在一起的最早之人。在《齐民要术》[25]引用的资料中既有汉使亦有张骞带归苜蓿。《太平御览》[33]是引用这方面资料最多的典籍。

《齐民要术·种蒜第十九》[25]引："王逸曰：'张骞周流绝域，始得大蒜、葡萄、苜蓿。'"

《齐民要术·种苜蓿第二十九》[25]又引："〈汉书·西域传〉曰：'罽宾有苜蓿。大宛马，武帝时得其马。汉使采苜蓿种归，天子益种离宫别馆旁。'""陆机〈与弟书〉曰：'张骞使外国十八年，得苜蓿归。'""《西京杂记》曰：'乐遊苑自生玫瑰树，树下多苜蓿。苜蓿一名怀风，时人或谓之光风，风在其间，常萧萧然，日照其花，有光米，故名苜蓿为怀风。茂陵人谓之连枝草。'"

《太平御览·卷第九百七十二·果部九》[33]引："杜笃〈边论〉曰：'汉征匈奴，取其胡麻、稗麦、苜蓿、蒲（亦）「萄，示」广地也。'"

《太平御览·卷第九百七十七·菜茹部二》[33]引："王逸子曰：或问'张骞，可谓名使者欤？'曰'周流绝域，东西数千里。其中胡貊皆知其习俗；始得大蒜、葡萄、苜蓿等。'""杜笃〈边论〉曰：汉征匈奴，取其胡麻、稗麦、苜蓿、蒲（亦）「萄，示」广地也。'"

"〈正部〉张骞使还，始得大蒜、苜蓿。"

《太平御览·卷第九百九十六·百卉部三》[33]又引："〈史记〉曰：大宛有苜蓿草，汉使取其实来，于是天子始种苜蓿。离宫别观旁，尽种葡萄、苜蓿极望。〈汉书·西域传〉曰：罽宾国有苜蓿，大宛马嗜目宿。汉武帝得其马，汉使采蒲桃、目宿种归，天子益种离宫别馆旁。〈博物志〉曰：'张骞使西域，所得葡桃、胡葱、苜蓿。〈述异记〉曰：张骞苜蓿园，在今洛中，苜蓿本胡中菜，骞始西国得之。'"

在之后的不少典籍中，当涉及苜蓿带归者时，汉使和张骞往往就联系在一起同时出现（表3-4）。

表3-4　记载汉使和张骞带归苜蓿的典籍

典籍	主要内容
艺文类聚[29]	汉使取其（葡萄、苜蓿）实来，离宫别馆尽种。张骞使西域，还得葡萄（苜蓿）
事物纪原[35]	[苜蓿]本自西域，彼人以秣马。张骞使大夏，得其种以归，与葡萄并种于离宫馆旁，极茂盛焉。盖汉始至中国也 [葡萄]《汉书·西域传》曰："汉使归，葡萄、苜蓿种来"是也 [胡桃]《辅注草本》曰：胡桃古今多言张骞自西域将来，与苜蓿等物同至中华也
农政全书[40]	《汉书·西域传》曰：罽宾国有苜蓿、大宛马。武帝时，得其马，汉使采苜蓿种归。陆机与弟书曰：张骞使外国十八年，得苜蓿归
广群芳谱[43]	与《太平御览》的引文中的《史记》："大宛有苜蓿草……。"和《述异记》："张骞苜蓿园……。"
植物名实图考长编[46]	与《齐民要术》和《本草纲目》引文内容相同
古今图书集成[48]	《汉书·西域传》曰：罽宾国有苜蓿、大宛马。武帝时，得其马，汉使采苜蓿种归。陆机与弟书曰：张骞使外国十八年，得苜蓿归

2.4　李广利带归苜蓿种子

在古代文献中关于李广利带归苜蓿的记载较少。在《夜航船》[42]中有这样的记载："李广利始移植大宛国苜蓿葡萄。"

2.5　带归苜蓿种子者的不确定

从《通典》[30]所言可以看出，苜蓿输入我国既与张骞无关，也与李广利无关。

《通典》[30]曰："大宛左右以蒲陶为酒，富人藏酒至万余石，久者至数十年不败。人嗜酒，马嗜苜蓿。……始张骞为武帝言之，帝遣使者持千金及金马，以请宛善马。……贰师至宛，宛人斩王毋寡首献焉。汉军取其善马数十匹，中马以下牝牡三千匹，而立宛贵人昧蔡为王，约岁献马二匹，遂采蒲陶、苜蓿种而归。贰师再行，往返凡四岁。"

3 苜蓿引入者考辨

3.1 苜蓿是由汉使带回来的

汉代输入苜蓿是无可置疑的，但是不是张骞从西域带归？至今还缺乏正史方面的证据。《史记》[12] 和《汉书》[20] 是最早记载苜蓿的史料，仅记载了张骞两次出使和开辟道路的事迹，并没有提到张骞带归苜蓿，以及《资治通鉴》[32] 和《通鉴纪事本末》[34] 亦未提及张骞带归苜蓿。但这些史书都记载了汉使带归苜蓿种子。

据宋代《尔雅翼》[7] 记载："苜蓿本西域所产，自汉武帝时始入中国。……然不言所携来使者之名。"《尔雅翼》[7] 又继续写到："〈博物志〉[21] 曰，张骞使西域的蒲陶、胡葱、苜蓿种尽以汉使之中，骞最名著，故云然。"这是目前所能见到的对张骞带归苜蓿种子提出异议的最早史料。

石声汉[9] 考证《史记》和《汉书》认为，苜蓿是张骞死后汉使从大宛采来的。韩兆琦[55] 在《〈史记〉评注》中指出，"西北外国使，更来更去。……宛左右以葡萄为酒，富人藏酒至万余石，久者数十岁不败。俗嗜酒，马嗜苜蓿。汉使取其实来，于是天子始种苜蓿、葡萄肥饶地。及天马多，外国使来众，则离宫别观旁尽种葡萄、苜蓿极望。"描写的是张骞死后十多年间，汉朝与西域诸国相互来往的情景。安作璋[56] 指出，《史记·大宛列传》所记载的大宛盛产（如葡萄酒、苜蓿、天马等）是张骞第一次出使西域（公元前 138～前 126 年）回汉后，向汉武帝汇报其在大宛的所见所闻，因此他认为，葡萄、苜蓿两种植物都是张骞出使西域之后输入中国内地的[57]。

石声汉[9] 认为，第一个将苜蓿与张骞联系起来的人不是与张骞时代相同的司马迁以及继承司马迁的班固，而是比班固（1 世纪末）稍后的王逸（后汉顺帝时人，大约 1 世纪后半叶至 2 世纪初），即从后汉初叶起，西域植物之称为张骞引入的，才渐渐多起来。王逸是"文苑"人物，在私人著作中，采取民间传说材料，来装饰自己的文章，或借此抒发个人感慨，对张骞进行称颂，并不违背文学作品的通例与原则。晋张华和陆机大概只是叙述王逸或王逸所根据的传说，张骞通西域，带回来的苜蓿，到魏晋时可说已经完全成熟。李时珍[8] 说《西京杂记》曰：苜蓿是张骞带归中国。今本《西京杂记》[23] 及《齐民要术》[25]、《太平御览》[33] 所引（表 3-1～表 3-3）均无此说。因此，根据考证，张骞带归苜蓿入汉是晋初以前逐渐形成发展固定下来的传说，到目前还没有直接的史料可以证明张骞就是苜蓿带归者。

苜蓿是汗血宝马最喜欢吃的饲草，故史有大宛"马嗜苜蓿"之说。但由于中原地区本不产苜蓿，所以，当大宛汗血宝马不断东来之后，解决其饲草问题就逐渐凸显出来。那么，究竟是谁首先把苜蓿种子从西域带归？侯不勋[4] 认为，据《述异记》[24] 说：

"苜蓿本胡中菜也，张骞始于西戎得之。"还有辞海编辑委员会[58]认为："汉武帝时张骞出使西域，从大宛国带回紫苜蓿种子。"其实，这些说法很值得商讨。有研究指出《述异记》是南朝肖梁（502～557年）时期任昉的著作，这时距汗血宝马首次入汉的太初四年（公元前101年）已有600多年的时间，而《述异记》又不是纪实性作品，其说法未必客观真实。《史记·大宛列传》[12]是最早记载苜蓿入汉的史学著作，但它只是说"汉使取其实来"，尚未提及张骞之名。此后的《汉书·张骞李广利传》[20]和《汉书·西域传》[20]等也未将苜蓿种子入汉与张骞联系起来。因此，以上说法得不到最主要文献的支持。尤其是张骞于汉武帝元朔三年（公元前126年）第一次出使西域返汉；元鼎二年（公元前115年），第二次出使西域返汉，当时大宛国首批汗血宝马还未入汉。据《史记·大宛列传》[12]和《汉书·张骞李广利传》[20]记载，大宛国首批汗血宝马入汉是在汉武帝太初四年，即公元前101年。这就是说，在汗血宝马尚未入汉的情况下，张骞带入苜蓿种子是不存在实际需要的[4]。另外，从张骞出使西域的任务和经历看，他不可能带苜蓿种子回来。众所周知，张骞出使西域是为执行汉武帝交给他的一项政治使命[59, 60]。原来在河西走廊西部祁连山、敦煌一带聚居着两个部族——月氏和乌孙，在公元前2世纪时因受到匈奴的压力，被迫西迁，分别迁到了今阿富汗和伊犁河流域。据说，匈奴攻破月氏后，曾割下月氏王的头制成酒具。从匈奴俘虏的口中，汉武帝了解月氏、乌孙与匈奴有这样的宿怨，就想派人去与他们联络，一起夹击匈奴，以便彻底消除匈奴对汉朝的威胁，所以公开招募出使人员，张骞以郎官的身份应募后被选中。张骞历尽了艰险，先后到达大宛、康居、月氏、大夏等国，路途遥远，历时十三载，归汉时一百多人的队伍仅剩两人，怎么可能将大宛的苜蓿种子一直带在身上？

在《本草纲目》[39]中记载了10种植物（含苜蓿）由张骞带归。到清代，《植物名实图考》[45]的出现，张骞带归10种植物的神话才被打破。石声汉[9]指出，吴其濬[46]在《植物名实图考长编》（即吴其濬自己所收集的参考文献资料）中也引了不少苜蓿引入相关内容（表3-4），但在《植物名实图考》[45]中作结论性叙述时（表3-3），却从不使用，而且还正面地否定了张骞引入的说法，如在卷三［苜蓿］条有这样的记载："按《史记·大宛列传》，只云'马嗜苜蓿'，《述异记》始谓'张骞使西域得苜蓿菜。'"这也说明吴其濬的怀疑表现。谢成侠[8]对张骞带归苜蓿亦持怀疑态度，他认为《史记·大宛列传》既称"汉使采其实来，"这位汉使也许是和张骞同时去西域回国的无名英雄。

日本学者桑原骘藏[10]研究指出，张骞出使西域归途，曾被匈奴幽囚一年，故输入植物的可能性不大。所以，他认为输入苜蓿者既非张骞亦非李广利，实为张骞死后，由无名使者输入[10, 19]。李长之[61]在《司马迁之人格与风格》中明确指出，苜蓿与葡萄实是由汉使取来。

张星烺[11]指出《史记·大宛列传》亦言汉使取苜蓿、蒲陶实来，于是天子始种苜蓿、蒲陶，离宫别观旁极望。唯未指定为张骞带来也。李婵娜[62]研究《史记》和《汉书》后认为，"汉使采蒲陶、目宿种归"的时间是太初三年（公元前102年）李将军攻克大宛之后，而张骞卒在元鼎三年（公元前114年），太初三年（公元前102年）之后的事情不可能与张骞有关，因此，蒲陶、目宿（苜蓿）不是张骞带来的，而是由张骞开西域通道之后的几代使者带回的。

虽然带入苜蓿的汉使没有特定的人，但它较为接近历史事实，已被不少古今学者采纳。许多学者认同《史记·大宛列传》："马嗜苜蓿，汉使取其实来，于是天子始种苜蓿"[63~67]。杜石然等[68]指出，汉使通西域，带回葡萄、苜蓿，"则离宫别观旁尽种蒲陶（葡萄）、苜蓿"。梁家勉[69]认为，汉武帝时，汉使从西域引入苜蓿种，开始在京城宫院内试种，而后在宁夏、甘肃一带推广[70~73]。

3.2　苜蓿是由出使西域的张骞带回来的

尽管《史记》[12]和《汉书》[20]中，都没有提到苜蓿种子是张骞带回来的，但后来记载张骞带归苜蓿的文献却不少（表3-3）。从东汉后期开始，人们认为张骞带回苜蓿。第一个将苜蓿与张骞联系起来的是王逸，在他看来，苜蓿、蒲陶等是由张骞带回来的。北魏贾思勰在《齐民要术·种蒜第十九》[25]记载："王逸曰：'张骞周流绝域，始得大蒜、葡萄、苜蓿。'"晋张华、陆机（今版本无此记载）大概只是引述王逸或王逸所根据的传说。由此可见，在魏晋南北朝时期，张骞带回苜蓿、蒲陶的概念已经形成，并深入人心被许多典籍引用，如唐《初学记》[27]、宋《太平御览》[33]等。但张波[60]认为王逸是汉顺帝时期人，说张骞引进（大蒜、葡萄、苜蓿）只是推测之言。

李时珍在《本草纲目》[39]指出：苜蓿原出大宛，汉使张骞带归中国（表3-3）。1881年德·康道尔[74]在《农艺植物考源》明确指出：《本草纲目》谓张骞携归之物品中有黄瓜、苜蓿等多种之前此中土所无之物。1907年日本学者松田定久[14]研究认为，《史记·大宛列传》中，"蒲陶（葡萄）为酒，马嗜苜蓿，汉使取其实来，于是天子始种苜蓿、蒲陶肥饶地。"该文了为削议武帝，此汉使为张骞。大宛列传的著者为武帝朝廷的人士，所以此事属实。日本学者天野元之助[75]提出，张骞从西域引入中国的许多植物中包括葡萄与苜蓿。

清末黄以仁[1]研究认为，苜蓿是张骞带入中国的。1933年向达[76]研究表明，至汉武帝时，张骞凿空，中西交通，始有可寻，是时汉之离宫别观旁，尽种葡萄苜蓿极望，而由张骞传入中国。卜慕华[77]认为，汉武帝派张骞为使，通当时西域五十余国，引进了许多作物，在史书上记载的有蒲陶（葡萄）、目宿（苜蓿）、石榴等。盛诚桂[78]研究指出，汉武帝时代，张骞出使西域，开始了中外植物交流的新纪元，张骞从西域引回了苜蓿和葡萄。王家葵[79]亦认为，苜蓿为张骞从西域带回。尚志钧[80]在《神农本草经校注》按语中指出，"〈史记·大宛列传〉，谓张骞于元鼎二年（公元前115年）出使西域，携苜蓿、葡萄归。"

《群芳谱诠释》[81][葡萄]注释中指出，张骞就是带归葡萄、苜蓿的汉使。陈文华[82]亦持同样的观点。1919年美国学者劳费尔[13]认为，张骞出使西域只带回两种植物，即苜蓿和葡萄，1985年美国学者谢弗[83]亦认为，葡萄、苜蓿这两种植物都是在公元前2世纪时由张骞引进的，英国著名植物学家勃基尔[84]亦持此观点。法国学者布尔努瓦[85]指出，张骞于公元前125年左右归国时，或者是稍后于第二次出使回国时，携回了某些植物种子和中国人所陌生的两种植物，即苜蓿和葡萄。他进一步指出，由张骞所引入的苜蓿促进了汉代马业的发展[86]。

尽管不少学者对张骞带入苜蓿质疑声不断，但仍有许多学者认可和采纳了这一观点。孙醒东[5]指出，我国苜蓿始于张骞，其输入之"苜蓿"即 Medicago sativa。王栋[6]据历史的记载，汉武帝时遣张骞通西域，可能苜蓿和大宛马同时输入。辞海编辑委员会[58]认为，汉武帝时（公元前126年）张骞出使西域，从大宛国带回紫苜蓿种子。美籍华人学者许倬云[87]研究指出，在公元前2世纪之前中国都没有小麦种植，直到张骞从西域将它引进来，张骞同时引入的还有许多异域作物，其中包括葡萄与苜蓿。王毓瑚[88]认为张骞从西域引进苜蓿在历史上是有名的。在引入苜蓿的过程中，张骞的功绩是很大的。苜蓿原是大宛国喂马的饲料，汉武帝元朔三年（公元前126年）由张骞自大宛输入[89]。闵宗殿和彭治富[90]认为，中原本无苜蓿，张骞于公元前126年奉武帝命通西域时，将苜蓿引入中原。据《史记·大宛列传》[12]记载，大宛诸国都以苜蓿饲马，张骞通西域后，萄同传入我国[91]。陕西省畜牧业志编委[92]在《陕西畜牧志》中载："武帝建元三年（公元前138）和元狩四年（公元前119），先后派遣张骞（陕西城固县人）两次出使西域，带回大宛国的汗血马（大宛马）和乌孙马等良种。并引进苜蓿种子，在离宫别观旁种植，用作马的饲料。"中国农业百科全书总编辑委员会[93]在《中国农业百科全书[畜牧业卷（上）]》记载：中国公元前126年由张骞出使西域（中亚土库曼斯坦地区）时带回（紫花苜蓿）种子，起初在汉宫廷中栽培，用于观赏和作御马料，后来在黄河流域广泛种植。任继周[94]亦持同样的观点认为，公元前126年张骞出使西域，将苜蓿和大宛马同时引入中国，现中国分布甚广。

黄文惠[95]认为，公元前115年汉武帝时，张骞出使西域，将苜蓿带到西安。我国是在公元前138年和公元前119年，汉武帝两次派遣张骞出使西域，第二次出使西域时，从乌孙（今伊犁河南岸）带回有名的大宛马（汗血马）及苜蓿种子[96]。董恺忱和范楚玉[97]认为，张骞通西域前后，通过西域引进了葡萄、苜蓿等一批原产西方的作物，已为人们所熟知。张永禄[98]明确指出，汉武帝时张骞出使西域，从大宛国带回紫苜蓿种子。余太山[99]认为，苜蓿、葡萄是与汗血马同时由张骞等汉使从西域带归中原的。《〈齐民要术〉译注》[100]"种苜蓿第二十九"的【注释2】指出："苜蓿，即张骞出使西域传进者。"史仲文和胡晓林[101]在《中国全史》中指出，《汉书·西域传》说罽宾（今克什米尔一带）有苜蓿，张骞等使臣取回后，皇帝把它当作珍稀植物种于自己离宫别馆的花园里以供欣赏。

3.3　苜蓿是由贰师将军李广利带回来的

关于记载李广利带归苜蓿的典籍虽然较少，但随着研究的不断深入，持有该观点的学者也在不断增加。沈福伟[17]指出，李广利从大宛得蒲陶、苜蓿种后，在长安宫殿旁善加栽培。王青[18]认为《汉书·西域传上》说贰师将军李广利伐大宛后："大宛王蝉封与汉约，岁献天马二匹，汉使采蒲陶、目宿种归。天子以天马多，又外国使来众，益种葡萄、目宿宫馆旁，极望焉。"总之汉代引入的植物主要是苜蓿与葡萄，而且引入者还不是张骞，而是李广利伐大宛后才开始引种中原。

陈舜臣[16]指出，《太平御览》记载，"《汉书》曰：'李广利为贰师将军，破大宛，得葡萄、苜蓿种归'"。据此，陈舜臣[16]认为张骞虽是出使西域并生还归汉的第一人，但不是葡萄、苜蓿输入者，葡萄、苜蓿输入者应该是李广利。他进一步指出，可能带种子的人并不是李广利，而是那些为了解救人质或被派遣到西域的使节，总之都是李广利的成果，所以将葡萄、苜蓿的传入归在他的名下也不为过。薛瑞泽[102]认为，苜蓿本是西域的物产，汉武帝太初三年，贰师将军李广利"遂采蒲陶、苜蓿种子而归。"

3.4　苜蓿引进者的不确定性

另外，还有些学者认为西汉时期有许多新的植物种是由外国移入的，如葡萄、苜蓿来自大宛，……这些植物都由张骞及其以后的政治使节或商人取其实，移植中国[103]。在不少典籍中，在提及苜蓿引入者时，既提汉使也提张骞（表3-4），表现出了不确定的态度。现代学者亦然，游修龄[104]在《中国农业百科全书（农业历史卷）》[苜蓿栽培史]："据《史记·大宛列传》说'汉使取其实，于是天子始种苜蓿。'晋代陆机《与弟书》也说'张骞使外国十八年，得苜蓿归'"。彭世奖[105]也持同样的观点。

余景让[3]认为，倘若苜蓿是由张骞携归中国的话，是在元朔三年（公元前126年）；倘若是在李广利征伐之后引入中国的话，是在太初二年（公元前102年）。陈竺同[106]认为，两汉交通西域以后，还传来很多的西域瓜果及菜疏等，其中最显著的有葡萄、苜蓿和石榴。葡萄系大宛特产，汉朝的出使者把它取回来，种于离宫别馆旁；苜蓿也是从大宛传来的，汉武帝遣李广利战胜大宛，获得善战汗血马三千多匹，大宛马嗜食苜蓿，因此"汉使取其实来，于是天子始种苜蓿，……及天马多、外国使来众，则离宫别观旁，尽种苜蓿"。他又指出，石榴亦系西域传来，张骞出使西域，得涂林安石榴种归来种植。

安作璋[56]认为，葡萄、苜蓿两种植物都是张骞出使西域之后输入我国内地的[59]，将植物品种（含苜蓿）输入内地的人应该是那些无数往于中西大道上的不知姓名的田卒、戍兵、中外使者、商人以及西域各族人民，他们才真正是这些品种的拓殖者。姚鉴[107]亦认为，自从通了西域，汉朝的商人便去那里经营，他们把西域的土产，如葡萄、苜蓿、石榴等农作物和骏美的良马输入内地[91]。根据《史记·大宛列传》谓汉使取苜蓿、蒲陶实来，于是天子始种苜蓿、蒲陶，研究认为苜蓿、蒲陶不一定为张骞或李广利传入。林甘泉[91]指出，据《史记·大宛列传》大宛诸国都有苜蓿饲马。张骞通西域，或葡萄同时传入。中国古代农业科技编纂组[108]指出，史书上也曾有记载公元前122年西汉张骞出使西域前后，把葡萄、苜蓿、胡麻、石榴……等植物陆续引进来。

综上所述，从大宛将苜蓿种子带至我国的人，是汉使？是张骞？还是李广利？或是另有其人？学术界看法不一，但可以肯定的是，苜蓿由汉使引入我国是最接近历史事实的，而张骞苜蓿带归，虽然广为流传，但缺乏直接的史料证实，从张骞出使西域的任务和艰难过程看带归苜蓿种子的可能性不大。那么为什么人们会认为苜蓿种子是由张骞带回来的？究其原因，一方面，随着"丝绸之路"的开辟，中外经济文化交流取得巨大的成就；另一方面，中外经济文化交流的成就与张骞凿空西域的功劳密不可分。因此，人们将这一时期中外的一切交往成果归功于张骞是不难想象的。贰师将军李广利带归苜蓿，亦缺乏直接的史料证实，目前还未被人们接受。由此可见，张骞或李广利带归苜蓿，尚需挖掘史料，开展进一步的考证研究。虽然我们现在还无法证明张骞就是带归苜蓿的汉使，但是汉代苜蓿是由张骞或汉使带回来的观点可能还会继续并存下去。

参 考 文 献

[1] 黄以仁. 苜蓿考. 东方杂志, 1911, 8(1): 26-31.

[2] 向达. 苜蓿考. 自然界, 1929, 4(4): 324-338.

[3] 于景让. 汗血马与苜蓿. 大陆杂志, 1952, 5(9): 24-25.

[4] 侯丕勋. 汗血宝马研究. 兰州: 甘肃文化出版社, 2006.

[5] 孙醒东. 中国几种重要牧草植物正名的商榷. 农业学报, 1953, 4(2): 210-219.

[6] 王栋. 牧草学各论. 南京: 畜牧兽医图书出版社, 1956.

[7] 罗愿[南宋]. 尔雅翼. 合肥: 黄山书社, 1991.

[8] 谢成侠. 二千多年来大宛马(阿哈马)和苜蓿传入中国及其利用考. 中国畜牧兽医杂志, 1955, (3): 105-109.

[9] 石声汉. 试论我国从西域引入的植物与张骞的关系. 科学史集刊, 1963, (4): 16-33.

[10] 桑原骘藏. 张骞西征考. 杨炼译. 上海: 商务印书馆, 1934.

[11] 张星烺. 中西交通史料汇编(第四册). 北京: 中华书局, 1978.

[12] 司马迁[汉]. 史记. 北京: 中华书局, 1959.

[13] 劳费尔. 中国伊朗编. 林筠因译. 北京: 商务印书馆, 1964.

[14] 松田定久. 苜蓿 (Medicago sativa L.) ノ稱呼ヲ考定シテ支那ニ産スル苜蓿屬ノ諸種ニ及ブ. 植物学杂志, 1907, 21(251): 1-6.

[15] 孙醒东. 重要牧草栽培. 北京: 中国科学院, 1954.

[16] 陈舜臣, 西域余闻. 吴菲译. 桂林: 广西师范大出版社, 2009.

[17] 沈福伟. 中西文化交流史. 上海: 上海人民出版社, 1985.

[18] 王青. 石赵政权与西域文化. 西域研究, 2002, (3): 91-98.

[19] 方豪. 中西交通史. 上海: 上海人民出版社, 1987.

[20] 班固[汉]. 汉书. 北京: 中华书局, 2007.

[21] 张华[晋]. 博物志. 北京: 中华书局, 1985.

[22] 陆机[晋]. 陆机集. 北京: 中华书局, 1982.

[23] 葛洪[晋]. 西京杂记. 西安: 三秦出版社, 2006.

[24] 任昉[南朝]. 述异记. 北京: 中华书局, 1960.

[25] 贾思勰[北魏]. 齐民要术今释. 石声汉校释. 北京: 中华书局, 2009.

[26] 神农[年代不详]. 神农本草经 北京: 蓝天出版社, 1997.

[27] 徐坚[唐]. 初学记. 北京: 中华书局, 1962.

[28] 封演[唐]. 封氏闻见记. 上海: 商务印书馆, 1956.

[29] 欧阳询[唐]. 艺文类聚. 上海: 上海古籍出版社, 1965.

[30] 杜佑[唐]. 通典. 北京: 中华书局, 1982.

[31] 韦绚[唐]. 刘宾客嘉话录. 上海: 上海古籍出版社, 2000.

[32] 司马光[北宋]. 资治通鉴. 北京: 中华书局, 1956.

[33] 李昉[北宋]. 太平御览. 石家庄: 河北教育出版社, 1994.

[34] 袁枢[南宋]. 通鉴纪事本末. 北京: 中华书局, 1964.

[35] 高承[南宋]. 事物纪原. 北京: 中华书局, 1989.

[36] 施宿[南宋]. 嘉泰会稽志. 台北: 成文出版社 1983.

[37] 陈景沂[宋]. 全芳备祖. 北京: 中国农业出版社, 1982.

[38] 王三聘[明]. 古今事物考. 上海: 商务印书馆, 1937.

[39] 李时珍[明]. 本草纲目. 北京: 人民卫生出版社, 1982.

[40] 徐光启[明]. 农政全书. 上海: 上海古籍出版社, 1979.

[41] 姚可成[明]. 食物本草. 北京: 人民卫生出版社, 1994.

[42] 张岱[明]. 夜航船. 成都: 四川文艺出版社, 1996.

[43] 清圣祖[清]. 广群芳谱. 上海: 商务印书馆, 1935.

[44] 程瑶田[清]. 程瑶田全集. 合肥: 黄山书社, 2008.

[45] 吴其濬[清]. 植物名实图考. 上海: 商务印书馆, 1957.

[46] 吴其濬[清]. 植物名实图考长编. 上海: 商务印书馆, 1959.

[47] 杨巩[清]. 农学合编. 北京: 中华书局, 1956.

[48] 陈梦雷[清]. 古今图书集成. 北京: 北京图书馆出版社, 2001.

[49] 鄂尔泰[清], 张廷玉[清]. 授时通考. 北京: 农业出版社, 1991.

[50] 郭云升[清]. 救荒简易书. 上海: 上海古籍出版社, 1995.

[51] 徐松[清]. 汉书西域传补注. 上海: 商务印书馆, 1937.

[52] 张宗法[清]. 三农纪. 北京: 农业出版社, 1989.

[53] 龚乃保[清]. 冶城蔬谱. 南京: 南京出版社, 2009.

[54] 陆机[晋]. 陆士衡文集. 南京: 凤凰出版社, 2007.

[55] 韩兆琦. 史记(评注本). 长沙: 岳麓书社, 2004.

[56] 安作璋. 西汉与西域关系史. 济南: 齐鲁书社, 1979.

[57] 中国农业科学院, 南京农学院中国农业遗产研究室. 中国农学史. 北京: 科学出版社, 1959.

[58] 辞海编辑委员会. 辞海(修订稿)农业分册. 上海: 上海辞书出版社, 1978.

[59] 葛剑雄. 从此葡萄入汉家. 北京: 海豚出版社, 2012.

[60] 张波. 西北农牧史. 西安: 陕西科学技术出版社, 1989.

[61] 李长之. 司马迁之人格与风格. 上海: 开明书店, 1947.

[62] 李婵娜. 张骞得安石国榴种入汉考辨. 学理论, 2010, 10(21): 164-166.

[63] 李璠. 生物史(第五分册). 北京: 科学出版社, 1979.

[64] 刘正埮. 汉语外来词词典. 上海: 上海辞书出版社, 1984.

[65] 王利华. 魏晋隋唐时期北方地区的果品生产与加工. 中国农史, 1999, 18(4): 90-101.

[66] 王利华. 中国农业通史(魏晋南北朝卷). 北京: 农业出版社, 2009.

[67] 孙启忠, 王宗礼, 徐丽君. 旱区苜蓿. 北京: 科学出版社, 2014.

[68] 杜石然, 范楚玉, 陈美东, 等. 中国科学技术史稿(上册). 北京: 科学出版社, 1982.

[69] 梁家勉. 中国农业科学技术史稿. 北京: 农业出版社, 1989.

[70] 李璠. 中国栽培植物发展史. 北京: 科学出版社, 1984.

[71] 唐启宇. 中国农史稿. 北京: 农业出版社, 1985.

[72] 郭文韬. 中国农业科技发展史略. 北京: 中国科学技术出版社, 1988.

[73] 邹介正, 王铭农, 牛家藩, 等. 中国古代畜牧兽医史. 北京: 中国农业科学技术出版社, 1994.

[74] de Candolle. Origin of cultivated plants. London: Kegan Paul, Trenoh & Co.1, Paternoster Square, 1884.

[75] 天野元之助. 中国农业史研究. 东京: 御茶の水书房, 1962.

[76] 向达. 唐代长安与西域文明. 北京: 哈佛燕京社, 1933.

[77] 卜慕华. 我国栽培作物来源的探讨. 中国农业科学, 1981, 4: 86-96.

[78] 盛诚桂. 中国历代植物引种驯化梗概. 植物引种驯化集刊, 1985, 4: 85-92.

[79] 王家葵. 救荒本草校注. 北京: 中医古籍出版社, 2007.

[80] 尚志钧. 神农本草经校注. 北京: 学苑出版社, 2008.

[81] 王象晋[明]. 群芳谱诠释. 北京: 农业出版社, 1985.

[82] 陈文华. 中国古代农业文明. 南昌: 江西科学技术出版社, 2005.

[83] 谢弗. 唐代的外来文明. 吴玉贵译. 北京: 中国社会科学出版社, 1995.

[84]　勃基尔. 人的习惯与旧世界栽培植物的起源. 胡先骕译. 北京: 科学出版社, 1954.

[85]　布尔努瓦. 天马和龙涎——12世纪之前丝路上的物质文化传播. 丝绸之路, 1997, (3): 11-17.

[86]　布尔努瓦. 丝绸之路. 乌鲁木齐: 新疆人民出版社, 1982.

[87]　许倬云. 汉代农业: 中国农业经济的起源及特性. 王勇译. 桂林: 广西师范大学出版社, 2005.

[88]　王毓瑚. 我国自古以来的重要农作物. 农业考古, 1981, (1, 2): 1-7, 10-13.

[89]　张仲葛. 中国畜牧史料集. 北京: 科学出版社, 1986.

[90]　闵宗殿, 彭治富. 中国古代农业科技史图说. 北京: 农业出版社, 1989.

[91]　林甘泉. 中国历史大辞典(秦汉史卷). 上海: 上海辞书出版社, 1990.

[92]　陕西省畜牧业志编委. 陕西畜牧业志. 西安: 三秦出版社, 1992.

[93]　中国农业百科全书总编辑委员会. 中国农业百科全书[畜牧业卷(上)]. 北京: 中国农业出版社, 1996.

[94]　任继周. 草业大辞典. 北京: 中国农业出版社, 2008.

[95]　黄文惠. 苜蓿的综述(1970—1973年). 国外畜牧科技, 1974, (6): 1-13.

[96]　耿华珠. 中国苜蓿. 北京: 中国农业出版社, 1995.

[97]　董恺忱, 范楚玉. 中国科学技术史(农学卷). 北京: 科学出版社, 2000.

[98]　张永禄. 汉代长安词典. 西安: 陕西人民出版社, 1993.

[99]　余太山. 西域通史. 郑州: 中州古籍出版社, 2003.

[100]　贾思勰[北魏]. 齐民要术译注. 缪启愉译注. 上海: 上海古籍出版社, 2009.

[101]　史仲文, 胡晓林. 中国全史. 北京: 人民出版社, 1994.

[102]　薛瑞泽. 秦汉晋魏南北朝黄河文化与草原文化的交融. 北京: 科学出版社, 2010.

[103]　翦伯赞. 秦汉史. 北京: 北京大学出版社, 1995.

[104]　游修龄. 中国农业百科全书(农业历史卷). 北京: 农业出版社, 1995.

[105]　彭世奖. 中国作物栽培简史. 北京: 中国农业出版社, 2012.

[106]　陈竺同. 两汉和西域等地的经济文化交流. 上海: 上海人民出版社, 1957.

[107]　姚鉴. 张骞通西域. 历史教学, 1954, (10): 3-36.

[108]　中国古代农业科技编纂组. 中国古代农业科技. 北京: 中国农业出版社, 1980.

四、张骞与汉代苜蓿引入的关系

苜蓿（*Medicago sativa*）为西域物产[1, 2]，自东汉王逸将苜蓿与张骞联系在一起，到魏晋南北朝张骞成为引入苜蓿的汉使已广为流传[3~9]，迄今，不论在国外还是在国内这个观点都已深入人心，影响甚广[10~18]。张骞是不是带归苜蓿种子的汉使，由于司马迁的略而不记，以致成为一桩历史悬案，肯定、揣测、质疑从古至今纷争不断[19~23]。随着对西域史特别是对张骞研究[24~26]，乃至西域物产［如汗血马、葡萄（*Vitis vinifera*）、苜蓿、石榴（*Punica granatum*）］东传研究的不断深入[27~31]，对张骞与苜蓿关系的认识和理解也越来越深刻，从而就此问题也出现了几种看法。一是张骞是汉代苜蓿种子的引入者[10, 32~35]；二是张骞没有带回苜蓿种子[19~23]；三是张骞仅带回大宛国有苜蓿的信息[22, 36~41]；四是将引进西域植物（如苜蓿）功归张骞以纪念"凿空"之壮举[42, 43]。就张骞与苜蓿引入我国的问题，许多学者已有所考证和论述[10, 44~46]，本文以这些论述为基础，试图从张骞出使西域的动机、张骞输入苜蓿形象形成与苜蓿种子引入说、苜蓿信息传递说，乃至苜蓿附会说或纪念说等方面进行考释，以期阐明张骞在汉代苜蓿传入我国过程中所起的作用，聚信释疑，为我国苜蓿起源乃至苜蓿史研究提供依据。

1 张骞通西域

1.1 出使西域的背景

西汉初年，汉帝国北方的游牧民族匈奴经常抢劫边境，杀掠百姓，甚至几次攻入内地，给汉朝造成严重威胁。由于经济实力不足，汉初几个皇帝都对匈奴的入侵无能为力。直到汉武帝时，国家经过六七十年的休养生息，生产发展，有了较强的国力，于是汉武帝决定用武力彻底解决北方边患问题。即使在这时，汉朝也不想冒单兵作战的风险，希望找一个同盟者，共同对付匈奴。匈奴有一个宿敌，称"大月氏"。为和大月氏结盟，汉武帝向全国招募志愿者出使大月氏，汉中成固人张骞应招[35, 37]。

1.2 出使西域的经历

西汉武帝建元二年（公元前 139 年；亦说建元三年，公元前 138 年），张骞率领一个百余人组成的使团从首都长安出发，取道陇西，踏上通往遥远的中亚阿姆河的征程。当时河西走廊和塔里木盆地在匈奴的控制之下，张骞一行刚进入这个地区就被匈奴扣留，一扣就是十余年，但张骞念念不忘自己肩负的使命，终于找到机会，从匈奴逃脱，西行几十天来到大宛国。大宛位于今天吉尔吉斯斯坦费尔干纳盆地。大宛王早就听说汉帝国的广阔富饶，但苦于匈奴的阻碍，无法和汉通使。汉朝使者的到来令他大喜过望，知道张骞要出使大月氏后，他立即派翻译和向导护送张骞取道邻国康居到大月氏。康居王也对张骞很友好，派人护送他到阿姆河北岸的大月氏王庭。这时大月氏是由前王夫人当政，他们已经征服阿姆河南岸富饶的大夏国。大月氏人已在中亚安居乐业，不想再和匈奴厮杀替前王报仇。张骞在大夏住了一年多，但未能说服大月氏与汉共攻匈奴，只得带着遗憾回国。为了避开匈奴，张骞选择"丝绸之路"南道而行，打算经青海羌人部落返回长安，不幸又落入匈奴之手。一年多之后，匈奴王去世，匈奴大乱，张骞才与胡妻和堂邑父借机逃回到长安。这就是张骞第一次出使西域的经过，从公元前 139 年出发，到公元前 126 年回到汉朝，历时13 年之久，出发时一百多人，回来时仅剩张骞和甘父两个。这次出使西域汉朝付出了极大的代价 [37, 38, 47, 48]。由于张骞第一次出使西域未能说服大月氏与汉结盟，到公元前 119 年，汉武帝又派张骞第二次出使西域，希望与乌孙建立联盟，并派副使到达大夏、安息等地。公元前 115 年，各国派出使者与张骞一同回长安，标志着中国与西域各国的政治关系正式建立起来 [37, 49]。

1.3　出使西域的影响

张骞第一次出使西域，虽然没有说服大月氏和汉军共同攻打匈奴，但取得许多意外的收获。他第一次向国人详细介绍了大宛、康居、大月氏和大夏等中亚国家的风土人情，特别是介绍了这些地区不仅农业发达，盛产葡萄、汗血马、苜蓿等，而且商业也很兴隆 [37]。张骞对中亚诸国的描述非常详细，司马迁的《史记·大宛列传》和班固的《汉书·西域传》就是根据张骞的介绍撰写的 [35]。第二次出使西域联络乌孙的计划也无果而终，不过意外的成果却很丰富。因为随同张骞出使的副使活动范围几乎遍及西域各国，许多国家都与汉朝建立了友好关系，从此开始了汉朝与西域诸国的正式往来 [35, 37, 49, 50]。张骞通西域，开辟了著名的"丝绸之路"，促进了东西经济文化的交流。一方面，中国的丝绸、养蚕术、漆器、铁器和冶铁术等相继传到波斯、印度等地；另一方面，一些优良马种和葡萄、苜蓿等植物则从西域引进中原 [51]。

2　张骞引入苜蓿形象

2.1　苜蓿进入我国之始

通常认为，西汉武帝（公元前 140～前 87 年在位）时由于张骞通西域，汉使带回苜蓿种子开始种植，而我国获悉西域某些地区盛产苜蓿、葡萄等，并以苜蓿饲马似得自张骞的报告 [23, 35, 36, 52]。《史记·大宛列传》云："（大宛）有蒲陶酒。……宛左右以蒲陶为酒，富人藏酒至万余石，久者数十岁不败。俗嗜酒，马嗜苜蓿。汉使取其实来，于是天子始种苜蓿、蒲陶肥饶地。及天马多，外国使来众，则离宫别观旁尽种蒲陶、苜蓿极望。"芮传明 [52] 认为，《汉书·西域传》明确指出了苜蓿种子采归国内之事并非张骞本人所为，而是他逝世十多年后，汉朝使节从业已被贰师将军李广利征服了的大宛取来："贰师既斩宛王，更立贵人素遇汉善者名昧蔡为宛王。后岁余，宛贵人以为昧蔡谄，使我国遇屠，相与共杀昧蔡，立母寡弟蝉封为王，遣子入侍，质于汉，汉因使略赐镇抚之。又发使十余辈，抵宛西诸国求奇物，因讽谕以伐宛之威。宛王蝉封与汉约，岁献天马二匹。汉使采蒲陶、目宿种归。天子以天马多，又外国使来众，益种蒲陶、目宿离馆旁，极望焉。"但不管是声称张骞直接引入苜蓿，还是声称他逝世后汉朝使节引入，我国开始较大规模种植苜蓿，似乎总在汉武帝在位期间张骞通西域后的那段时期内，并与张骞通西域密切相关。

2.2 张骞引入苜蓿形象的形成

据《史记》和《汉书》等史料记载，以及张骞（？～公元前 114 年 [53]）出使西域的动机与目的，乃至艰难历程看，张骞似乎不可能带回任何物品，只是向汉武帝介绍了西域包括物产资源在内的基本情况。那么怎么就有了张骞引入苜蓿的概念或形象出现呢？

从东汉后期开始，人们认为张骞从西域带回包括苜蓿在内的各种物产，主要是源自于东汉时期的著名文学家王逸 [54]（东汉，25～220 年）。第一次将引入苜蓿的事归于张骞的是王逸。苜蓿原产于西亚，据王逸所著的《正部》记载："张骞使还，始得大蒜（*Allium sativum*）、苜蓿 [3]。"也就是说，大蒜、苜蓿是张骞出使西域时带回来的。

晋张华 [4]（232～300 年）《博物志》曰："张骞使西域还，得大蒜、安石榴（*Punica granatum*）、胡桃（*Juglans regia*）、蒲桃（*Syzygium jambos*）、胡葱（*Allium ascalonicum*）、苜蓿等。"

西晋陆机（261～303 年）《与弟云书》曰："张骞使外国 18 年，得苜蓿归 [3]。"

南朝梁任昉 [6]《述异记》曰："苜蓿本胡中菜也，张骞始於西戎得之。"

到魏晋南北朝时期，西域植物（包括苜蓿）之称为张骞引入的才渐渐多起来，得到许多人的认可和广泛传播，张骞引入苜蓿的概念或形象基本形成，并在后世的文献中被广泛征引（表 4-1）。

作者	朝代	典籍	主要内容
徐坚[55]	唐	初学记	《博物志》曰：张骞使西域，还得葡桃、胡葱、苜蓿、安石榴
封演[56]	唐	封氏闻见记	汉代张骞自西域得石榴、苜蓿之种，今海内遍有之
韦绚[7]	唐	刘宾客嘉话录	苜蓿、葡萄，因张骞而至也
施宿[57]	南宋	嘉泰会稽志	王逸曰：张骞周流绝域，始得大蒜、葡萄、苜蓿，南人或谓之齐胡，又有蒜泽
王三聘[58]	明	古今事物考	[苜蓿] 张骞使大宛得其种
李时珍[9]	明	本草纲目	[时珍曰] 杂记言苜蓿原出大宛，汉使张骞带归中国
姚可成[59]	明	食物本草	李时珍曰：苜蓿原出大宛，汉使张骞带归中国
程瑶田[60]	清	程瑶田全集	《本草纲目》[时珍曰] 杂记言苜蓿原出大宛，汉使张骞带归中国。《群芳谱》亦云：张骞带归（苜蓿）
吴其濬[61]	清	植物名实图考	《述异记》始谓张骞使西域，得苜蓿菜
杨巩[62]	清	农学合编	苜蓿一名木粟，由张骞自大宛带种归
鄂尔泰[63]	清	授时通考	张骞自大宛带（苜蓿）种归，今处处有之
郭云升[64]	清	救荒易书	张骞自大宛带（苜蓿）种归，今处处有之
张宗法[65]	清	三农纪	（苜蓿）种出大宛，汉使张骞带入中华

3 张骞与苜蓿的关系

3.1 张骞引入苜蓿种子说

尽管《史记》和《汉书》中都没有提到苜蓿种子是张骞带回来的，但从东汉后期至魏晋南北朝就出现了张骞带归苜蓿种子的形象。

李时珍[9]在《本草纲目》中记载："杂记言苜蓿原出大宛，汉使张骞带归中国"。李时珍是伟大的植物学家，《本草纲目》在植物学历史上地位之高是世界公认的，因此它具有广泛而深刻的影响，同时亦使得"苜蓿原出大宛，汉使张骞带归中国"具有了世界影响。1881年德·康道尔[66]在《农艺植物考源》明确指出：《本草纲目》谓张骞携归之物品中有黄瓜（*Cucumis sativus*）、苜蓿等多种之前此中土所无之物。1907年日本学者松田定久[12]研究认为，《史记·大宛列传》中，"蒲陶（葡萄）为酒，马嗜苜蓿，汉使取其实来，于是天子始种苜蓿、蒲陶肥饶地。"该天子为前汉武帝，此汉使为张骞。大宛列传的著者为武帝朝廷的人士，所以此事属实。日本学者天野元之助[67]提出，张骞从西域引入中国的许多植物包括葡萄与苜蓿。1919年美国学者劳费尔[10]研究指出，中国的两种栽培植物（葡萄、苜蓿，仅此两种）都是来自大宛，并由张骞从大宛带入中国。1985年美国学者谢弗[68]亦认为，葡萄、苜蓿这两种植物都是在公元前2世纪时由张骞引进的，英国著名植物学家勃基尔[13]亦持此观点。法国学者布尔努瓦[11]指出，张骞于公元前125年左右归国时，或者是稍后于第二次出使回国时，携回了某些植物种子和中国人所陌生的两种植物，即苜蓿和葡萄。他进一步指出，由张骞所引入的苜蓿促进了汉代马业的发展。

清末黄以仁[14]研究认为，苜蓿是张骞带入中国的。1933年向达[28]研究表明，至汉武帝时，张骞凿空，中西交通，始有可寻，是时汉之离宫别观旁，尽种葡萄苜蓿极望，而由张骞传入中国。卜慕华[69]认为，汉武帝派张骞为使，通当时西域五十余国，引进了许多作物，在史书上记载的有蒲陶（葡萄）、目宿（苜蓿）、石榴等[70]。盛诚桂[71]研究指出，汉武帝时代，张骞出使西域，开启了中外植物交流的新纪元，张骞从西域引回了苜蓿和葡萄。王家葵[72]在校注《救荒本草》亦认为，苜蓿为张骞从西域带回。谢宜秦[73]指出，张骞通西域带回许多新奇植物，如葡萄、苜蓿、石榴等。董恺忱等[74]认为，张骞通西域前后，通过西域引进了葡萄、苜蓿等一批原产西方的作物，已为人们所熟知[75]。张永禄[76]明确指出，汉武帝时张骞出使西域，从大宛国带回紫苜蓿种子。余太山[77]认为，苜蓿、葡萄是与汗血马同时由张骞等汉使从西域带归中原的。缪启愉[78]在《〈齐民要术〉译注》"种苜蓿第二十九"的【注释2】指出："苜蓿，即张骞出使西域传进者。"史仲文和胡晓林[79]在《中国全史》中指出，《汉书·西域传》说罽宾（今克什米尔一带）有苜蓿，张骞等使臣取回后，皇帝把它当作珍稀植物种于自己离宫别馆的花园里以供欣赏。

伊钦恒[80]在《群芳谱诠释》[葡萄]注释中指出，张骞就是带归葡萄、苜蓿的汉使。陈文华[32]亦持同样的观点。尽管不少学者对张骞带入苜蓿质疑声不断，但仍有许多学者认可和采纳了这一观点。孙醒东[15]指出，我国苜蓿始于张骞，其输入之"苜蓿"即 Medicago sativa。辞海编辑委员会[81]亦认为，汉武帝时（公元前126年）张骞出使西域，从大宛国带回紫苜蓿种子。美籍华人学者许倬云[82]研究指出，在公元前2世纪之前中国都没有小麦（Triticum aestivum）种植，直到张骞从西域将它引进来，张骞同时引入的还有许多异域作物，其中包括葡萄与苜蓿。西北的苜蓿是在公元前129年汉使张骞出使西域带回中国的[83]。王毓瑚[33]认为，张骞从西域引进苜蓿在历史上是有名的，在引入苜蓿的过程中，张骞的功绩是很大的。苜蓿原是大宛国喂马的饲料，汉武帝元朔三年（公元前126年）由张骞自大宛输入[34]。闵宗殿等[84]认为中原本无苜蓿，张骞于公元前126年奉武帝命通西域时，将苜蓿引入中原。据《史记·大宛列传》记载，大宛诸国都以苜蓿饲马，张骞通西域后，蓿同传入我国[85]。陕西省畜牧业志编委会[86]在《陕西畜牧业志》中载："武帝建元三年（公元前138）和元狩四年（公元前119），先后派遣张骞两次出使西域，带回大宛国的汗血马（大宛马）和乌孙马等良种。并引进苜蓿种子，在离宫别观旁种植，用作马的饲料。"中国农业百科全书总编辑委员会[87]在《中国农业百科全书[畜牧业卷（上）]》记载：中国公元前126年由张骞出使西域（中亚土库曼地区）时带回（紫花苜蓿）种子，起初在汉宫廷中栽培，用于观赏和作御马料，后来在黄河流域广泛分布。任继周[18]

亦持同样的观点，认为公元前 126 年张骞出使西域，将苜蓿和大宛马同时引入中国，现中国分部甚广。张平真[45]认为，《史记·大宛列传》中所说的"汉使取其实归"是指汉武帝元朔三年（公元前 126 年）张骞出使西域，从大宛国带回苜蓿种子的故事。

尚志钧[88]在《神农本草经校注》按语中指出，"《史记·大宛列传》，谓张骞于元鼎二年（公元前 115 年）出使西域，携苜蓿、葡萄归。"黄文惠[89]认为，公元前 115 年汉武帝时，张骞出使西域，将苜蓿带到我国西安。在公元前 138 年和公元前 119 年，汉武帝两次派遣张骞出使西域，在第二次出使西域时，张骞从乌孙（今伊犁河南岸）带回有名的汗血马及苜蓿种子[90]。

3.2 张骞未引苜蓿种子说

综上可知，张骞引入苜蓿种子说已被人们广泛接受。但是由于没有直接的证据说明苜蓿种子就是由张骞带入我国的，到目前为止仍有不少人对此表示怀疑，从张骞出使西域的目的与经历和时间看，张骞不可将苜蓿种子带回来[91, 92]。据宋代罗愿[19]《尔雅翼》记载："苜蓿本西域所产，自汉武帝时始入中国。……然不言所携来使者之名。"《尔雅翼》又继续写到："〈博物志〉曰，张骞使西域的蒲陶、胡葱、苜蓿种尽以汉使之中，骞最名著，故云然。"这是目前所能见到的对张骞带归苜蓿种子提出异议的最早史料。石声汉认为，晋张华、陆机大概只是陈述王逸或王逸所根据的传说，而任昉的记述是错误的。张波[17]认为王逸是汉顺帝时期人，说张骞引进大蒜、葡萄、苜蓿只是推测之言。夏如兵和徐暄淇[93]亦认为后世文献往往将早期外来作物（如葡萄、苜蓿、石榴）的引入归功于张骞，多为臆测。

汉代输入苜蓿是无可置疑的，但是不是张骞从西域带归？至今还缺乏正史方面的证据。《史记》和《汉书》是最早记载苜蓿的史料，仅记载了张骞两次出使和开辟道路的事迹，并没有提到张骞带归苜蓿，以及《通鉴纪事本末》[94]和《资治通鉴》[95]亦未提及张骞带归苜蓿，而这些史书却都记载了汉使带归苜蓿种子。

石声汉[22]认为，第一个将苜蓿与张骞联系起来的人不是与张骞时代相同的司马迁以及继承司马迁的班固，而是比班固（1 世纪末）稍后的王逸（后汉顺帝时人，大约 1 世纪后半叶至 2 世纪初），即从后汉初起，西域植物被称为张骞引入的，才渐渐多起来。王逸是文苑人物[54]，在私人著作中，采取民间传说材料，来装饰自己的文章，或借此抒发个人感慨，对张骞作称颂，并不违背文学作品的通例与原则。侯不勖[23]指出，《述异记》是南朝肖梁（502～557 年）时期任昉的著作，这时距汗血宝马入汉的太初四年（公元前 101 年）已有 600 多年了，而它又不是纪实性作品，其说法未必客观真实。《史记·大宛列传》是最早记载苜蓿东传的史学著作，但它只是说"汉使取其实来"，并没有提张骞之名。此后的《汉书·西域传》和《汉书·张骞李广利传》等也未将苜蓿种子的东传与张骞联系起来。以上说法得不到最主要史料的支持。尤其是张骞于汉武帝元朔三年（公元前126年）第一次出使西域返汉；元鼎二年（公元前115年），第二次出使西域返汉，当时大宛国的首批汗血宝马还未入汉，倘若张骞带回苜蓿的话，尚不存在实际需要。所以说，张华、陆机和任昉等大概只是叙述王逸或王逸所根据的传说而已，张骞通西域带回苜蓿，到魏晋时可以说已经完全成熟 [22, 23]。另外石声汉进一步指出，李时珍曰："《西京杂记》说过苜蓿是张骞带归中国"。据考证今本《西京杂记》，以及《齐民要术》和《太平御览》等所引，均无此说。所以石声汉认为，李时珍可能未查原文而致搞错。

石声汉 [22] 考证《史记》和《汉书》后认为，苜蓿是张骞死后汉使从大宛采来的。韩兆琦 [96] 在《〈史记〉评注》中指出，"西北外国使，更来更去。……宛左右以葡萄为酒，富人藏酒至万余石，久者数十岁不败。俗嗜酒，马嗜苜蓿。汉使取其实来，于是天子始种苜蓿、葡萄肥饶地。及天马多，外国使来众，则离宫别观旁尽种葡萄、苜蓿极望。"描写的是张骞死后十多年间，汉朝与西域诸国相互来往的情景 [53]。日本学者桑原骘藏 [20] 研究指出，张骞出使西域归途，曾被匈奴幽囚十年，故输入植物的可能性不大。所以，他认为输入苜蓿者既非张骞亦非李广利，实为张骞死后，由无名使者输入 [97]。张星烺 [98] 指出《史记·大宛列传》亦言汉使取苜蓿、蒲陶实来，于是天子始种苜蓿、蒲陶，离宫别观旁极望。唯未指定为张骞带来也。李婵娜 [31] 研究《史记》和《汉书》后认为，"汉使采蒲陶、目宿种归"的时间是太初三年（公元前102年）李将军攻克大宛之后，而张骞卒在元鼎三年（公元前114年），太初三年（公元前102年）之后的事情不可能与张骞有关，因此，蒲陶、目宿（苜蓿）不是张骞带来的，而是由张骞开西域通道之后的几代使者带回的。李锦绣和余太山 [99] 指出，相传葡萄、苜蓿、石榴、胡桃、胡麻等皆为张骞自西域传入中土，未必尽然。杨雪 [43] 指出，在我国凡是西域物品的传入，大都被当作是汉朝出使西域而归的张骞的功绩。但张骞携带苜蓿和葡萄回到汉朝的说法应该是一个美丽的误会。因为《史记》和《汉书》中的《张骞传》《大宛传》《匈奴传》《西域传》，都只说到张骞两次出使和开辟道路的事迹，没有一个字提到他曾亲自带回任何栽培植物。杨承时 [100] 指出，我们可以从《史记·大宛传》中张骞通西域的经历中找出结论，第一次出使西域如此艰难，公元前126年回到长安时仅剩两人，在这种情况下引进葡萄、苜蓿的可能性不大。但苜蓿是不是张骞第二次出使西域带回来的，还有待作深入考证研究。颜昭斐 [30] 认为，张骞第二次出使西域他本人只到过乌孙，"骞因分遣副使使大宛、康居、大月氏……诸旁国。""岁余，骞卒。后岁余，其所遣副使通大夏之属者皆颇与其人俱来，于是西北国始通于汉矣。"由此可知，张骞在乌孙国出使一结束，便偕同乌孙使者数十人返抵长安，一年多之后就去世了。而此时汉朝与西域之间的交流开始日益频繁，由此引发的经济交往也更加密切，不排除苜蓿、葡萄种子引入的可能。

但并没有明确是由张骞带回来的。唐译[101]在《图解史记》中认为,张骞到达乌孙后,就派副使分别出使大宛、康居、大月氏等国家。乌孙国派出向导和翻译送张骞回国,并派出几十个使者和张骞一起来汉朝,了解情况,并带来几十匹马,作为回报和答谢汉天子的礼物。

　　苜蓿是汗血马最喜欢吃的饲草,故史有大宛"马嗜苜蓿"之说。但由于中原地区本不产苜蓿,所以,当大宛汗血宝马不断东来之后,解决其饲草问题就逐渐凸显出来。那么,究竟是谁首先把苜蓿种子从西域带归? 1955年,谢成侠[21]研究指出,在汉使通西域的同一时期,还由他们带回了不少中国向来没有的农产品,其中苜蓿种子的传入和大宛马的输入在同一个时期。考证苜蓿传入的年代,史书并未确切指出,但可能是在张骞回国的这一年,即公元前126年(武帝元朔三年),如晋张华《博物志》曰:"张骞使西域,得蒲陶、胡葱、苜蓿。"但张骞回国是艰难的,归途还被匈奴阻留了一年多,是否一定是他带回的不无疑问。《史记》既称"汉使采其实来",这位汉使也许是和张骞同时去西域的无名英雄,或最迟是在大宛马输入的同一年,即公元前101年。我们深信汉使带回苜蓿种子,绝不是为了贡献给汉武帝的,而是为了让马匹及其他家畜获得更好的饲料。因此,谢成侠认为苜蓿和大宛马同时进入我国,初次传入中国约在公元前100年前(公元前101年)。 侯丕勋[23]亦认为,西汉第一次伐宛战争失败后,坚持进行第二次伐宛战争,并取得了战争的最终胜利,于太初四年(公元前101)获得汗血宝马。1952年,于景让[27]指出:在汉武帝时,和汗血宝马连带在一起,一同自西域传入中国者,尚有饲料植物 *Medicago sativa*(紫花苜蓿)。余英时[40]亦认为,从西域传来的包括苜蓿和汗血宝马等物品毫无疑问是在张骞之后不久传入中国的,汗血马和苜蓿种子被汉朝的外交使节在公元前100年左右从大宛带回中国。王栋[102]据历史的记载,汉武帝时遣张骞通西域,可能苜蓿和大宛马同时输入。也有人认为紫苜蓿是在汉武帝元封六年(公元前105年)随着西域诸国的使者输入我国的[45, 103]。

　　史进[49]指出,自张骞凿通西域后,汉朝便和西域各国开始通商,由于当时正在攻伐匈奴,马匹是最重要的,西域大宛的马非常好,被称为"天马",所以就想得到大宛的马匹。大宛的良马多在贰师城,他们就藏起来不卖给汉使,汉武帝派人带千金去购买,结果大宛不打算卖马,还杀了汉使。汉武帝大怒,就派贰师将军李广利去攻打大宛,第一次汉军被打败,第二次不战而大宛就自动请降,献出宝马,汉军就班师回国了。《汉书·西域传》曰:"大宛左右以蒲陶(葡萄)为酒,……俗嗜酒,马嗜目宿。……宛王以汉绝远,大兵不能至,爱其宝马不肯与。汉使妄言,宛遂攻杀汉使,取其财物。于是天子遣贰师将军李广利将兵前后十余万人伐宛,连四年。……征岁余,宛贵人以为昧蔡谄,使我国遇屠,相与共杀昧蔡,立毋寡弟蝉封为王,遣子入侍,质于汉,汉因使使赂赐镇抚之。又发使十余辈,抵宛西诸国求奇物,因风（讽）谕以伐宛之威。宛王蝉封与汉约，岁献天马二匹。汉使采蒲陶（葡萄）、目宿种归。天子以天马多，又外国使来众，益种蒲陶（葡萄）、目宿离宫馆旁，极望焉。"由此李荣华[39]认为，苜蓿、葡萄自李广利伐大宛后，由汉使带回，他进一步指出李广利伐大宛是在汉武帝太初元年（公元前104年），张骞是在元鼎三年（公元前114年）去世，可见张骞并未带回葡萄、苜蓿等植物种子。李婵娜[31]亦指出，从《汉书·西域传》中可知，"汉使采蒲陶、目宿种归"的时间是在太初三年李将军攻克大宛之后。

3.3　张骞传递苜蓿信息说

布尔努瓦[104]研究认为，张骞是汉朝在西域第一个发现汗血宝马和苜蓿的人。他指出张骞第一次出使西域回来，除带来西域的大宛国有一种特殊马的消息外，还为汉武帝带来了那里有一种马最爱吃的饲草的消息，这就是苜蓿。侯丕勋[23]亦指出，张骞第一次出使西域在大宛国的最大收获就是发现了大宛国的"国宝"汗血宝马，以及苜蓿，并将其介绍给汉武帝。有关这点，虽然史籍缺乏具体记载，但是《史记·大宛列传》曰："大宛在匈奴西南，在汉正西，去汉可万里。其俗土著，耕田，田稻麦。有蒲陶酒。多善马，马汗血，其先天马子也。"又曰："宛左右以蒲陶为酒，富人藏酒至万余石，久者数十岁不败。俗嗜酒，马嗜苜蓿。"这些是张骞向汉武帝介绍的他在大宛看到的情况[99]，亦是张骞第一个将大宛国的农业生产或物产信息传入中国[37, 41, 50]。颜昭斐[30]指出，张骞第一次出使西域一共经历了十几年，还经历两次匈奴人的扣押，相当坎坷艰难，所以这次张骞是极不可能带回苜蓿、葡萄种子的。他进一步指出，事实是张骞回汉后，他所做的，只是"传闻其旁大国五六，具为天子……"。将出使西域的见闻向汉武帝做了介绍。安作璋[36]指出，《史记·大宛列传》所记载的大宛盛产（如葡萄酒、苜蓿、天马等）是张骞第一次出使西域（公元前138～前126年）回汉后，向汉武帝汇报其在大宛的所见所闻，因此他认为，葡萄、苜蓿两种植物都是张骞出使西域之后输入中国内地的[105]。冯惠民[37]指出，后来汉朝使节引进的物产，如苜蓿、葡萄和汗血宝马等无不与张骞提供的信息有关。张波[17]认为，在汉代以前西域地区已开始种植苜蓿，张骞西使曾见大宛以苜蓿养马，归汉后向武帝极赞大宛"天马"和美草苜蓿，才有了后来"汉使取其实来，于是天子始种苜蓿"。袁行霈[35]指出，张骞第一次出使西域回来后，对中亚诸国的描述非常详细，司马迁的《史记·大宛列传》和班固的《汉书·西域传》就是根据张骞的介绍撰写的。刘光华[106]亦认为，张骞第一次出使带回了大量有关西域的确切信息，"骞身所至大宛、大月氏、大夏、康居，而传闻其旁大国五六。"张骞向汉武帝汇报了上述国家的情况，这是司马迁撰写《史记》的重要来源，也是关于中亚各国有关情况的最早记载。黎东方[107]指出，传说许多西域物产，如葡萄、苜蓿、石榴等，都是由张骞传入中土，这样的说法未必完全符合史实，但是可以肯定的是大宛国有苜蓿、汗血宝马等物产的信息是张骞传入我国的，这是不能磨灭的。

3.4　张骞通西域纪念说

除上述认为张骞为带回苜蓿的汉使，或张骞带回大宛国有苜蓿的信息，乃至苜蓿不是张骞带入的观点外，还有一种纪念圣人的观点。《史记·大宛列传》中的记载："宛左右以蒲桃为酒，富者藏酒万余石，久者数十岁不败。俗嗜酒，马嗜苜蓿，汉使取其实来，于是天子始种苜蓿、蒲陶肥饶地。及天马多，外国使来众，则离宫别观旁尽蒲萄、苜蓿极望"。李次弟[108]认为，这段话说的是张骞死后发生的事，司马迁在《史记》中并没有言明汉使是谁。由于我国固习每有功归圣人的想法，因而后人联系此前张骞"凿空"之壮举，便归功于张骞了。许多研究表明，虽然张骞并没有真正带回苜蓿等栽培植物的种子，但是他常常向大家谈到西域有很好的物产，如苜蓿、葡萄和汗血宝马等，《史记》和《汉书》都记载过他曾向汉武帝作过这样的介绍。同时，张骞凿空西域，这点对以后汉朝向西域觅取像葡萄、苜蓿、汗血宝马等物产准备了先决条件，这应当是大家称颂他的重要原因[22, 23, 39]。杨生民[42]指出，由于苜蓿等植物是在张骞通西域后传来的，所以许多文献记载都把这些植物的东传与张骞联在一起，以纪念其丰功伟绩，像东汉王逸、晋张华等将苜蓿等西域植物东传归功于张骞也不足为奇，后人多袭其说，才有了张骞出使西域带苜蓿归的说法，才有了《乾隆重修肃州新志》中的这样两句题诗："不是张骞通西域，安能佳种自西来。"舒敏[26]指出，像苜蓿、葡萄等植物并不是，也不可能是张骞一个人亲自带回来的，但是许多史书中都把这些植物的引入归功于张骞。例如，晋张华《博物志》、唐封演《封氏撰文录》等古籍中，把苜蓿、葡萄等的引入归功于张骞。后人之所以将这么一件大大的功劳都记在张骞的名下，是基于对先驱者张骞的一种爱戴、一种感激、一种敬佩，是把张骞作为一个代表人物，如果是这样，张骞是当之无愧的。从史实角度出发，张骞第一次出使西域，除带回一些重要的信息外，似乎没带回任何西域物产。不过人们赋予了了张骞丰富的文化内涵，认为他带回域外包括物产在内的各种文化。究其原因，一方面，随着"丝绸之路"的开辟，中外经济文化交流取得巨大的成就；另一方面，中外经济文化交流的成就与张骞凿空西域密不可分。因此，人们将这一时期中外所有的交流成果都归功于张骞，而且随着中西经济文化交流发展与繁荣，这种影响越来越大。相传葡萄、苜蓿、石榴、胡桃、胡麻等皆为张骞自西域传入中土，未必尽然，但张骞对开辟从中国通往西域的"丝绸之路"有卓越贡献，至今举世称道[36, 109]。

综上所述，关于张骞出使西域带归苜蓿种子的认识到目前还不统一[29, 110]，虽然"苜蓿原出大宛，汉使张骞带归中国"已被广泛接受，但缺乏直接的史料证实。考证《史记》和《汉书》中的《大宛列传》《张骞李广利传》《匈奴传》《西域传》，乃至《西南夷传》可知，这些史料中只说到张骞两次出使和开辟道路的事迹，而没有提到张骞带归任何植物。从出使西域的背景、动机目的，乃至艰难历程和当时汉朝对苜蓿的需求看，一方面，张骞第一次出使西域不可能带回苜蓿种子；另一方面，在当时的社会需求下，还没有必要带苜蓿种子回来。但第二次是否带回了苜蓿种子，还需进一步深入研究与考证。在张骞带归苜蓿还没有充分证据的情况下，将苜蓿等植物的引入归功于张骞，是人们对他的敬畏和对通西域的纪念，是人们的主观愿望，并非完全符合史实，我们应在尊重史实的基础上认真辨析。尽管这样，张骞为汉朝带回了大宛国盛产苜蓿的信息是确定无疑的，这为后来的"汉使取其实来，于是天子始种苜蓿"奠定了基础。首先张骞通西域为西域物产进入我国打开了大门，也为苜蓿引进我国奠定了基础；其次是张骞带回了大宛国不仅有汗血宝马，而且还有其最爱吃的饲草——苜蓿的信息，这条信息为汉武帝后来获得汗血宝马和苜蓿提供了支撑，同时也让西汉人知道了汗血宝马和苜蓿的存在。因此，张骞在苜蓿进入我国的过程中发挥了重要作用。考证张骞对我国汉代苜蓿的贡献，可知汉代苜蓿的来之不易，对我国传统苜蓿生产向现代苜蓿产业转型的今天具有一定的借鉴意义，我们应更加珍惜古代苜蓿的发展成果，并继承发扬之，将我国现代苜蓿产业发展得更好。

参 考 文 献

[1] 司马迁[汉]. 史记. 北京: 中华书局, 1959.

[2] 班固[汉]. 汉书. 北京: 中华书局, 2007.

[3] 贾思勰[北魏]. 齐民要术今释. 石声汉校释. 北京: 中华书局, 2009.

[4] 张华[晋]. 博物志. 北京: 中华书局, 1985.

[5] 陆机[晋]. 陆机集. 北京: 中华书局, 1982.

[6] 任昉[南朝]. 述异记. 北京: 中华书局, 1960.

[7] 韦绚[唐]. 刘宾客嘉话录. 上海: 上海古籍出版社, 2000.

[8] 李昉[北宋]. 太平御览. 石家庄: 河北教育出版社, 1994.

[9] 李时珍[明]. 本草纲目. 北京: 人民卫生出版社, 1982.

[10] 劳费尔[美]. 中国伊朗编. 林筠因译. 北京: 商务印书馆, 1964.

[11] 布尔努瓦[法]. 丝绸之路. 乌鲁木齐: 新疆人民出版社, 1982.

[12] 松田定久[日]. 关于苜蓿的称呼考定及中国产苜蓿属的种类. 植物学杂志, 1907, 21(251): 1-6.

[13] 勃基尔[英]. 人的习惯与旧世界栽培植物的起源. 胡先骕译. 北京: 科学出版社, 1954.

[14] 黄以仁. 苜蓿考. 东方杂志, 1911, 8(1): 26-31.

[15] 孙醒东. 中国几种重要牧草植物正名的商榷. 农业学报, 1953, 4(2): 210-219.

[16]　梁家勉. 中国农业科学技术史稿. 北京: 农业出版社, 1989.

[17]　张波. 西北农牧史. 西安: 陕西科学技术出版社, 1989.

[18]　任继周. 草业大辞典. 北京: 中国农业出版社, 2008.

[19]　罗愿[宋]. 尔雅翼. 合肥: 黄山书社, 1991.

[20]　桑原骘藏[日]. 张骞西征考. 杨炼译. 上海: 商务印书馆, 1934.

[21]　谢成侠. 二千多年来大宛马(阿哈马)和苜蓿传入中国及其利用考. 中国畜牧兽医杂志, 1955, (3): 105-109.

[22]　石声汉. 试论我国从西域引入的植物与张骞的关系. 科学史集刊, 1963, (4): 16-33.

[23]　侯丕勋. 汗血宝马研究. 兰州: 甘肃文化出版社, 2006.

[24]　余太山. 张骞西使新考. 西域研究, 1993, (1): 40-46.

[25]　高荣. 论汉武帝"图制匈奴"战略与征伐大宛. 西域研究, 2009, (2): 1-8.

[26]　舒敏. 丝绸之路断想. 首都经济杂志, 2002, (10): 56-57.

[27]　于景让. 汗血马与苜蓿. 大陆杂志, 1952, 5(9): 24-25.

[28]　向达. 苜蓿考. 自然界, 1929, 4(4): 324-338.

[29]　孙启忠. 汉代苜蓿引入者考略. 草业学报, 2016, 25(1): 240-253.

[30]　颜昭斐. 葡萄传入内地考. 考试周刊, 2012, (8): 26-27.

[31]　李婵娜. 张骞得安石榴种入汉考辨. 学理论, 2010, 10(21): 164-166.

[32]　陈文华. 中国古代农业文明. 南昌: 江西科学技术出版社, 2005.

[33]　王毓瑚. 我国自古以来的重要农作物. 农业考古, 1981, (1): 1-6.

[34]　张仲葛. 中国畜牧史料集. 北京: 科学出版社, 1986.

[35]　袁行霈. 中华文明之光. 北京: 北京大学出版社, 2004.

[36]　安作璋. 西汉与西域关系史. 济南: 齐鲁书社, 1979.

[37]　冯惠民. 张骞通西域. 北京: 中华书局, 1979.

[38]　白寿彝. 中国通史(第四卷) 中古时代·秦汉时期(上册). 上海: 上海人民出版社, 1995.

[39]　李荣华. 魏晋南北朝时期张骞形象考述. 中华文化论坛, 2014, (2): 100-103.

[40]　余英时. 汉代贸易与扩张. 上海: 上海古籍出版社, 2005.

[41]　余太山. 两汉魏晋南北朝正史西域传要注. 北京: 商务印书馆, 2013.

[42]　杨生民. 汉武帝传. 北京: 人民出版社, 2001.

[43]　杨雪. 葡萄苜蓿石榴红. 光明日报(第12版), 2014, 8: 18.

[44]　孙醒东. 重要牧草栽培. 北京: 中国科学院, 1954.

[45]　张平真. 中国蔬菜名称考释. 北京: 北京燕山出版社, 2006.

[46]　孙启忠. 旱区苜蓿. 北京: 科学出版社, 2014.

[47]　柏杨. 中国人史纲(上). 北京: 同心出版社, 2005.

[48]　庄春波. 汉武帝评传. 南京: 南京大学出版社, 2002.

[49]　司马迁[汉]. 图解史记. 史进编著. 海口: 海南出版公司, 2008.

[50]　陈勇. 国史纲要. 上海: 上海大学出版社, 2004.

[51]　杜石然. 中国古代科学家传记(上). 北京: 科学出版社, 1992.

[52]　芮传明. 葡萄与葡萄酒传入中国考. 史林, 1991, (3): 46-58.

[53]　司马迁[汉]. 史记笺证. 韩兆琦编著. 南昌: 江西人民出版社, 2009.

[54]　江瀚. 王逸著述考略. 学术交流, 2012, (5): 160-164.

[55] 徐坚[唐]. 初学记. 北京: 中华书局, 1962.

[56] 封演[唐]. 封氏闻见记. 上海: 商务印书馆, 1956.

[57] 施宿[南宋]. 嘉泰会稽志. 台北: 成文出版社, 1983.

[58] 王三聘[明]. 古代事物考. 上海: 商务印书馆, 1937.

[59] 姚可成[明]. 食物本草. 北京: 人民卫生出版社, 1994.

[60] 程瑶田[清]. 程瑶田全集. 合肥: 黄山书社, 2008.

[61] 吴其濬[清]. 植物名实图考. 上海: 商务印书馆, 1957.

[62] 杨葉[清]. 农学合编. 北京: 中华书局, 1956.

[63] 鄂尔泰[清]. 授时通考. 北京: 农业出版社, 1991.

[64] 郭云升[清]. 救荒简易书. 上海: 上海古籍出版社, 1995.

[65] 张宗法[清]. 三农纪. 北京: 中国农业出版社, 1989.

[66] 德空多尔[欧洲]. 农艺植物考源. 俞德浚, 蔡希陶编译. 上海: 商务印书馆, 1936.

[67] 天野元之助[日]. 中国农业史研究. 东京: 御茶の水书房, 1962.

[68] 谢弗[美]. 唐代的外来文明. 吴玉贵译. 北京: 中国社会科学出版社, 1995.

[69] 卜慕华. 我国栽培作物来源的探讨. 中国农业科学, 1981, 4: 86-96.

[70] 毛民. 榴花西来——丝绸之路上的植物. 北京: 人民美术出版社, 2004.

[71] 盛诚桂. 中国历代植物引种驯化梗概. 植物引种驯化集刊, 1985, 4: 85-92.

[72] 朱橚[明]. 救荒本草校注. 王家葵校注. 北京: 中医古籍出版社, 2007.

[73] 谢宜蓁. 中国古代食蟹文化研究. 台北: 台湾中山大学硕士研究生学位论文, 2012.

[74] 董恺忱, 范楚玉. 中国科学技术史(农学卷). 北京: 科学出版社, 2000.

[75] 苏北海. 丝绸之路与龟兹历史文化. 乌鲁木齐: 新疆人民出版社, 1996.

[76] 张永禄. 汉代长安词典. 西安: 陕西人民出版社, 1993.

[77] 余太山. 西域通史. 郑州: 中州古籍出版社, 2003.

[78] 贾思勰[北魏]. 齐民要术译注. 缪启愉译注. 上海: 上海古籍出版社, 2009.

[79] 史仲文, 胡晓林. 中国全史. 北京: 人民出版社, 1994.

[80] 王象晋[明]. 群芳谱诠释. 伊钦恒注. 北京: 农业出版社, 1985.

[81] 辞海编辑委员会. 辞海(修订稿)农业分册. 上海: 上海辞书出版社, 1978.

[82] 许倬云. 汉代农业: 中国农业经济的起源及特性. 王勇译. 桂林: 广西师范大学出版社, 2005.

[83] 西北农业科学研究所. 西北紫花苜蓿的调查与研究. 西安: 陕西人民出版社, 1958.

[84] 闵宗殿, 等. 中国古代农业科技史图说. 北京: 农业出版社, 1989.

[85] 林甘泉. 中国历史大辞典(秦汉史卷). 上海: 上海辞书出版社, 1990.

[86] 陕西省畜牧业志编委会. 陕西畜牧业志. 西安: 三秦出版社, 1992.

[87] 中国农业百科全书总编辑委员会. 中国农业百科全书[畜牧业卷(上)]. 北京: 中国农业出版社, 1996.

[88] 尚志钧校注. 神农本草经校注. 北京: 学苑出版社, 2008.

[89] 黄文惠. 苜蓿的综述(1970-1973年). 国外畜牧科技, 1974, (6): 1-13.

[90] 耿华珠. 中国苜蓿. 北京: 中国农业出版社, 1995.

[91] 贾思勰[北魏]. 齐民要术. 石定枎, 谭光万补注. 北京: 中华书局, 2015.

[92] Masao U. The introduction of grapes and alfalfa into China: a reflection on the role of Zhang Qian. Yakugaku Zasshi, 2005, 125(11): 895-898.

[93] 夏如兵, 徐暄淇. 中国石榴栽培历史考述. 南京林业大学学报(人文社会科学版), 2014, 14(2): 85-97.

[94] 袁枢[南宋]. 通鉴纪事本末. 北京: 中华书局, 1964.

[95] 司马光[北宋]. 资治通鉴. 北京: 中华书局, 1956.

[96] 司马迁[汉]. 史记评注本. 韩兆琦评注. 长沙: 岳麓书社, 2004.

[97] 方豪. 中西交通史. 上海: 上海人民出版社, 1987.

[98] 张星烺. 中西交通史料汇编(第四册). 北京: 中华书局, 1978.

[99] 李锦绣, 余太山. 《通典》西域文献要注. 上海: 上海人民出版社, 2009.

[100] 杨承时. 中国葡萄栽培的起始及演化. 中外葡萄与葡萄酒, 2003, (4): 4-7.

[101] 司马迁[汉]. 图解史记. 唐译编著. 海拉尔: 内蒙古出版集团, 2013.

[102] 王栋. 牧草学各论. 南京: 畜牧兽医图书出版社, 1956.

[103] 樊志民. 农业进程中的"拿来主义". 生命世界, 2008, (7): 36-41.

[104] 布尔努瓦[法]. 天马与龙涎——12世纪之前丝路上的物质文化传播. 丝绸之路, 1997, (3): 11-17.

[105] 中国农业科学院, 南京农学院中国农业遗产研究室. 中国农学史. 北京: 科学出版社, 1959.

[106] 刘光华. 西北通史. 兰州: 兰州大学出版社, 2004.

[107] 黎东方. 讲史之续·细说秦汉. 上海: 上海人民出版社, 2007.

[108] 李次弟. 葡萄的中国缘. 考试周刊, 2011, (51): 232-234.

[109] 中国大百科全书总编辑委员会. 中国大百科全书 (中国历史Ⅲ). 北京: 中国大百科全书出版社, 1992.

[110] 孙启忠. 苜蓿经. 北京: 科学出版社, 2016.

五、汉代苜蓿传入我国的时间

苜蓿（*Medicago sitiva*）为汉武帝时期传入我国已是不争的事实[1~3]，但是具体是什么时间传入我国的，不论是草学界还是农史界乃至史学界对其看法不一[4~19]。虽然公元前126年张骞（或汉使）从西域带回苜蓿种子已广为流传，影响甚广，不论在国内还是在国外已被许多专家学者所认同[7, 11, 20~23]。但由于最早记载苜蓿的《史记》[1]和《汉书》[2]并没有明示其进入我国的年代，所以人们对此不无疑虑[24~28]，以致苜蓿传入我国的时间成了千古之谜。早在1929年向达[16]翻译劳费尔的 *Sino-Iretina* 有关苜蓿内容考证认为，宛马食苜蓿，骞因于元朔三年（公元前126年，原文为公元前136年可能是笔误）移大宛苜蓿种子归中国。谢成侠[24, 25]认为，苜蓿传入的年代，史书并未确实的指出，可能是在张骞回国的这一年，即公元前126年（汉武帝元朔三年）。但张骞回国是很艰难的，归途还被匈奴阻留了一年多，是否是他带回来的不无疑问。于景让[15]认为，苜蓿传入中国，如系由张骞携归中国的话，是在元朔三年（公元前126年）；如系在李广利征伐之后引入中国的话，是在太初二年（公元前102年）。尽管目前对苜蓿传入我国时间的考证研究尚属少见，但随着对西域史特别是对张骞研究[29~31]，乃至西域物产（如汗血马、葡萄、苜蓿、石榴）东传研究的不断深入[32, 33]，从中也可窥视到一些有关苜蓿传入我国的历史信息。纵观前人研究结果，目前对苜蓿传入我国的时间有4类看法：①围绕张骞两次出使西域所确定的苜蓿输入我国的时间，主要包括公元前139年/前138年[34~36]、公元前129年[37, 38]、公元前126年[4, 7, 11]、公元前119～115年[8~10]和两次出使西域的张骞带回[39~41]；②围绕汗血马引入我国的时间，即公元前102/前101年[19, 24, 25, 42]；③时间不确定[5, 43, 44]；④张骞死后或其他时间[26, 45, 46]。由于对苜蓿传入我国的时间疏于考证，有许多涉及苜蓿传入我国时间的论著因袭前人出现不妥。本文以前人的研究为基础，试图从张骞两次出使西域的时间或使者往来于汉的活动背景，对苜蓿传入我国的时间进行梳理归纳和考释，以期聚同存异，对其有个清晰的认识，为我国苜蓿起源和苜蓿史研究乃至传统苜蓿典籍整理提供依据。

1 张骞出使西域的时间与使者往来

1.1 第一次出使西域的时间

许多学者[4,7~11,34~42]认为，苜蓿传入我国的时间与张骞出使西域不无关系。然而，

《史记》[1]和《汉书》[2]对张骞出使的时间缺乏记载，只是《史记·大宛列传》和《汉书·张骞李广利传》称张骞"去十三岁"，而《资治通鉴·汉纪》[3]将张骞归来的时间定为武帝元朔三年（公元前 126 年）。学界对张骞西使归来之年为武帝元朔三年无异议，由此向上推 13 年，由于计算方法的差异，或将张骞出使之年定为武帝建元二年（公元前 139 年），或将张骞出使之年定为武帝建元三年（公元前 138 年）[47]。

根据《史记·大宛列传》[1]记载"初，骞行时百余人，去十三岁，唯二人得还。"余太山认为，"十三岁"，自武帝建元二年（公元前 139 年）至元朔三年（公元前 126 年）。余太山[27]指出，张骞之归年，《资治通鉴·汉记》系于武帝元朔三年（公元前 126 年），单于即死于是年，由元朔三年上溯十三年，则张骞动身于武帝建元二年（公元前 139 年）。这是张骞第一次出使西域的时间。据此推算，建元二年至元光六年（"十余岁"）为首次拘留匈奴期间，元光六年（公元前 129 年）自匈奴中逃脱，抵达大月氏，元光六年至元朔元年（公元前 128 年）未踏上归途，元朔二年初至三年（"岁余"）为再次被拘留匈奴时期，元朔三年（公元前 126 年）归汉[28, 43, 48~50]。

侯不勋[19]研究指出，《史记》与《汉书》中的所有有关"纪""传"等文献，均未确切记载张骞第一次出使西域出发在哪一年，但《资治通鉴》这部编年体史书却把张骞第一次出使西域的全程情况汇总于汉武帝元朔三年（公元前 126 年）。这就表明，司马光认定张骞第　次出使西域结束并回到长安的时间是汉武帝元朔三年 4 月。依据《史记·大宛列传》所载三个时段已有年数，按倒序具体推算张骞发现大宛国汗血马的确切年代，即第三时段"岁余"加第二时段"岁余"，就是二岁余。张骞回到长安的公元前 126 年加二岁余，就是公元前 128 年"余"。公元前 128 年加第一时间的十余岁，就是公元前 138 年。据此侯不勋认为，张骞一行于汉武帝建元三年（公元前 138 年）开始第一次出使西域，元朔三年回到长安。杜石然[51]和刘光华[52]也持同样的观点。

1.2 第二次出使西域的时间

对张骞第二次出使西域的时间认识较统一。一般认为，张骞第二次出使西域启程于元狩四年（公元前 119 年），元鼎二年（公元前 115 年）返回长安[27, 53, 54]。

1.3 使者往来更来更去

据《史记·大宛列传》记载，"西北外国使，更来更去。宛以西，皆自以远，尚骄恣晏然，未可诎以礼羁縻而使也。自乌孙以西至安息，以近匈奴，匈奴困月氏也，匈奴使持单于一信，则国国传送食，不敢留苦；及至汉使，非出币帛不得食，不市畜不得骑用。所以然者，远汉，而汉多财物，故必市乃得所欲，然以畏匈奴于汉使焉。宛左右以蒲陶为酒，富人藏酒至万余石，久者数十岁不败。俗嗜酒，马嗜苜蓿。汉使取其实来，于是天子始种苜蓿、蒲陶肥饶地。及天马多，外国使来众，则离宫别观旁尽种蒲陶、苜蓿极望。"韩兆琦[26]认为，这些均为司马迁对张骞死后近十年间，汉王朝与西域诸国相互来往的情景的记载[46]。安作璋[55]认为，葡萄、苜蓿两种植物都是张骞出使西域之后输入中国内地的，将植物品种（含苜蓿）输入中国内地的人应该是那些无数往来于中西大道上的不知姓名的田卒、戍兵、中外使者、商人以及西域各族人民，他们才真正是这些品种的拓殖者。姚鉴[56]亦认为，自从通了西域，汉朝的商人便去那里经营，他们把西域的土产，如葡萄、苜蓿、石榴等农作物和骏美的良马输入内地[15]。根据《史记·大宛列传》谓汉使取苜蓿、蒲陶实来，于是天子始种苜蓿、蒲陶，研究认为苜蓿、蒲陶不一定为张骞或李广利传入[11, 22]。

2 汉代苜蓿传入我国的时间考析

2.1 围绕张骞两次出使西域所确定的苜蓿传入时间

2.1.1 苜蓿于公元前 139 年 / 前 138 年传入

早在 1941 年日本学者川濑勇[34]认为，公元前 138 年之后长安附近及黄河下游苜蓿栽培甚广。星川清亲[35]也认为，古代中国的苜蓿，是在汉武帝时期（公元前 138 年）由张骞从印度越过天山带回中国。李瑭[36]指出，汉代张骞从大宛带回葡萄和苜蓿种子。众所周知，汉使（张骞）第一次出使西域的启程时间是在公元前 138 年（或公元前 139 年），此时不可能将苜蓿带回中国。

2.1.2 苜蓿于公元前 129 年传入

1950 年吴青年[37]指出，我国引进苜蓿的历史很久，汉武帝派遣张骞出使大宛，购买大宛马，张骞出使 18 年，于公元前 129 年归国时，便将苜蓿种子引入我国，献予武帝，植于宫城附近。吴仁润[6]也同样认为，苜蓿系西汉时代，汉武帝遣张骞出使西域时携归的，而于公元前 129 年首先种植于京城长安。还有一些人也持这种观点（表 5-1）。张永禄[53]指出，张骞约于公元前 129 年从陇西一带的匈奴居住区经几十天的长途跋涉到了大宛。余太山[27]指出，由第一次出使西域的经历可知，张骞之归年，《资治通鉴·汉记》系于武帝元朔三年（公元前 126 年），由元朔三年上溯十三年，则张骞出使西域始于建元二年（公元前 139 年）。据此他认为，建元二年至元光六年（"十余岁"）为首次拘留匈奴期间，元光六年（公元前 129 年）自匈奴中逃脱，抵达大月氏,元光六年至元朔元年(公元前128年)未踏上归途,元朔二年初至三年("岁余")为再次被拘留匈奴时期,元朔三年(公元前126年)归汉[28, 43, 48~50]。由此可知,公元前129年张骞还在回汉的路上,将苜蓿种子带回我国是不可能的。

表5-1 苜蓿于公元前129年传入我国

作者	主要内容
焦彬[57]	据历史资料查证:我国苜蓿是由汉使张骞出使西域,于公元前129年归国时带回的
王德[58]	苜蓿在我国有很久的栽培历史,相传张骞下西域(公元前129年),带种子回国就开始栽培
中国农业科学院陕西分院[38]	从历史资料记载判定:西北的苜蓿是在公元前129年汉使张骞出使西域带回中国,首先种植于长安,此后逐渐栽培于西北各地以及黄河下游地带

2.1.3 苜蓿于公元前126年传入

虽然对汉代苜蓿带归者的认识还不统一[11, 22],但由张骞或汉使于公元前126年将苜蓿引入我国的认知度却较高。于景让[15]指出,苜蓿传入中国,是经由大宛,其时代是较向西传播为稍迟,如系张骞携带,是在元朔三年(公元前126年)。劳费尔[23]认为,(张骞)在大宛获得苜蓿种子,于公元前126年献给武帝。孙醒东[20]指出,在汉武帝时代张骞(公元前126年)使西域至大宛,带回许多中国没有的农产品和种子,其中苜蓿即 *Medicago sativa* 种子的传入和大宛马的输入在同一个时期。王栋[4]、任继周[7]认为,公元前126年张骞出使西域,将苜蓿和大宛马同时引入中国。这种观点得到许多人的认可(表5-2)。尽管如此,从目前的研究结果看,公元前126年张骞从西域回到汉,同时将苜蓿种子带归的可能性不大[31]。故此,公元前126年苜蓿传入我国的说法还需作进一步的考证。

表5-2 苜蓿于公元前126年传入我国

作者	主要内容
向达[16]	宛马食苜蓿,骞于元朔三年(公元前126年,原文为公元前136年可能有误)移植大宛苜蓿种归
孙醒东[20]	汉武帝时代张骞(公元前126年)使西域至大宛国,带回许多中国没有的农产品及种子,其中苜蓿(即 *Medicago sativa*)种子的传入和大宛马的输入也同一时期
陈宣书[60]	公元前126年张骞出使西域,从乌孙(今伊犁河南岸)带回大宛马和苜蓿,在西安种植,作为马的饲草
张仲葛和朱先煌[61]	苜蓿原是大宛国喂马的饲料,汉武帝元朔三年由张骞自大宛输入
冯德培和谈家桢[62]	汉武帝时(公元前126年),张骞出使西域,从大宛国带回紫苜蓿种子
陈凌风[63]	中国公元前126年由张骞出使西域(中亚土库曼地区)时带回(紫花苜蓿)种子,起初在汉宫廷中栽培,用于观赏和作御马料
辞海编纂委员会[64]	汉武帝时(公元前126年)张骞出使西域,从大宛国带回紫苜蓿种子。古代所称苜蓿专指紫苜蓿

作者	主要内容
李伦良[65]	张骞在大宛获得苜蓿种子,于公元前126年献给汉武帝。武帝命人在宫廷附近播种这种新奇的植物
闵宗殿等[66]	据《汉书·西域传》中原本无苜蓿,张骞公元前126年奉武帝命通西域时,将苜蓿引入中原
张平真[67]	汉武帝元朔三年张骞出使西域,从大宛国带回苜蓿种子
拾录[68]	*Medicago* 之传入中国本部,是经由大宛,时间是在公元前126年,约与传入意大利为同时
南京农学院[69]	我国栽培苜蓿历史悠久。公元前126年汉武帝遣张骞出使西域,苜蓿和大宛马同时输入,距今已两千余年
北京农业大学[70]	在汉朝张骞(公元前126年)出使西域至大宛国(在土库曼斯坦及乌兹别克斯坦两个共和国境内),带回许多苜蓿种子,目前苜蓿在北方已成为重要牧草
陈默君和贾慎修[21]	公元前126年汉武帝遣张骞出使西域,苜蓿和大宛马同时输入中国
陈文华[14]	张骞将在大宛获得的苜蓿种子于公元前126年献给汉武帝
孙启忠等[22]	我国汉代苜蓿是汉使于公元前126年从大宛带回来的

与之相近的时间,勃基尔[71]认为,中国皇帝汉武帝在公元前134年派张骞出使西域,10年后(公元前124年)回来的时候,带了苜蓿(*Medicago sativa*)与葡萄的种子。从目前研究结果看,张骞回汉的时间显然不妥。

2.1.4 苜蓿于公元前119～前115年传入

富象乾[8]研究指出,据《史记·大宛列传》和《汉书·西域传》记载可以判定,汉武帝时代张骞等(公元前119～前115年)出使西域至大宛国而将苜蓿引入长安。黄文惠[10]认为,紫花苜蓿原产于西亚伊朗,公元前115年汉武帝时,张骞出使那一带,将苜蓿带到西安,从此在我国西北、华北、东北等地广泛流传,成为我国最古老、最重要的栽培牧草之一。但她又指出,从历史记载判断,我国西北苜蓿是在公元前129～前115年带回。耿华珠[9]认为,公元前138年和公元前119年,汉武帝两次派遣张骞出使西域,第二次出使西域时,从乌孙(今伊犁河南岸)带回有名的大宛马、汗血马及苜蓿种子。这种观点缺乏直接的史料记载,还需挖掘史料作进一步的考证。

2.1.5 苜蓿由两次出使西域的张骞带回

陕西省地方志编纂委员会[39]指出,武帝于建元三年(公元前138)和元狩四年(公元前119),先后派遣张骞(陕西城固县人)两次出使西域,带回大宛国的汗血马(大宛马)和乌孙马等良种。并引进苜蓿种子,在离宫别观旁种植,用作马的饲料。周敏[40]指出,公元前139年和公元前119年,汉武帝两次派遣张骞出使西域,张骞在带回有名的汗血马的同时,也带回了苜蓿种子,并在长安周围种植,用于饲喂西域御马。汉武帝时,张骞两次出使西域,从长安将丝和丝织品传入西域，又从西域将苜蓿、葡萄、胡桃、石榴和汗血马、乌孙马等农、畜品种带回长安 [42]。法国学者布尔努瓦 [72] 认为，张骞于公元前 125 年左右归国，或者是稍后于第二次出使回国时，携回了某些植物种子和中国人所陌生的两种植物，即苜蓿和葡萄。

2.2　围绕汗血马引入我国的时间（即公元前 101/ 前 102 年）

　　1955 年，谢成侠 [24] 指出，苜蓿传入的年代，史书并未确实的指出，可能是在张骞回国的这一年，即公元前 126 年（汉武帝元朔三年）。但张骞回国是很艰难的，归途还被匈奴阻留了一年多，是否是他带回来的不无疑问。《史记》既称"汉使采其实来"，这位汉使也许是和张骞同时去西域回国的无名英雄，或最迟是在大宛马运回的同一年，即公元前 101 年 [25]。卜慕华 [42] 则认为，通过《史记》记载西汉张骞在公元前 100 年前后，由中亚印度一带引入的重要栽培植物有苜蓿、葡萄等 15 种。侯丕勋 [19] 研究指出，据《史记·大宛列传》和《汉书·张骞李广利传》记载，大宛首批汗血马东入中原是在汉武帝太初四年，即公元前 101 年。所以，苜蓿有可能在此时与汗血马一同进入中原。裕载勋 [73] 亦认为，汉武帝时代派张骞通使西域，与大宛马同时把苜蓿的种子带回我国进行栽培。桑原骘藏 [43] 则令人信服地指出，这些植物中没有一种是张骞引入中国的。但毫无疑问上述外国食物中有一些是在张骞之后不久传入中国的，葡萄和苜蓿种子被汉朝的外交使节在公元前 100 年左右从大宛带回中国。于景让 [15] 认为，苜蓿如系李广利征伐之后传入，则为太初二年（公元前 102 年）。薛瑞泽 [74] 指出苜蓿本是西域的物产，汉武帝太初三年（公元前 102 年），贰师将军李广利"遂采蒲陶、苜蓿种子而归。"倘若从苜蓿的实际需求考虑，苜蓿与汗血马同时输入我国的可能性较大，即公元前 102/ 前 101 年苜蓿随汗血马一同被引入汉 [15, 19, 24]。

2.3　苜蓿传入我国的时间不确定

　　由于汉代苜蓿引入者的不确定 [11,31,75]，导致苜蓿引入时间也出现了不确定。所以，在许多文献中涉及苜蓿引入时间时均采用时间范围来表述（表 5-3）。早在 1934 年桑原骘藏 [43] 研究认为，所谓张骞以苜蓿输入汉土者，恐以西晋张华之《博物志》或传称梁代任昉所作之《述异记》等记载为嚆矢，至其后之记录，不遑一一枚举。在清末有所谓黄以仁者之"苜蓿考"中，根据《博物志》与《述异记》等，谓：晋梁去汉不远，所闻当无大谬。而断定张骞为苜蓿之输入者，惟据《史记》和《汉书》苜蓿与葡萄同系张骞以后所输入，其事甚明，此等怪诞之传说，吾辈不得不排斥之。

表 5-3　苜蓿传入我国的时间不确定

作者	史料研究
中国农业科学院、南京农学院中国农业遗产研究室[76]	苜蓿和大蒜在张骞通西域后传入中国
内蒙古农牧学院[77]	据历史资料记载，我国紫花苜蓿是由汉使张骞出使西域时从那里带回来的
杜石然等[78]	汉使通西域，带回苜蓿种子
董恺忱等[12]	张骞通西域前后，通过西域引进了葡萄、苜蓿等一批原产西方的作物，已为人们所熟知
翦伯赞[17]	葡萄、苜蓿来自大宛，张骞及其以后的政治使节或商人取其实，移植中国
刘长源[79]	自"丝绸之路"被张骞打通之后，包括葡萄、苜蓿和汗血马在内的许多西域物产被引入中国
史仲文和胡晓文[80]	张骞通西域后，西域的许多蔬果通过"丝绸之路"传入内地，如葡萄、石榴、苜蓿等
高荣[29]	张骞通西域后，汉朝派往西域的使者络绎不绝，西域各国到汉朝的使者也"更来更去"，大宛国每年向汉朝贡献"天马"，汉使则从大宛带回葡萄、苜蓿等种子
邹德秀[81]	张骞多次出使西域，可能引进了苜蓿、葡萄、石榴、核桃等
中国历史大辞典秦汉史卷编纂委员会[82]	苜蓿，张骞通西域后与葡萄同时传入（中国）
苏北海[83]	汉武帝时张骞通西域后，从西域带回了紫苜蓿种子
严可均[84]	汉伐匈奴，取胡麻、蒲萄、大麦、苜蓿，示广地
禹平[85]	在秦汉时期，汉使张骞通西域引进大量优良种马时，一种新的饲草，苜蓿种子同良马一起引入汉朝境内
唐启宇[86]	通西域后，西域各国的植物、动物及其他特产遂通过中国的使者与西域的商人之手出入中国，苜蓿就在其中
邹介正[87]	在汉，从西域引入大宛马、乌孙马的同时，为养马从西域引入紫花苜蓿
郭文韬[88]	汉武帝时，汉使从西域引进苜蓿种子

王栋[4]指出，据历史记载，汉武帝时遣张骞通西域，可能苜蓿和大宛马同时输入。黄乃隆[89]认为，汉武帝时张骞出使西域打开对外交通后，自外国输入了不少的园艺作物品种，最著名的有葡萄、大蒜等，及用作饲料的苜蓿。穆育人[90]指出，张骞通西域后，通过汉与西方各国的交流，中国的丝、丝织品等传播到西亚和欧洲。西亚、欧洲的葡萄、石榴、苜蓿、汗血马和乐器、乐曲、绘画艺术传入中国[91]。姚鉴[56]认为，自从通了西域，汉朝的商人便往那里去经营，他们把西域的土产，如葡萄、苜蓿、石榴……和骏美的良马输入内地，丰富了我国的物产。彭世奖[92]指出，《史记·大宛传》载：公元前 138 年～前 137 年，张骞出使西域，看到"宛左右以蒲陶名酒，富人藏酒万余石，久者数十岁不败"。有说"汉使取其食来，于是天子始种苜蓿、蒲陶肥饶地"。樊志民[93]指出，汉武帝时汉使从西域引入苜蓿，开始在京师宫苑试种，后在宁夏、甘肃等农牧交错地带推广，形成了大面积的牧场和饲料基地，成为汉唐马政的基本保证。盛诚桂和张宇和[94]认为，张骞两次西行，历尽艰险，沟通了当时西域各国，引种了苜蓿和葡萄。他们进一步指出，张骞出使西域回汉时，从西域不仅引回了汉武帝珍爱的汗血马，而且也引回了汗血马爱食的苜蓿。

吴征镒[44]认为，公元前1~2世纪苜蓿由张骞自西域引来，最早记载苜蓿的花为黄色的是《尔雅》，云"权、黄华今谓牛芸草为黄华，黄华叶似苜蓿"。谢弗[95]（美国）指出，葡萄、苜蓿这两种植物都是在公元前2世纪由张骞引入中国的。中国古代农业科技编纂组[96]却认为，史籍上也曾记载公元前122年西汉张骞出使西域前后，把葡萄、苜蓿、胡麻……陆续引种进来，丰富了我们的栽培植物种类。

2.4 苜蓿于张骞死后或其他时间传入我国

石定枎和谭光万[45]在补注《齐民要术》时指出，一般认为（苜蓿）是张骞出使西域时带回苜蓿种子。实际上，严格地说：应是张骞死后，汉使从西域大宛采回苜蓿种子。桑原骘藏[43]认为，葡萄、苜蓿既非张骞也非李广利输入汉土，而实为张骞死后葡萄与苜蓿同由无名使者输入。韩兆琦[26]同样认为，《史记》中"西北外国使，更来更去。……宛左右以蒲陶为酒，富人藏酒至万余石，久者数十岁不败。俗嗜酒，马嗜苜蓿。汉使取其实来，于是天子始种苜蓿、蒲陶肥饶地。及天马多，外国使来众，则离宫别观旁尽种蒲陶、苜蓿极望。"是描写张骞死后的十多年间，汉王朝与西域诸国相互来往的情景[46]。

梁家勉[13]认为，公元前105~前87年，苜蓿从西域传入中原。张平真[67]指出，有人认为紫苜蓿是在汉武帝元封六年（公元前105年）随着西域诸国的使者输入的。中国畜牧兽医学会[97]则认为，我国栽培苜蓿始于西汉（公元前139年）张骞出使西域带归苜蓿种子。韩兆琦[26]指出，司马迁于太初元年（公元前104年）开始《史记》的写作，到征和二年（公元前91年）《史记》基本完成，他死于征和三年（公元前90年）。众所周知，《史记》[1]是第一部记载苜蓿在我国种植的史书，因此，凡认为公元前91年之后苜蓿被引进我国是不可能的。因为公元前91年《史记》已成书，"西北外国使，更来更去。……宛左右以蒲陶为酒，富人藏酒至万馀石，久者数十岁不败。俗嗜酒，马嗜苜蓿。汉使取其实来，于是天子始种苜蓿、蒲陶肥饶地。及天马多，外国使来众，则离宫别观旁尽种蒲陶、苜蓿极望"已被载入《史记》中。

纵观前人的研究结果，对苜蓿何时引入我国的看法还不统一。一是围绕张骞出使西域带归苜蓿出现了5种观点，虽然公元前126年由张骞带归苜蓿的观点得到广泛认可，但这种观点一方面张骞（汉使）是不是苜蓿带归者还缺直接的史料证实，还需挖掘史料作进一步的考证，另一方面从张骞（汉使）第一次出使西域归国的艰难历程以及当时对苜蓿的实际需求考证，由张骞（汉使）公元前126年带归苜蓿的可能性不大。二是从实际需求考证，苜蓿与汗血马同时输入我国，即公元前102/前101年的看法较接近史实。三是由于汉代苜蓿引入者的不确定，导致苜蓿引入时间也出现了不确定。四是张骞死后汉使从西域大宛采回苜蓿种子，应该是在公元前91

年前，而不应该在其之后。由于目前在苜蓿引入我国的时间问题上，还缺乏直接的史料证据，因此，不论是哪种看法或观点都需作进一步的考证。

参 考 文 献

[1] 司马迁[汉]. 史记. 北京: 中华书局, 1959.

[2] 班固[汉]. 汉书. 北京: 中华书局, 2007.

[3] 司马光[北宋]. 资治通鉴. 北京: 中华书局, 1956.

[4] 王栋. 牧草学各论. 南京: 畜牧兽医图书出版社, 1956.

[5] 孙醒东. 中国几种重要牧草植物正名的商榷. 农业学报, 1953, 4(2): 210-219.

[6] 吴仁润, 张志学. 黄土高原苜蓿科研工作的回顾与前景, 中国草业科学, 1988, 5(2): 1-6.

[7] 任继周. 草业大辞典. 北京: 中国农业出版社, 2008.

[8] 富象乾. 中国饲用植物研究史. 内蒙古农牧学院学报, 1982, (1): 19-31.

[9] 耿华珠. 中国苜蓿. 北京: 中国农业出版社, 1995.

[10] 黄文惠. 苜蓿的综述(1970—1973年). 国外畜牧科技, 1974, (6): 1-13.

[11] 孙启忠. 苜蓿经. 北京: 科学出版社, 2016.

[12] 董恺忱, 范楚玉. 中国科学技术史(农学卷). 北京: 科学出版社, 2000.

[13] 梁家勉. 中国农业科学技术史稿. 北京: 农业出版社, 1989.

[14] 陈文华. 中国古代农业文明. 南昌: 江西科学技术出版社, 2005.

[15] 于景让. 汗血马与苜蓿. 大陆杂志, 1952, 5(9): 24-25.

[16] 向达. 苜蓿考. 自然界, 1929, 4(4): 324-338.

[17] 翦伯赞. 秦汉史. 北京: 北京大学出版社, 1995.

[18] 余英时. 汉代贸易与扩张: 余英时英文论著汉译集. 邬文玲译. 上海: 上海古籍出版社, 2005.

[19] 侯丕勋. 汗血宝马研究. 兰州: 甘肃文化出版社, 2006.

[20] 孙醒东. 牧草及绿肥作物. 北京: 高等教育出版社, 1959.

[21] 陈默君, 贾慎修. 中国饲用植物. 北京: 中国农业出版社, 2000.

[22] 孙启忠, 王宗礼, 徐丽君. 旱区苜蓿. 北京: 科学出版社, 2014.

[23] 劳费尔. 中国伊朗编. 林筠因译. 北京: 商务印书馆, 1964.

[24] 谢成侠. 二千多年来大宛马(阿哈马)和苜蓿转入中国及其利用考. 中国畜牧兽医杂志, 1955, (3): 105-109.

[25] 谢成侠. 中国养马史. 北京: 科学出版社, 1959.

[26] 韩兆琦. 史记笺证. 南昌: 江西人民出版社, 2004.

[27] 余太山. 张骞西使新考. 西域研究, 1993, (1): 40-46.

[28] 余太山. 西域通史. 郑州: 中州古籍出版社, 2003.

[29] 高荣. 论汉武帝"图制匈奴"战略与征伐大宛. 西域研究, 2009, (2): 1-8.

[30] 舒敏. 丝绸之路断想. 首都经济杂志, 2002, (10): 56-57.

[31] 孙启忠, 柳茜, 那亚, 等. 我国汉代苜蓿引入者考. 草业学报, 2016, 25(1): 240-253.

[32] 颜昭斐. 葡萄传入内地考. 考试周刊, 2012, (8): 26-27.

[33] 李婵娜. 张骞得安石国榴种入汉考辨. 学理论, 2010, 10(21): 164-166.

[34] 川濑勇. 实验牧草讲义. 东京: 养贤堂发行, 昭和16年(1941年): 142-149.

[35] 星川清亲. 栽培植物德起源与传播. 段传德, 丁法元译. 郑州: 河南科学技术出版社, 1981.

[36] 李璠. 中国栽培植物发展史. 北京: 科学出版社, 1984.

[37] 吴青年. 东北优良牧草介绍. 农业技术通讯, 1950, 1(7): 321-329.

[38] 中国农业科学院陕西分院. 西北的紫花苜蓿. 西安: 陕西人民出版社, 1959.

[39] 陕西省地方志编纂委员会. 陕西省志·农牧志. 西安: 陕西省人民出版社, 1993.

[40] 陕西省畜牧业志编委. 陕西畜牧志. 西安: 三秦出版社, 1992.

[41] 周敏. 中国苜蓿栽培史初探. 草原与草坪, 2004, (4): 44-46.

[42] 卜慕华. 我国栽培作物来源的探讨. 中国农业科学, 1981, (4): 86-96.

[43] 桑原骘藏. 张骞西征考. 杨炼译. 上海: 商务印书馆, 1934.

[44] 吴征镒. 新华本草纲要(第二册). 上海: 上海科学技术出版社, 1991.

[45] 贾思勰[北魏]. 齐民要术. 石声汉译注. 石定枎, 谭光万补注. 北京: 中华书局, 2009.

[46] 司马迁[西汉]. 史记. 韩兆琦评注. 长沙: 岳麓书社, 2004.

[47] 张新荣, 赵欣. 张骞西使研究概述. 中国史研究动态, 2002, (1): 15-20.

[48] 方豪. 中西交通史. 上海: 上海人民出版社, 1987.

[49] 黄文弼. 西北史地论丛. 上海: 上海人民出版社, 1981.

[50] 葛剑雄. 从此葡萄入汉家. 北京: 海豚出版社, 2012.

[51] 杜石然. 中国古代科学家传记. 北京: 科学出版社, 1992.

[52] 刘光华. 秦汉西北史地丛稿. 兰州: 甘肃文化出版社, 2007.

[53] 张永禄. 汉代长安词典. 西安: 陕西人民出版社, 1993.

[54] 史进. 图解史记. 海口市: 南海出版公司, 2008.

[55] 安作璋. 西汉与西域关系史. 济南: 齐鲁书社, 1979.

[56] 姚鉴. 张骞通西域. 历史教学, 1954, (10): 3-36.

[57] 焦彬. 中国绿肥. 北京: 中国农业出版社, 1986.

[58] 王德. 在草田轮作中栽培多年生牧草的技术. 北京: 中华书局, 1955.

[59] 孙醒东. 重要绿肥作物栽培. 北京: 科学出版社, 1958.

[60] 陈宝书. 牧草饲料作物栽培学. 北京: 中国农业出版社, 2001.

[61] 张仲葛, 朱先煌. 畜牧史话. 大公报, 1961年11月9日起至1962年连载.

[62] 冯德培, 谈家桢. 简明生物学词典. 上海: 上海辞书出版社, 1983.

[63] 陈凌风. 中国农业百科全书[畜牧业卷(上)]. 北京: 中国农业出版社, 1996.

[64] 辞海编纂委员会. 辞海(农业分册). 上海: 上海辞书出版社, 1978.

[65] 李伦良. 苜蓿史话. 中国草原与牧草, 1984, (1): 70-72.

[66] 闵宗殿, 彭治富, 王潮生. 中国古代农业科技史图说. 北京: 中国农业出版社, 1989.

[67] 张平真. 中国蔬菜名称考释. 北京: 北京燕山出版社, 2006.

[68] 拾録. 苜蓿. 大陆杂志, 1952, 5(10): 9.

[69] 南京农学院. 饲料生产学. 北京: 农业出版社, 1980.

[70] 北京农业大学. 作物栽培学. 北京: 农业出版社, 1961.

[71] 勃基尔. 人的习惯与旧世界栽培植物的起源. 胡先骕译. 北京: 科学出版社, 1954.

[72] 布尔努瓦(法). 天马与龙涎——12世纪之前丝路上的物质文化传播. 丝绸之路, 1997, (3): 11-17.

[73] 裕载勋. 苜蓿. 上海: 上海科学技术出版社, 1957.

[74] 薛瑞泽. 秦汉晋魏南北朝黄河文化与草原文化的交融. 北京: 科学出版社, 2010.

[75] 孙启忠. 张骞与汉代苜蓿引入考述. 草业学报, 2016, 25(10): 180-190.

[76] 中国农业科学院, 南京农学院中国农业遗产研究室. 中国农学史(上册). 北京: 科学出版社, 1984.

[77] 内蒙古农牧学院. 牧草及饲料作物栽培学(第二版). 北京: 农业出版社, 1981.

[78] 杜石然, 范楚玉, 陈美东. 中国科学技术史稿. 北京: 科学出版社, 1982.

[79] 刘长源. 汉中古史考论. 西安: 三秦出版社, 2001.

[80] 史仲文, 胡晓文. 中国全史. 北京: 中国书籍出版社, 2011.

[81] 邹德秀. 世界农业科学技术史. 北京: 中国农业出版社, 1995.

[82] 中国历史大辞典秦汉史卷编纂委员会. 中国历史大辞典(秦汉史). 上海: 上海辞书出版社, 1990.

[83] 苏北海. 丝绸之路与龟兹历史文化. 乌鲁木齐: 新疆人民出版社, 1996.

[84] 严可均[清]. 全上古三代秦汉三国六朝文. 北京: 中华书局, 1965.

[85] 禹平. 论秦汉时期养马技术. 史学集刊, 1999, (2): 23-28.

[86] 唐启宇. 中国农史稿. 北京: 中国农业出版社, 1985.

[87] 邹介正. 中国古代畜牧兽医史. 北京: 中国农业科技出版社, 1994.

[88] 郭文韬. 中国农业科技发展史略. 北京: 中国农业科技出版社, 1988.

[89] 黄乃隆. 中国农业发展史(古代之部). 台北: 正中书局, 1963.

[90] 穆育人. 嘉靖城固县志校注. 西安: 西北大学出版社, 1995.

[91] 穆育人, 沈春生, 余笃信, 等. 城固县志. 北京: 中国大百科全书出版社, 1994.

[92] 彭世奖. 中国作物栽培简史. 北京: 中国农业出版社, 2012.

[93] 樊志民. 农业进程中的"拿来主义". 生命世界, 2008, (7): 36-41.

[94] 盛诚桂, 张宇和. 植物的驯服. 上海: 上海科学技术出版社, 1979.

[95] 谢弗. 唐代的外来文明. 吴玉贵译. 北京: 中国社会科学出版社, 1995.

[96] 中国古代农业科技编纂组. 中国古代农业科技. 北京: 中国农业出版社, 1980.

[97] 中国畜牧兽医学会. 中国近代畜牧兽医史料集. 北京: 中国农业出版社, 1992.

六、汉代苜蓿原产地

苜蓿（*Medicago sativa*）自西汉由西域传入中原就得到广泛种植与利用[1~4]，不仅成为中西科技文化交流的象征[5, 6]，而且也成为"丝绸之路"上一颗耀眼的明珠[3, 7]。然而，关于汉代苜蓿的原产地不论是史籍记载，还是近现代研究结果都不尽相同。苜蓿始载于《史记·大宛列传》[1]曰："宛左右以蒲陶为酒，……俗嗜酒，马嗜苜蓿。汉使取其实来，于是天子始种苜蓿、葡萄肥饶地。"由此可见，我国苜蓿来自于大宛。北魏贾思勰《齐民要术》[8]记载："王逸曰：'张骞周流绝域，始得大蒜、葡萄、苜蓿。'"说明苜蓿来自西域。同时《齐民要术》[8]亦记载："《汉书·西域传》曰，'罽宾有苜蓿。……汉使采苜蓿种归，天子益种离宫别馆旁。'"说明苜蓿自罽宾来。黄以仁[9]认为，汉代苜蓿的原产地为西域的大宛和罽宾。陈竺同[5]指出，我国汉代苜蓿是从大宛来的。翦伯赞[10]亦认为我国苜蓿来自大宛。吕思勉[11]指出，中国食物从外国输入的甚多，如苜蓿，果品如西瓜等。白寿彝[12]亦认为，在汉代中业、西亚的良种马、苜蓿、石榴陆续传到中国。邱怀[13]指出，西汉张骞出使西域，从伊朗带回苜蓿种子。耿华珠[14]指出，张骞第二次出使西域时，从乌孙（今伊犁河南岸）带回有名的大宛马、汗血马及苜蓿种子。由此可见，关于我国汉代苜蓿原产地的认识目前还不统一。

近几年，随着西域史乃至"丝绸之路"研究的不断深入，对我国古代、近代苜蓿的研究考证亦悄然兴起，孙启忠等开展了汉代苜蓿引入者[15]和引入时间[16]、张骞与汉代苜蓿[17]、古代苜蓿植物学[18]、汉代苜蓿物种[19]、两汉魏晋南北朝苜蓿栽培利用[4]、隋唐五代苜蓿栽培利用[20]和近代苜蓿栽培利用[21]、民国时期西北地区苜蓿栽培利用[22]、明清和民国方志中的苜蓿[23, 24]，以及古代苜蓿引种[25]与本土化[26]和苜蓿栽培史[27]研究。到目前为止，对我国汉代苜蓿原产地的研究考证还尚属少见，因疏于考证，有许多涉及我国苜蓿原产地的论著因袭前人出现不妥。鉴于此，本文旨在应用植物考据学原理[3, 4]，以记载汉代苜蓿原产地及相关内容的典籍为基础，结合近现代研究成果，对汉代苜蓿原产地进行尝试性考证研究，试图对其原产地有个比较清楚的认识，也为揭示我国汉代苜蓿的起源积累一些资料，为我国苜蓿史的研究提供依据。

1 文　献　源

以文献法为主，通过收集和整理资料，查证史籍文献记载，结合近现代研究成果，重点对汉代苜蓿原产地进行分析判断，甄别归纳，再回溯史料，验证史实。研究材料主要以记载汉代苜蓿来源的相关史籍为基础（表 6-1），其中汉代 2 本、魏晋南北朝 4 本、隋唐 5 本、宋代 8 本、明代 7 本、清代 12 本，年代不详 1 本，共计 39 本。

表 6-1　记载汉代苜蓿来源地的相关典籍

作者	年代	典籍	考查内容
司马迁[1]	汉	史记	大宛列传卷六十三
班固[2]	汉	汉书	卷六十一·张骞李广利传、卷九十六·西域传
贾思勰[8]	北魏	齐民要术	种蒜卷十九、种苜蓿卷二十九
陆机[28]	晋	陆机集	与弟云书
张华[29]	晋	博物志	卷六
任昉[30]	南朝	述异记	卷下
神农氏[31]	不详	神农本草经	果（上品）
虞世南[32]	隋	北堂书钞	卷第四十政术部十四
徐坚[33]	唐	初学记	卷二十、二十八
封演[34]	唐	封氏闻见记	卷七
欧阳询[35]	唐	艺文类聚	卷八十六、八十七·果部
杜佑[36]	唐	通典	卷一百九十二·边防八
司马光[37]	北宋	资治通鉴	卷二十一·汉纪十三
李昉[38]	北宋	太平御览	卷九百七十二果部九；卷九百七十七·菜蔬部二；卷九百九十六·百卉部三
李昉[39]	北宋	广太平记	卷第四百一十一·草木六
袁枢[40]	南宋	通鉴纪事本末	卷三·汉通西域
高承[41]	南宋	事物纪原	草木花果部第五十四
罗愿[42]	南宋	尔雅翼	卷八·释草
施宿[43]	南宋	嘉泰会稽志	卷十七
陈景沂[44]	南宋	全芳备祖	后集卷二十四蔬部
王三聘[45]	明	古今事物考	卷一
王象晋[46]	明	群芳谱	卷一卉谱
李时珍[47]	明	本草纲目	菜部卷二十七
徐光启[48]	明	农政全书	卷二十八·树艺菜部
姚可成[49]	明	食物本草	卷六
张岱[50]	明	夜航船	卷十六·植物部
赵廷瑞等[51]	明	陕西通志	卷四十三物产
张玉书[52]	清	康熙字典	草部·苜蓿
清圣祖[53]	清	广群芳谱	卷十四·蔬谱
程瑶田[54]	清	程瑶田全集	释草小记
吴其濬[55]	清	植物名实图考	卷三菜类
吴其濬[56]	清	植物名实图考长编	卷四·菜类

作者	年代	典籍	考查内容
杨葩 [57]	清	农学合编	卷六·蔬菜
陈梦雷 [58]	清	古今图书集成	卷七十三
鄂尔泰和张廷玉 [59]	清	授时通考	卷六十二·农余门蔬四
郭云升 [60]	清	救荒易书	卷一
徐松 [61]	清	汉书西域传补注	卷二
张宗法 [62]	清	三农纪	卷十七草书
龚乃保 [63]	清	冶城蔬	苜蓿

2 文 献 考 录

2.1 汉代苜蓿来自西域

苜蓿来自西域是东汉王逸最早提出的，这一说法被后来人承袭及扩大（表6-2），如北魏的贾思勰、西晋张华、南朝任昉等在其著作中引用。

表 6-2　记载汉代苜蓿自西域来的典籍

典籍	主要内容
徐坚 [33]	《博物志》曰：张骞使西域，还得葡桃、胡荽、苜蓿、安石榴
封演 [34]	汉代张骞自西域得石榴、苜蓿之种，今海内遍有之
欧阳询 [35]	汉使取其（葡萄、苜蓿）实来，离宫别馆尽种。张骞使西域，还得葡萄（苜蓿）
李昉 [39]	蔬菜中的菠菱，本来是有一个西域某国的僧人，从他们那里把它的种子带来的，就像苜蓿和葡萄是张骞从西域带种回来一样
高承 [41]	[苜蓿] 本自西域，彼人以秣马。张骞使大夏，得其种以归，与葡萄并种与离宫馆旁，极茂盛焉。盖汉始至中国也
吴其濬 [55]	《述异记》始谓张骞使西域，得苜蓿菜

贾思勰《齐民要术·种蒜卷十九》[8] 记载："王逸曰：'张骞周流绝域，始得大蒜、葡萄、苜蓿。'"

张华《博物志》[29] 曰，"张骞使西域，还得人蒜、安石榴、胡桃、葡萄、胡葱、苜蓿、胡荽。"

任昉《述异记》[30] 说："苜蓿本胡中菜也，张骞始于西戎得之。"

隋虞世南《北堂书钞》[32] 记载：<王逸子>云："或问张骞可谓名使者欤。曰：'周流绝域，十有余年。自京师以西，安息以东，方数万里，百有余国。或逐水草，或逐城郭，骞经历之，知其习，始得大蒜、蒲萄、苜蓿。'"

宋罗愿《尔雅翼》[42] 记载："苜蓿本西域所产，自汉武帝时始入中国。"

有不少典籍记载或征引汉使或张骞从西域带归苜蓿种子（表6-2）。

2.2　汉代苜蓿来自大宛

《史记》[1]和《汉书》[2]最早记载苜蓿自大宛来，在其后有不少典籍引用了这一记载（表6-3）。

表6-3　记载苜蓿自大宛来的典籍

作者	主要内容
神农氏[31]	大宛左右，以葡萄为酒，汉使取其实来，于是天子始种苜蓿，葡萄，肥饶地
罗愿[42]	《史记》曰，大宛有苜蓿汉使取其实来，于是天子始种苜蓿，离宫别观旁，尽种蒲陶、苜蓿极望
李昉[38]	记载同《尔雅翼》
袁枢[40]	大宛左右多葡萄，可以为酒；多苜蓿，天马嗜之；汉使采其实以来，天子种之於离宫别观旁，极望
陈景沂[44]	大宛马嗜苜蓿，汉使张骞因採葡萄苜蓿归种
王三聘[45]	[苜蓿] 张骞使大宛得其种
王象晋[46]	张骞自大宛带种归，今处处有之
赵廷瑞[51]	宛马嗜苜蓿，汉使取其实，于是天子始种苜蓿，肥饶地，离宫别馆旁，苜蓿极望
张玉书[52]	《史记·大宛列传》宛马嗜苜蓿，汉使取其实，于是天子始种苜蓿肥饶地
清圣祖[53]	与《太平御览》的引文中的《史记》："大宛有苜蓿草……。"和《述异记》："张骞苜蓿园……。"内容相同
吴其濬[56]	李时珍在《本草纲目》：[时珍]曰杂记言苜蓿原出大宛，汉使张骞带归中国
杨巩[57]	苜蓿一名木粟，由张骞自大宛带归
鄂尔泰[59]	张骞自大宛带（苜蓿）种归，今处处有之
郭云升[60]	张骞自大宛带（苜蓿）种归，今处处有之
徐松[61]	补曰：《史记·大宛列传》马嗜苜蓿，汉使取其实来
张宗法[62]	（苜蓿）种出大宛，汉使张骞带入中华
龚乃保[63]	《史记》：大宛国马嗜苜蓿，汉使得之，种于离宫

《史记·大宛列传》[1]："宛左右以蒲陶为酒，富人藏酒乃万余石，久者数十年不败。俗嗜酒，马嗜苜蓿，汉使取其实来，于是天子始种苜蓿、蒲陶肥饶地，及天马多，外国使来众，则离宫别观旁，尽种葡萄苜蓿。"

《汉书·西域传》[2]与《史记·大宛列传》的记载相类似："大宛左右，……俗嗜酒，马嗜目宿。……汉使采蒲陶、目宿种归。天子以天马多，又外国使来众，益种葡萄目宿，离宫馆旁极望焉。"

《通典》[36]曰："贰师至宛，宛人斩王毋寡首献焉。汉军取其善马数十匹，中马以下牝牡三千匹，而立宛贵人昧蔡为王，约岁献马二匹，遂采蒲陶、苜蓿种而归。"

《资治通鉴·汉纪》[37]和《通鉴纪事本末》[40]传承和沿用了《史记·大宛列传》的记载。

《夜航船》[50]记载："李广利始移植大宛国苜蓿葡萄。"

《本草纲目》[47]："[时珍]曰杂记言苜蓿原出大宛，汉使张骞带归中国。"

2.3 罽宾有苜蓿

罽宾有目宿（苜蓿）始载《汉书·西域传》[28]："罽宾地平，温和，有目宿，杂草奇木，檀、槐、梓、竹、漆。"贾思勰《齐民要术·种苜蓿第二十九》[8]将罽宾有苜蓿与汉使采苜蓿种归联系在一起，"〈汉书·西域传〉曰：'罽宾有苜蓿。大宛马，武帝时得其马。汉使采苜蓿种归，天子益种离宫别馆旁。'"北宋李昉《太平御览·卷第九百九十六·百卉部三》[38]、南宋罗愿《尔雅翼》[42]、明徐光启《农政全书》[48]、清吴其濬《植物名实图考长编》[56]、清陈梦雷《古今图书集成》[58]都沿袭了《齐民要术·种苜蓿第二十九》[8]的记载。

2.4 外国

《齐民要术·种苜蓿第二十九》[8]又引："陆机〈与弟书〉曰：'张骞使外国十八年，得苜蓿归。'"《植物名实图考长编》[56]和《古今图书集成》[58]沿用了《齐民要术·种苜蓿第二十九》[8]的记载。

3 汉代苜蓿原产地辨析

3.1 苜蓿来自西域或中亚

3.1.1 苜蓿来自西域

汉时所谓"西域"，其意思有广狭两种。吕思勉[11]指出："初时西域专指如今的天山南路，所谓南北有大山，中央有河。……狭义的西域，有小国三十六，后稍分至五十余。"中国古代史编委会[64]指出："西域的地理概念有广义与狭义之分，广义范围很广，除了中国新疆地区以外，还包括中亚细亚、印度、伊朗、阿富汗、巴基斯坦一部分。狭义的概念指的是新疆地区，包括新疆西部巴尔喀什湖以东以南的一些地方，当时以天山为界，分为南北两部，分布了 36 个小国，大部分在天山南部。"史为乐[65]指出："西域，西汉以后对玉门关以西地区的总称。狭义专指葱岭以东而言；广义则凡指通过狭义西域所能达到的地方，包括亚洲中西部、印度半岛、欧洲东部及非洲北部等地。"王治来[66]认为，中国古代所谓"西域"，并不限于今天的新疆地区，而是包括今中亚乃至中亚以西的地区在内。

首蓿考

在考证苜蓿原产地中发现，王逸最早将苜蓿与西域联系在一起，被北魏贾思勰在《齐民要术·种蒜第十九》[8] 征引："王逸曰：'张骞周流绝域，始得大蒜、葡萄、苜蓿。'"之后又有不少典籍引用了汉代苜蓿来自西域的记载（表 6-2），在近现代研究中这一记载也广泛被征引（表 6-4）。民国初期张援[67] 指出："张骞奉命使西域，输入农产种子甚多，胡麻、蒜、苜蓿等皆是也。"黄士蘅[68] 认为："张骞带西域出产各物，如葡萄、苜蓿等。"李根蟠[69] 指出，汉代"新的蔬菜中相当一部分是从少数民族地区引进的，如胡蒜（大蒜）、苜蓿等"。梁家勉[70] 指出："汉武帝时，汉使从西域引入苜蓿种，开始在京城宫院内试种。"董恺忱和范楚玉[71] 指出："张骞通西域

表 6-4　我国汉代苜蓿来自西域

作者	史料研究
卜慕华[83]	汉武帝派张骞为使，通当时西域五十余国，引进了许多作物，在史书上记载的有蒲陶（葡萄）、目宿（苜蓿）、石榴等
汪子春和范楚玉[84]	饲料作物苜蓿自西汉汉武帝时已从西域地区引入中原
焦彬[85]	我国的苜蓿是由汉使张骞出使西域带回来的
刘长源[86]	自张骞通西域之后，包括葡萄、苜蓿和汗血马在内的许多西域物产被引入中国
史仲文和胡晓文[87]	张骞通西域后，西域的许多蔬果如葡萄、石榴、苜蓿等，通过"丝绸之路"传入内地
余太山[88]	苜蓿、葡萄是与汗血马同时由张骞等汉使从西域带归中原的
邹德秀[89]	张骞出使西域，引进了苜蓿、石榴、葡萄等
王家葵[90]	苜蓿为张骞从西域带回
缪启愉[91]	苜蓿，即张骞出使西域传进者
中国历史大辞典秦汉史卷编纂委员会[92]	苜蓿张骞通西域后与葡萄同时传入（中原）
苏北海[93]	张骞通西域后，从西域带回了苜蓿种子
樊志民[94]	汉使从西域引入苜蓿，开始在京师宫苑试种
马曼丽[95]	汉代从西域引进的农作物有黄瓜、大蒜、苜蓿、葡萄等
郭文韬[96]	汉武帝时汉使从西域引进苜蓿种子
邹介正[97]	在汉从西域引入大宛马、乌孙马的同时，亦从西域引入紫花苜蓿
黄宏文[98]	汉武帝建元三年（公元前 138 年）和元狩四年（公元前 119 年），汉使张骞 2 次出使西域，从西域引种了苜蓿（*Medicago sativa*）、葡萄（*Vitis vinifera*）、安石榴（*Punica granatum*）等
石定扶等[99]	张骞出使西域时带回苜蓿种子
中国畜牧兽医学会[100]	我国苜蓿始于东汉张骞出使西域带归的苜蓿种子
中国古代农业科技编纂组[101]	张骞出使西域前后，把苜蓿、葡萄等陆续引种进来
陈凌风[102]	公元前 126 年由张骞出使西域（中亚土库曼地区）时带回（紫花苜蓿）种子
许倬云[103]	张骞从西域引入的还有许多异域作物，其中包括葡萄与苜蓿
唐启宇[104]	通西域后，西域各国的植物如苜蓿等，遂通过中国的使者与西域的商人之手传入中国
勃基尔[105]	张骞出使西域带回了苜蓿（*Medicago sativa*）与葡萄的种子
天野元之助[106]	张骞从西域引入苜蓿与葡萄到中国

64

前后，通过西域引进了葡萄、苜蓿等一批原产西方的作物。"中国农业博物馆农史研究室[72]指出："中原本无苜蓿，张骞于公元前126年奉武帝命通西域时，将苜蓿种子引入中原。"中国农业百科全书总编辑委员会[73]在《中国农业百科全书［畜牧业卷（上）］》记载："中国公元前126年由张骞出使西域（中亚土库曼地区）时带回（紫花苜蓿）种子。"阎万英和尹英华[74]认为："汉代优质饲草苜蓿由西域引入。"杜石然等[75]指出："汉使通西域，带回葡萄、苜蓿。"盛诚桂[76]指出："张骞从西域引回了苜蓿和葡萄。"尚志钧[77]指出："〈史记·大宛列传〉谓张骞于元鼎二年（公元前115年）出使西域，携苜蓿、葡萄归。"

吴仁润[78]认为，苜蓿系西汉时代汉武帝遣张骞出使西域（当时系指玉门关以西至现中亚部分地区，也包括新疆在内）时携归的。卢得仁[79]指出："汉武帝时派遣张骞出使西域，取回天马和苜蓿。"中国农业科学院陕西分院[80]指出："西北的苜蓿是在公元前129年汉使张骞出使西域带回中国。"全国牧草品种审定委员会[81]指出："公元前二世纪，汉武帝两次派遣张骞出使西域，到过大宛（今中亚费尔干纳盆地）、乌孙（今伊犁河南岸）、罽宾（今克什米尔一带）等地，带回紫花苜蓿种子。"

从文献考录中可以看出，第一个将苜蓿与西域联系起来是王逸。贾思勰[8]、张华[29]、任昉[30]、虞世南[32]等大概只是祖述王逸或其所根据的传说。在正史《史记》[1]和《汉书》[2]都没有汉使将西域的苜蓿种子带回的记录。王逸（后汉顺帝时人，大约1世纪后半到2世纪初）并非与张骞、司马迁以及继承司马迁的班固同时代，而是比班固（1世纪末）稍晚，王逸最初根据什么材料作出"张骞周流绝域，始得大蒜、葡萄、苜蓿"这样的叙述不得而知[82]。王逸是"文苑"人物，在私人著作中，以掇藻摘华方式，采取群众传说材料，甚至掺入一定程度的夸张，将苜蓿来源扩大自西域，并不违背文学作品的通例与原则。但是在没有正面的史料可以证明汉代苜蓿自西域来的情况下，在他之后的著作或近现代的研究中只是沿袭了王逸的记述，并没有进行深入的考证（表6-2、表6-4）。从"西域"定义中可看，在汉代西域泛指三十六国，在之后又分至五十余个国家，王逸将我国汉代苜蓿来源地的范围扩大，说成来自西域一是缺乏史料支持，二是不准确，太笼统。

3.1.2 苜蓿来自中亚

有些学者认为我国汉代苜蓿来自西域的中亚。在给"中亚"地理范围划定一具体界限时，众说纷纭，有时甚至相距甚远。王治来[66]指出，在中亚细亚有4个加盟共和国：土库曼斯坦、乌兹别克斯坦、塔吉克斯坦和吉尔吉斯斯坦，按自然特征说来，哈萨克斯坦南部也属于中亚细亚。王治来[107]指出："中亚或中央亚细亚，是一个地理名词，它既非国名，也不是一个或几个政治实体之名。现在中亚之分为五个共和国，是原苏联时期的产物。"

辞海编辑委员会[108][紫苜蓿]词条中又指出："紫苜蓿由中亚细亚引入，我国北方栽培甚广。"白寿彝[12]指出："中亚、西亚的良种马、植物等土特产，如毛织品、胡桃（核桃）、石榴、胡萝卜、胡豆（蚕豆）、大蒜、苜蓿等陆续传到中国。"内蒙古农牧学院[109]指出："我国紫花苜蓿是由汉使张骞出使西域（即今中亚细亚一带）时从那里带回来的，先后种植于宫廷附近。"骆新强[110]指出："我国苜蓿（别名目宿）原产地位于地中海、中亚。"穆育人[111]认为："西亚、欧洲的葡萄、石榴、苜蓿、汗血马和乐器、乐曲、绘画艺术传入中国。"中亚虽然在地理位置上属西域的范畴，但从史籍中看，到目前为止还没有发现汉代苜蓿自中亚传入我国的记载。

3.2　苜蓿原产地大宛

对大宛今属地认识还有差异，文裁缝[112]指出："大宛，是西汉时期西域三十六国之一，都城为贵山城。它西北邻康居，西南邻大月氏、大夏，东北临乌孙，东行经帕米尔的特洛克山口可达疏勒。现在的大宛地区，属于乌兹别克斯坦的领土。"中国古代史编委会[64]指出："大宛即今乌兹别克境。"史为乐[65]认为："大宛，汉西域国名。在今乌兹别克斯坦费尔干纳盆地。"布尔努瓦[7]指出；"大宛城今称浩罕，位于大宛河流域，是原苏联乌兹别克共和国境内的费尔干纳的一座自治小城。"陈丽钏[113]认为："汉时西域诸国，即今中亚细亚，乌兹别克斯坦共和国的一邑。"马特巴巴伊夫和赵丰[114]认为，大宛位于费尔干纳盆地，即锡尔河的右岸，今乌兹别克斯坦纳曼干省。谢成侠[115]对大宛的地理属性认识与之少有差异，"考古大宛，清代为浩罕国（西名译音为佛尔哈那，同费尔干纳），其地即今苏联（按原苏联）中亚细亚乌兹别克及土库曼共和国境。"富象乾[116]亦持同样的观点。吕思勉[11]认识与上述完全不同，认为"大宛：今土库曼斯坦。"

汉代输入苜蓿是无可置疑的，但它来自哪里？《史记》[1]《汉书》[2]给了明确而肯定的答案，即汉代苜蓿来自于大宛，其后《通典》[36]、《资治通鉴》[37]和《通鉴纪事本末》[40]乃至其他典籍亦记载了苜蓿自大宛来（表6 3）。这一记载在近现代的文献中被广为征引（表6-5）。

向达[117]认为，"骞因于元朔三年移植大宛苜蓿种。"安作璋[118]指出："大宛盛产苜蓿、葡萄酒等，苜蓿、葡萄是张骞出使西域之后输入中国的。"韩兆琦[119]评注《史记》指出："宛左右以葡萄为酒……俗嗜酒，马嗜苜蓿。汉使取其实来，于是天子始种苜蓿、葡萄肥饶地。"施丁[120]在《汉书新注》中指出："目宿（即苜蓿），原产西域，汉武帝时由大宛传入中原。"王青[121]认为："贰师将军李广利伐大宛后，'大宛王蝉封与汉约，岁献天马二匹，汉使采蒲陶、目宿种归。'"沈福伟[122]指出："李广利从大宛得蒲陶、苜蓿种后，在长安宫殿旁善加栽培。"方豪[123]指出："汉使传入的苜蓿多从大宛来。"陈竺同[5]认为："两汉交通西域以后，还传来很多的西域瓜果及菜疏等，其中最显著的有葡萄、苜蓿和石榴。……苜蓿是从大宛列传来的"。芮传明[124]指出："若追本溯源的话，中国的苜蓿当得益于伊朗，但是，当最初并非从伊朗直接传入，而很可能获之于大宛。"张仲葛[125]指出，苜蓿原是大宛国喂马的饲料，汉武帝元朔三年由张骞自大宛输入。于景让[126]指出，苜蓿传入中国，是经由大宛。辞海编辑委员会[108]指出："[苜蓿]汉武帝时张骞出使西域，从大宛国带回紫苜蓿种子。"余英时[127]指出："葡萄和苜蓿种子被汉朝的外交使节在公元前100年左右从大宛带回中国。"

表 6-5　我国汉代苜蓿来自大宛

作者	主要内容
翦伯赞[10]	苜蓿、葡萄来自大宛
林甘泉[139]	大宛诸国都有苜蓿饲马。张骞通西域，或与葡萄同时传入
李璠[140]	汉代张骞从大宛（公元前128～前136）带回葡萄和苜蓿种子
游修龄[141]	据《史记·大宛列传》说"汉使取其实来，于是天子始种苜蓿"
高荣[142]	汉使从大宛带回葡萄、苜蓿等种子
任继周[143]	公元前126年张骞出使西域，将苜蓿和大宛马同时引入中国，现中国分布甚广
南京农学院[144]	公元前126年汉武帝遣张骞出使西域，苜蓿和大宛马同时输入
北京农业大学[145]	在汉朝张骞（公元前126年）出使西域至大宛国（在土库曼斯坦及乌兹别克斯坦两共和国境内），带回许多苜蓿种子
裕载勋[146]	汉武帝时代派张骞通使西域，与大宛马同时把苜蓿的种子带回我国进行栽培
张永禄[147]	汉武帝时张骞出使西域，从大宛国带回紫苜蓿种子
陈舜臣[148]	李广利为贰师将军，破大宛，得葡萄、苜蓿种归
冯德培和谈家桢[149]	汉武帝时张骞出使西域，从大宛国带回紫苜蓿种子
张平真[150]	张骞出使西域，从大宛国带回苜蓿种子
陕西省畜牧业志编委[151]	张骞两次出使西域，带回大宛国的汗血马（大宛马）和乌孙马等良种，并引进苜蓿种子
陈默君和贾慎修[152]	公元前126年汉武帝遣张骞出使西域，苜蓿和大宛马同时输入中国
陈文华[153]	张骞将在大宛获得的苜蓿种子于公元前126年献给汉武帝
孙启忠[154]	汉代苜蓿是汉使于公元前126年从大宛带回来的
刘光华[155]	汗血马、葡萄、苜蓿都是从大宛引进的

王栋[128]指出："汉武帝时遣张骞出使西域，苜蓿和大宛马同时输入。"孙醒东[129]指出："在汉武帝时代张骞出使西域至大宛国（清代为浩罕国，在土库曼及乌兹别克两共和国境内），带回许多中国没有的农产品和种子，其中苜蓿即*Medicago sativa*种子的转入和大宛马的输入，在同一个时期。"吴青年[130]指出，"汉武帝派遣张骞出使大宛，购买大宛马，便将苜蓿种子引入我国。"富象乾[116]研究指出，"据《史记·大宛列传》和《汉书·西域传》记载可以判定，汉武帝时代张骞等（公元前

119～前 115 年）出使西域至大宛国而将苜蓿引入陕西长安。"洪绂曾 [131] 指出："公元前 126 年张骞出使西域,带回大宛马、葡萄和苜蓿。"陈布圣 [132] 指出："张骞通西域与大宛马同时把紫花苜蓿种子带回。"李伦良亦持同样的观点 [133]。江苏省农业科学院 [134] 指出："我国的苜蓿最早是从大宛国引进的,公元前 120 年左右汉武帝时,张骞出使西域至大宛国输入大宛马的同时带回苜蓿等种子。"

石声汉 [82] 考证《史记》《汉书》认为,苜蓿是汉使从大宛采来的。劳费尔 [135] 认为,（张骞）在大宛获得苜蓿种子,于公元前 126 年献给武帝。桑原骘藏 [136] 指出,"葡萄和苜蓿种子被汉朝的外交使节在公元前 100 年左右从大宛带回中国。"布尔努瓦 [137] 指出,大宛国并非他地,正是费尔干纳的河谷地,位于今乌兹别克斯坦境内的锡尔河上游,中国汉代苜蓿正是从这里带回去的。谢成侠 [138] 研究指出："在《史记》和《前汉书》中均指出,大宛和罽宾二国均有苜蓿。据考,罽宾汉时在大宛东南,当今印度西北部克什米尔地区,这些地方都有过汉使的足迹。所以可以肯定地说,中国的苜蓿应该是由大宛带回来的。"从正史《史记》 [1]、《汉书》 [2]、《资治通鉴》 [37] 和《通鉴纪事本末》 [40] 的记载可看出,我国汉代苜蓿来自大宛是有明确记载的,也是千真万确的,也就是说我国汉代苜蓿原产地为大宛,而并非他地。这是我国古代对世界苜蓿的贡献。

3.3 苜蓿来自罽宾

史为乐 [65] 指出："罽宾,汉魏时西域国名,今在克什米尔及喀布尔河下游一带。"中国古代史编委会 [64] 指出："罽宾国今克什米尔"。刘光华 [155] 指出："罽宾国在今喀布尔河下游和克什米尔一带"。

董粉和 [156] 指出："《汉书·西域传》说罽宾（今克什米尔一带）有苜蓿,张骞等使臣取回后,皇帝把它当珍稀植物种于自己离宫别馆的花园里以供欣赏。"史仲文 [87] 在《中国全史》亦有相同的记载。陈丽铆 [113] 指出："据《汉书·西域传》记载,[罽宾有目宿,……汉使取目宿种归。]从而开启了苜蓿种植及养马的用途。"谢成侠 [115] 指出："中国的苜蓿虽来自大宛,但大宛并不是特有的原产地,而且《史记》和《汉书》还提到大宛附近的罽宾国（今克什米尔地区）也盛产苜蓿。黄以仁 [9] 认为："汉代苜蓿的原产地为西域的大宛和罽宾。"陈文华 [153] 指出："《汉书》提到当时的罽宾（克什米尔）国,'地平温和,有目宿杂草……种五谷葡萄诸果。'可见并非仅从大宛一地引进苜蓿,也会从他国引进的。"从《汉书·西域传》中可以看出,它只记载了罽宾有目宿（即苜蓿）,并没说汉使从罽宾带回苜蓿,因此,汉代苜蓿原产地是罽宾的说法缺史料支持。但不排除在大宛苜蓿引入中原之后,罽宾苜蓿进入我国的可能性 [117, 157]。

3.4　苜蓿原产地乌孙

王明哲和王炳华[158]指出："乌孙，原本活动在河西走廊西部，汉初，西迁伊犁河流域，占据了巴尔喀什湖以东和以南广大地区，地域辽阔，人口众多，为当时西域地区最大国。"中国古代史编委会[64]指出："乌孙迁到天山北边伊犁河流域。"刘光华[155]指出："乌孙国在今伊犁河、楚河流域。"谢成侠[115]认为，乌孙即今新建伊犁哈萨克自治州一带。吕思勉[11]指出，"乌孙便住在伊犁河流域。"

耿华珠[14]认为："汉武帝两次派遣张骞出使西域，第二次出使西域时，从乌孙（今伊犁河南岸）带回有名的大宛马、汗血马及苜蓿种子。"陈宝书[159]指出："公元前126年张骞出使西域，从乌孙（今伊犁河南岸）带回大宛马和苜蓿，先后在西安种植，作为马的饲草。"到目前为止，在史籍中还未发现汉代苜蓿来自乌孙的记载。

3.5　苜蓿原产地安息

史为乐[65]指出："安息，音译帕提亚，亚洲西部古国，即今伊朗。原为古波斯帝国的一个省。"梁实秋[160]指出："Parthia（帕提亚），伊朗东北之古国（位于里海之东南）"。吕思勉[11]指出："帕提亚（Parthia）便是安息。"刘光华[155]指出："安息国，位于里海东南的帕提亚（相当于今伊朗东北部和土库曼斯坦南部一带）。"中国古代史编委会[64]指出："安息即今伊朗。"布尔努瓦[7]指出；"安息即波斯"。朱玉麟[161]指出，波斯即为安息。Hanson[162]认为波斯即为今伊朗。

黄文惠等[163]指出："紫花苜蓿……原产于西亚伊朗，张骞出使那一地带，将苜蓿带到我国西安。"[164]卢欣石[165]指出："张骞出使西域在购买伊朗马时，带回了苜蓿种子。"邱怀[13]指出："据历史记载，公元前126年，西汉张骞出使西域，从伊朗带回苜蓿种籽，献给汉武帝。"米华健[166]亦认为，中国的紫花苜蓿（养马必备）、芜菁等植物是从伊朗传入的。

李娟娟[167]指出："史书记载，早在公元前115年，中国汉朝皇帝就派使臣到过帕提亚。公元前126年，张骞出使西域，曾派人到过安息国都城尼萨，并把那里的葡萄、苜蓿种子和汗血宝马带回中国。"Harmatta[168]认为，张骞出使帕提亚时，将帕提亚的葡萄和苜蓿种子带回了中国。许晖[169]指出，"《汉书·西域传》中记载的蒲陶（即葡萄）、目宿（即苜蓿）是我国第一次输入产于波斯的两种植物。"沈苇[170]亦认为苜蓿、葡萄等植物是由波斯传入中国的。

到目前为止，在史籍中还未发现汉代苜蓿来自安息或帕提亚的记载。芮传明[124]指出："无论是古代学者将苜蓿说成原产于大宛，还是近现代学者将其说成原产于伊朗或其他地区，汉代苜蓿最初来自大宛是毫无疑问的。"虽然大宛的苜蓿是由波斯帝国（伊朗）传入的 [137, 162, 171]，但并不能说成我国汉代苜蓿也来自于伊朗，更不能说成伊朗就是我国汉代苜蓿的原产地。

3.6 其他国家

范文澜 [172] 指出："从国外输入大蒜、葡萄、苜蓿。"吕思勉 [11] 亦认为，中国食物从外国输入的甚多，如苜蓿，果品如西瓜等。李约瑟 [173] 指出："他（张骞）引进了欧洲葡萄（*Vitis vinifera*）和苜蓿（*Medicago sativa*），一种是得人欢心的植物，另一种是骏马的饲料植物。"这可能是受贾思勰 [8] "张骞使外国十八年，得苜蓿归。"的影响，但今本《陆士衡文集·与弟云书》[28] 是这样说的："张骞为汉使，外国十八年，得塗林安石榴也。"并没有"得苜蓿归"的记载，这可能是贾思勰 [8] 根据传说将陆机说的安石榴改为苜蓿。石声汉 [82] 指出："陆机大概是根据当时的传说，将安石榴的传入，归之于张骞。"

到目前为止，不论是史学界还是农史界，乃至草学界对我国汉代苜蓿原产地的认识还不统一，但根据史料记载，无论是古代学者将汉代苜蓿说成原产于西域或罽宾，还是近现代学者将其说成原产于乌孙、安息或其他地区，我国汉代苜蓿原产地大宛是毫无疑问的，并且是来自大宛国费尔干纳的河谷地，即今乌兹别克斯坦境内的锡尔河上游。虽然大宛的苜蓿是由波斯帝国（伊朗）传入的，但并不能说成我国汉代苜蓿也来自于伊朗，更不能说成伊朗就是我国汉代苜蓿的原产地。《史记·大宛列传》将汉代苜蓿明确记载为来自域外，即大宛国，并非本国所特有，这是我国古代对世界苜蓿的贡献，因此，我们有必要将其搞清楚。我国汉代苜蓿虽来自大宛，但《汉书·西域传》还提到大宛附近的罽宾国也盛产苜蓿。因此，不排除大宛苜蓿进入中原后，罽宾苜蓿在其后也进入中原的可能性。也就是说在汉代，大宛苜蓿是最早进入中原的苜蓿，之后可能也有罽宾苜蓿进入。尽管东汉王逸提出了苜蓿来自西域，乃至以后有不少典籍也引述了他的说法，近现代不少学者亦认为我国汉代苜蓿自西域而来，虽然大宛、罽宾属西域范畴，但西域范围较广，若苜蓿原产地在西域的话，一是不准确，二是太笼统。但可以说，汉使出使西域时将大宛的苜蓿种子带入中原。苜蓿来自乌孙、安息等地区的说法还缺乏足够的史料支持，需要进一步的研究考证。阐明我国汉代苜蓿的原产地，对揭示我国苜蓿的起源，研究我国苜蓿的亲缘关系具有十分重要的意义。

参 考 文 献

[1]　司马迁[汉]. 史记. 北京: 中华书局, 1959.

[2]　班固[汉]. 汉书. 北京: 中华书局, 2007.

[3]　孙启忠. 苜蓿经. 北京: 科学出版社, 2016.

[4]　孙启忠, 柳茜, 陶雅, 等. 两汉魏晋南北朝时期苜蓿种植刍考. 草业学报, 2017, 26(11): 185-195.

[5]　陈竺同. 两汉和西域等地的经济文化交流. 上海: 上海人民出版社, 1957.

[6]　潘富俊. 草木情缘. 北京: 商务出版社, 2015.

[7]　布尔努瓦. 丝绸之路. 乌鲁木齐: 新疆人民出版社, 1982.

[8]　贾思勰[北魏]. 齐民要术. 缪启愉校释. 上海: 上海古籍出版社, 2009.

[9]　黄以仁. 苜蓿考. 东方杂志, 1911, 8(1): 26-31.

[10]　翦伯赞. 秦汉史. 北京: 北京大学出版社, 1995.

[11]　吕思勉. 中国通史. 武汉: 武汉出版社, 2014.

[12]　白寿彝. 中国通史. 上海: 上海人民出版社, 1999.

[13]　邱怀. 秦川牛选育工作的过去、现在和未来. 黄牛杂志, 1999, 25(1): 1-6.

[14]　耿华珠. 中国苜蓿. 北京: 中国农业出版社, 1995.

[15]　孙启忠. 汉代苜蓿引入者考. 草业学报, 2016, 25(1): 240-253.

[16]　孙启忠, 柳茜, 陶雅, 等. 汉代苜蓿传入我国的时间考述. 草业学报, 2016, 25(12): 194-205.

[17]　孙启忠, 柳茜, 陶雅, 等. 张骞与汉代苜蓿引入考述. 草业学报, 2016, 25(10): 180-190.

[18]　孙启忠, 柳茜, 李峰, 等. 我国古代苜蓿的植物学研究考. 草业学报, 2016, 25(5): 202-213.

[19]　孙启忠, 柳茜, 李峰, 等. 我国古代苜蓿物种考述. 草业学报, 2018, 27(8): 163-182.

[20]　孙启忠, 柳茜, 陶雅, 等. 隋唐五代时期苜蓿栽培利用刍考. 草业学报, 2018, 27(9). 183-193.

[21]　孙启忠, 柳茜, 陶雅, 等. 我国近代苜蓿栽培利用技术研究考述. 草业学报, 2017, 26(2): 208-214.

[22]　孙启忠, 柳茜, 陶雅, 等. 民国时期西北地区苜蓿栽培利用刍考. 草业学报, 2018, 27(7): 187-195.

[23]　孙启忠, 柳茜, 李峰, 等. 明清时期方志中的苜蓿考. 草业学报, 2017, 26(9): 176-188.

[24]　孙启忠, 柳茜, 陶雅, 等. 民国时期方志中的苜蓿考. 草业学报, 2017, 26(10): 219-226.

[25]　范延臣, 朱宏斌. 苜蓿引种及其我国的功能性开放. 家畜生态学报, 2013, 34(4): 86-90.

[26]　邓启刚, 朱宏斌. 苜蓿的引种及其在农耕地区的本土化. 农业考古, 2014, (3): 20-30.

[27]　周敏. 中国苜蓿栽培史初探. 草原与草坪, 2004, (4): 44-46.

[28]　陆机[晋]. 陆机集. 北京: 中华书局, 1982.

[29]　张华[晋]. 博物志. 北京: 中华书局, 1985.

[30]　任昉[南朝]. 述异记. 北京: 中华书局, 1960.

[31]　神农氏[年代不详]. 神农本草经. 北京: 蓝天出版社, 1997.

[32]　虞世南[隋]. 北堂书钞. 孔广陶校注. 天津: 天津古籍出版社, 1988.

[33]　徐坚[唐]. 初学记. 北京: 中华书局, 1962.

[34]　封演[唐]. 封氏闻见记. 上海: 商务印书馆, 1956.

[35]　欧阳询[唐]. 艺文类聚. 上海: 上海古籍出版社, 1965.

[36]　杜佑[唐]. 通典. 北京: 中华书局, 1982.

[37]　司马光[北宋]. 资治通鉴. 北京: 中华书局, 1956.

[38]　李昉[北宋]. 太平御览. 石家庄: 河北教育出版社, 1994.

[39]　李昉[北宋]. 广太平记. 北京: 中华书局, 1961.

[40]　袁枢[南宋]. 通鉴纪事本末. 北京: 中华书局, 1964.

[41]　高承[南宋]. 事物纪原. 北京: 中华书局, 1989.

[42] 罗愿[南宋]. 尔雅翼. 合肥: 黄山书社, 1991.

[43] 施宿[南宋]. 嘉泰会稽志. 台北: 成文出版社, 1983.

[44] 陈景沂[宋]. 全芳备祖. 北京: 中国农业出版社, 1982.

[45] 王三聘[明]. 古代事物考. 上海: 商务印书馆, 1937.

[46] 王象晋[明]. 群芳谱. 见: 任继愈. 中国科学技术典籍通汇(农学卷三). 郑州: 河南教育出版社, 1994.

[47] 李时珍[明]. 本草纲目. 北京: 人民卫生出版社, 1982.

[48] 徐光启[明]. 农政全书. 上海: 上海古籍出版社, 1979.

[49] 姚可成[明]. 食物本草. 北京: 人民卫生出版社, 1994.

[50] 张岱[明]. 夜航船. 成都: 四川文艺出版社, 1996.

[51] 赵廷瑞, 马理, 吕柟[明]. 陕西通志[M]. 西安: 三秦出版社, 2006.

[52] 张玉书. 康熙字典. 上海: 汉语大词典出版社, 2002.

[53] 清圣祖[清]. 广群芳谱. 上海: 商务印书馆, 1935.

[54] 程瑶田[清]. 程瑶田全集. 合肥: 黄山书社, 2008.

[55] 吴其濬[清]. 植物名实图考. 上海: 商务印书馆, 1957.

[56] 吴其濬[清]. 植物名实图考长编. 上海: 商务印书馆, 1959.

[57] 杨巩[清]. 农学合编. 北京: 中华书局, 1956.

[58] 陈梦雷[清]. 古今图书集成. 北京: 北京图书馆出版社, 2001.

[59] 鄂尔泰[清], 张廷玉[清]. 授时通考. 北京: 农业出版社, 1991.

[60] 郭云升[清]. 救荒简易书. 上海: 上海古籍出版社, 1995.

[61] 徐松[清]. 汉书西域传补注. 上海: 商务印书馆, 1937.

[62] 张宗法[清]. 三农纪. 北京: 中国农业出版社, 1989.

[63] 龚乃保[清]. 冶城蔬谱. 南京: 南京出版社, 2009.

[64] 中国古代史编委会. 中国古代史(上). 北京: 人民出版社, 1979.

[65] 史为乐. 中国历史地名大辞典. 北京: 中国社会科学院出版社, 2005.

[66] 王治来. 中亚史. 北京: 人民出版社, 2010.

[67] 张援. 大中华农业史. 上海: 商务印书馆, 1921.

[68] 黄士蘅. 西汉野史(上). 北京: 大众文艺出版社, 2000.

[69] 李根蟠. 中国古代农业. 北京: 中国国际广播出版社, 2010.

[70] 梁家勉. 中国农业科学技术史稿. 北京: 农业出版社, 1989.

[71] 董恺忱, 范楚玉. 中国科学技术史(农学卷). 北京: 科学出版社, 2000.

[72] 中国农业博物馆农史研究室. 中国古代农业科技史图说. 北京: 农业出版社, 1989.

[73] 中国农业百科全书总编辑委员会. 中国农业百科全书[畜牧业卷(上)]. 北京: 中国农业出版社, 1996.

[74] 阎万英, 尹英华. 中国农业发展史. 天津: 天津科学技术出版社, 1992.

[75] 杜石然, 范楚玉, 陈美东, 等. 中国科学技术史稿(上册). 北京: 科学出版社, 1982.

[76] 盛诚桂. 中国历代植物引种驯化梗概. 植物引种驯化集刊, 1985, 4: 85-92.

[77] 尚志钧. 神农本草经校注. 北京: 学苑出版社, 2008.

[78] 吴仁润, 张志学. 黄土高原首蓿科研工作的回顾与前景, 中国草业科学, 1988, 5(2): 1-6.

[79] 卢得仁. 旱地牧草栽培技术. 北京: 中国农业出版社, 1992.

[80]　中国农业科学院陕西分院. 西北的紫花苜蓿. 西安: 陕西人民出版社, 1959.

[81]　全国牧草品种审定委员会. 中国牧草登记品种集. 北京: 中国农业大学出版社, 1992.

[82]　石声汉. 试论我国从西域引入的植物与张骞的关系. 科学史集刊, 1963, (4): 16-33.

[83]　卜慕华. 我国栽培作物来源的探讨. 中国农业科学, 1981, 4: 86-96.

[84]　汪子春, 范楚玉. 农学与生物学志. 上海: 上海人民出版社, 1998.

[85]　焦彬. 中国绿肥. 北京: 中国农业出版社, 1986.

[86]　刘长源. 汉中古史考论. 西安: 三秦出版社, 2001.

[87]　史仲文, 胡晓文. 中国全史. 北京: 中国书籍出版社, 2011.

[88]　余太山. 西域通史. 郑州: 中州古籍出版社, 2003.

[89]　邹德秀. 世界农业科学技术史. 北京: 中国农业出版社, 1995.

[90]　王家葵. 救荒本草校注. 北京: 中医古籍出版社, 2007.

[91]　[北魏]贾思勰. 齐民要术译注. 缪启愉译注. 上海: 上海古籍出版社, 2009.

[92]　中国历史大辞典秦汉史卷编纂委员会编. 中国历史大辞典(秦汉史). 上海: 上海辞书出版社, 1990.

[93]　苏北海. 丝绸之路与龟兹历史文化. 乌鲁木齐: 新疆人民出版社, 1996.

[94]　樊志民. 农业进程中的"拿来主义". 生命世界, 2008, (7): 36-41.

[95]　马曼丽. 中国西北边疆发展史研究. 哈尔滨: 黑龙江教育出版社, 2001.

[96]　郭文韬. 中国农业科技发展史略. 北京: 中国农业科技出版社, 1988.

[97]　邹介正. 中国古代畜牧兽医史. 北京: 中国农业科技出版社, 1994.

[98]　黄宏文, 段子渊, 廖景平, 等. 植物引种驯化对近500年人类文明史的影响及其科学意义. 植物学报, 2015, 50(3): 280-294.

[99]　贾思勰[北魏]. 齐民要术. 石声汉译注. 石定枎, 谭光万补注. 北京: 中华书局, 2009.

[100]　中国畜牧兽医学会. 中国近代畜牧兽医史料集. 北京: 中国农业出版社, 1992.

[101]　中国古代农业科技编纂组. 中国古代农业科技. 北京: 中国农业出版社, 1980.

[102]　陈凌风. 中国农业百科全书[畜牧业卷(上)]. 北京: 中国农业出版社, 1996.

[103]　许倬云. 汉代农业: 中国农业经济的起源及特性. 王勇译. 桂林: 广西师范大学出版社, 2005.

[104]　唐启宇. 中国农史稿. 北京: 农业出版社, 1985.

[105]　勃基尔. 人的习惯与旧世界栽培植物的起源. 胡先骕译. 北京: 科学出版社, 1954.

[106]　天野元之助. 中国农业史研究. 东京: 御茶の水书房, 1962.

[107]　王治来. 中亚通史. 乌鲁木齐: 新疆人民出版社, 2004.

[108]　辞海编辑委员会. 辞海(修订稿)农业分册. 上海: 上海辞书出版社, 1978.

[109]　内蒙古农牧学院. 牧草及饲料作物栽培学(第二版). 北京: 农业出版社, 1981.

[110]　骆新强. 餐桌上的经济史. 平安历史, 2010, 2: 1-3.

[111]　穆育人, 沈春生, 余笃信, 等. 城固县志. 北京: 中国大百科全书出版社, 1994.

[112]　文裁缝. 绝版古国: 神秘消失的古王国. 北京: 九州出版社, 2009.

[113]　陈丽铷. 浅谈苜蓿. 统一企业, 2006, (8): 35-39.

[114]　马特巴巴伊夫, 赵丰. 大宛遗锦. 上海: 上海辞书出版社, 2010.

[115]　谢成侠. 中国养马史. 北京: 科学出版社, 1959.

[116]　富象乾. 中国饲用植物研究史. 内蒙古农牧学院学报, 1982, (1): 19-31.

[117]　向达. 苜蓿考. 自然界, 1929, 4(4): 324-338.

[118] 安作璋. 西汉与西域关系史. 济南: 齐鲁书社, 1979.

[119] 司马迁. 史记. 韩兆琦评注. 长沙: 岳麓书社, 2004 .

[120] 施丁. 汉书新注. 西安: 三秦出版社, 1994.

[121] 王青. 石赵政权与西域文化. 西域研究, 2002, (3): 91-98.

[122] 沈福伟. 中西文化交流史. 上海: 上海人民出版社, 1985.

[123] 方豪. 中西交通史(上). 上海: 上海人民出版社, 2008.

[124] 芮传明. 中国与中亚文化交流志. 上海: 上海人民出版社, 1998.

[125] 张仲葛. 中国畜牧史料集. 北京: 科学出版社, 1986.

[126] 于景让. 汗血马与苜蓿. 大陆杂志, 1952, 5(9): 24-25.

[127] 余英时. 汉代贸易与扩张. 上海: 上海古籍出版社, 2005.

[128] 王栋. 牧草学各论. 南京: 畜牧兽医图书出版社, 1956.

[129] 孙醒东. 重要绿肥作物栽培. 北京: 科学出版社, 1958.

[130] 吴青年. 东北优良牧草介绍. 农业技术通讯, 1950, 1(7): 321-329.

[131] 洪绂曾. 中国多年生草种栽培技术. 北京: 中国农业科学技术出版社, 1990.

[132] 陈布圣. 牧草栽培. 上海: 上海科学技术出版社, 1959.

[133] 李伦良. 苜蓿史话. 中国草原与牧草, 1984, (1): 70-72.

[134] 江苏省农业科学院. 苜蓿. 北京: 中国农业出版社, 1980.

[135] 劳费尔. 中国伊朗编. 林筠因译. 北京: 商务印书馆, 1964.

[136] 桑原骘藏. 张骞西征考. 杨炼译. 上海: 商务印书馆, 1934.

[137] 布尔努瓦. 天马和龙涎——12世纪之前丝路上的物质文化传播. 丝绸之路, 1997, (3): 11-17.

[138] 谢成侠. 二千多年来大宛马(阿哈马)和苜蓿转入中国及其利用考. 中国畜牧兽医杂志, 1955, (3): 105-109.

[139] 林甘泉. 中国历史大辞典(秦汉史卷). 上海: 上海辞书出版社, 1990.

[140] 李璠. 生物史(第五分册). 北京: 科学出版社, 1979.

[141] 游修龄. 中国农业百科全书(农业历史卷). 北京: 农业出版社, 1995.

[142] 高荣. 论汉武帝"图制匈奴"战略与征伐大宛. 西域研究, 2009, (2): 1-8.

[143] 任继周. 草业大辞典. 北京: 中国农业出版社, 2008.

[144] 南京农学院. 饲料生产学. 北京: 农业出版社, 1980.

[145] 北京农业大学. 作物栽培学. 北京: 农业出版社, 1961.

[146] 裕载勋. 苜蓿. 上海: 上海科学技术出版社, 1957.

[147] 张永禄. 汉代长安词典. 西安: 陕西人民出版社, 1993.

[148] 陈舜臣, 西域余闻. 吴菲译. 桂林: 广西师范大学出版社, 2009.

[149] 冯德培, 谈家桢. 简明生物学词典. 上海: 上海辞书出版社, 1983.

[150] 张平真. 中国蔬菜名称考释. 北京: 北京燕山出版社, 2006.

[151] 陕西省畜牧业志编委. 陕西畜牧业志. 西安: 三秦出版社, 1992.

[152] 陈默君, 贾慎修. 中国饲用植物. 北京: 中国农业出版社, 2000.

[153] 陈文华. 中国古代农业文明. 南昌: 江西科学技术出版社, 2005.

[154] 孙启忠, 王宗礼, 徐丽君. 旱区苜蓿. 北京: 科学出版社, 2014.

[155] 刘光华. 西北通史(第1卷). 兰州: 兰州大学出版社, 2004.

[156] 董粉和. 中国秦汉科技史. 北京: 人民出版社, 1994.

[157] 姚鉴. 张骞通西域. 历史教学, 1954, (10): 3-36.

[158] 王明哲, 王炳华. 乌孙研究. 乌鲁木齐: 新疆人民出版社, 1983.

[159] 陈宝书. 牧草饲料作物栽培学. 北京: 中国农业出版社, 2001.

[160] 梁实秋. 远东英汉大词典. 台北: 远东图书公司, 1977.

[161] 朱玉麟. 西域文史(第三辑). 北京: 科学出版社, 2008.

[162] Hanson C H. Alfalfa science and technology. Madison: American Society of Agronomy Inc. Publisher, 1972.

[163] 黄文惠. 苜蓿的综述(1970—1973年). 国外畜牧科技, 1974, (6): 1-13.

[164] 黄文惠, 朱邦长, 李琪. 主要牧草栽培及种子生产. 成都: 四川科学技术出版社, 1986.

[165] 卢欣石. 苜蓿是怎么传入中国的. 草与畜杂志, 1984, (4): 30.

[166] 米华健. 丝绸之路. 马睿译. 南京: 译林出版社, 2017.

[167] 李娟娟. 汗血宝马的故乡——土库曼斯坦. 石油知识, 2017, (4): 61.

[168] Harmatta J. History of civilizations of central Asia(volume II). Paris: Composed by UNESCO Publishing, 1996.

[169] 许晖. 植物在丝绸的路上穿行. 青岛: 青岛出版社, 2016.

[170] 沈苇. 植物传奇. 北京: 作家出版社, 2009.

[171] 俞德浚, 蔡希陶. 农艺植物考源. 上海: 商务印书馆, 1940.

[172] 范文澜. 中国通史简编. 延安: 延安新华出版社, 1941.

[173] 李约瑟. 中国科学技术史(第六卷生物学及相关技术·第一册植物学). 袁以苇译. 北京: 科学出版社, 2006.

第二篇

古代与近代苜蓿植物生态学研究考

　　我国古代在进行苜蓿栽培利用过程中，对其进行了深入系统的研究，积累了丰富的苜蓿植物生态学知识，不仅对苜蓿植物学特征特性进行了准确的描述，而且还绘其图，并进行考证。例如，明代的《救荒本草》《本草纲目》《群芳谱》对苜蓿形态学、生态学方面的描述乃至植物的摹绘已达到了十分精准的程度。美国植物学家李德（H. S. Reed）在其著《植物简史》中也称誉《救荒本草》中的植物图精确，说欧洲当叫没有达惮知的植物学记载。

七、苜蓿名称小考

苜蓿（*Medicago sativa*）自汉代传入我国，"苜蓿"一词也就随之在我国出现。在苜蓿进入我国的初期，由于"苜蓿"是外来词，出现了许多同音异字的不同表达，如汉班固[1]《汉书·西域传》曰："汉使采蒲陶、目宿种归"，汉崔寔[2]《四民月令》云："牧宿子及杂蒜，亦可种"，《尔雅注疏》郭璞[3]言："黄华，叶似苜蓿"，唐杜佑[4]《通典·边防典》亦言："罽宾地平、温和，有苜蓿"。此外，在古代苜蓿还有许多异音别名，如晋葛洪[5]《西京杂记》云："苜蓿一名怀风，时人或谓之光风，风在其间，常萧萧然，日照其花，有光采，故名苜蓿为怀风。茂陵人谓之连枝草"，宋罗愿[6]《尔雅翼》曰："（苜蓿）秋后结实黑房累累如穄，故俗人因谓木粟"。众所周知，我国苜蓿栽培历史悠久，由于地域辽阔，民族和方言各异，因此苜蓿无论是在现代人们生活交往中，还是在古代浩如烟海的文献典籍中，都呈现出名称的多样性和混杂性，以及正名、别称长期共存的现象。据张平真[7]考证，苜蓿的正名、别名或俗名等达30多个。本文采用夏纬瑛[8]、丁广奇[9]等的植物名称考据方法，试图就我国苜蓿名称的来源、同音异字与异音异字的产生等进行粗浅的探讨，以期更好地了解苜蓿名称的来龙去脉，为我国苜蓿史乃至苜蓿文化提供理论依据。

1 "苜蓿"的词源

据《史记·大宛列传》[10]，苜蓿是汉武帝时汉使从大宛（Fergana）带回的，《汉书·西域传》[1]作"目蓿"，大宛即今中亚费尔干纳盆地。1919年，美国著名汉学家劳费尔[11]认为，当时大宛人讲的语言是一种伊朗语方言，故"苜蓿"应该是源自伊朗语的一个借词。但这种古伊朗方言已经绝迹，现在伊朗语里已经找不到与"苜蓿"对应的词，只能构拟古伊朗方言原型是 buksuk、buxsux 或 buxsuk。张永言[12]指出，劳费尔的思路基本是对的。

1961年波兰汉学家，Chmielewski[13]对劳费尔之说产生怀疑，在他看来，既然在伊朗语里找不到与"苜蓿"对应的词，就应另找词源。他认为我国汉代的苜蓿有可能来自罽宾（Kashmir）。罽宾也出产苜蓿，汉使在那里见到过苜蓿。当时罽宾人讲的语言是一种与梵语有关系的印度方言，虽然与"苜蓿"对应的早期罽宾语词未能找到，但苜蓿是一种产蜜植物，而梵语称蜜的词 māksika 就有可能被用作产蜜植物苜蓿的名称，因此汉语"苜蓿"就是 māksika 一词在罽宾的某种方言形式的音译。陈竺同[14]研究认为，苜蓿或作目宿，亦称牧宿、木粟等，都是同音异译，与梵语及波斯语有关系。

蒲立本[15]（Pulleyblank）却对此表示怀疑，他主张大宛语与后之"粟特"（Sogdiana）有关，"苜蓿"一词应来自吐火罗语或伊朗语，但其原型究竟是什么，则不得而知。另外，1934 年，日本学者桑原骘藏[16]在《张骞西征考》中指出，苜蓿或作目宿亦称牧宿、木粟等，此亦似为外国语之音译。Kingsmill 照例主张苜蓿为希腊语 Medikai 之音译。杨巨平[17]认为，"苜蓿"一词与希腊语表示苜蓿的"Μηδικόϑ"一词的谐音也似乎有关。据斯特拉波，米甸（Media）地区有一牧场，盛产苜蓿。这是马最爱吃的一种草。因产于米底，故被希腊人称为"米底草"（Medic，Μηδικη'πόα）。

《汉语外来词词典》中【苜蓿】：源（原始）伊兰或大宛语 buksuk、buxsux，buxsuk[18]。孙景涛[19]指出，苜蓿来源于 buksuk，buxsux［古波斯语或吐火罗语（＝大宛）］。劳费尔[11]认为，苜蓿可能与古伊兰语的 buksuk 或 buxsux 有关[20]。冯天瑜[21]亦认为，苜蓿为古大宛语 buksuk 的音译。张平真[7]指出，"苜蓿"的称谓源于古代引入地域的大宛语，由于当时中亚和西亚两地区交往频繁，各国的语言相通，所以大宛语和波斯语都很相近，"苜蓿"就是古伊斯兰语和大宛语 buksuk 或 buxsux 的音译名称。《汉语大词典》和《辞海（农业分册）》持同样的观点，认为【苜蓿】为古大宛语 buksuk 的音译[22,23]。许威汉[24]认为，"目宿""苜蓿""蓿""牧宿""萱蓿""苬宿"和"木粟"之类原是外来词音译后的不同写法[7,20,22,25]。于景让[26]认为，"目宿"一词是其原产地伊朗语 Musu 的对音。由于对"苜蓿"词源的理解不同，所持的观点也不同，徐文堪[27]指出，在词典里解释"苜蓿"条目的词源时，似宜数说并存。

2 苜蓿名称的演变

西域外来词的演变，最主要是表现在构词上。因为西域外来词多为音译，一开始在构词上多呈无规范的现象。例如，苜蓿，最初的表现形式多为目宿、牧宿、苬蓿、木粟等同音异字（表 8-1）。汉语的外来词大都经历了由音译到意译的演变过程。通过意译的方式使外来词彻底改变身份，成为本族语词。利用汉字形旁能够提示字义类别的特点，使外来词在字形上融入汉语。例如，把"目宿"写成"苜蓿"，苜蓿虽然采用的还是音译的方式，但是通过添加形旁，对苜蓿所代表的事物进行了分类，这样，苜蓿就在字形上融入形声字的庞大家族[28]。

汉使所携回者初名为目宿，后世加草头成为苜蓿[29]。在敦煌汉简中提到目宿："恐牛不可用，今致卖目宿养之。目宿大贵，束三泉，留久恐舍食尽，今且寄广麦一石（后略）[30]"。1952 年，中国台湾学者于景让[26]指出，在汉武帝时期，和汗血马联带在一起，同时自西域传入中国者，尚有饲料植物 *Medicago sativa* L.，这在《史记》和《汉书》中，皆作 [目宿]。他进一步指出，《汉书·西域传》云："大宛国……马耆目宿。……汉使采蒲陶目宿种归。天子以天马多，又外国使来众，益种蒲陶目宿，离宫馆旁极望焉。"唐颜师古在其下注曰："今北道诸州，旧安定北地之境，往往有目宿者，皆汉时所种焉。"于景让[26]认为，按目宿一词，本是其原产地伊朗语 Musu 的对音。在汉代，尚不见有现在所写的苜蓿二字。因为是对音，故尚有木粟、牧宿等的同音异字。至在目宿二字上冠以草头，而正式成为中国式学名，则大约是始于唐代的《译经》。唐代名僧义净（635～713 年）留印度二十五年后，归国时年逾六十，在他翻译的佛经中有苜蓿之名。于景让[26]指出，在义净之前，北周僧阇那崛多（522～600 年）译《金光明经·大辩天品》中，亦有苜蓿。在唐天竺三藏菩提流志译《广大宝楼阁经卷》中结坛场法品中，有"所谓安悉、薰陆、悉必利迦者，苜蓿也。"李锦绣[31]指出，《汉书·西域传》作"目宿"，《通典》改为"苜蓿"（表 7-1），该词沿用至今。

表 7-1　苜蓿名称演变

作者	朝代	文献	名称	描述
班固[1]	汉	汉书·西域传	目宿	罽宾地平、温和，有目宿。俗耆酒，马耆目宿。……汉使采蒲陶目宿种归
许慎[32]	汉	说文解字	目宿	芸，草也。似目宿
崔寔[2]	汉	四民月令	牧宿	正月可种春麦……牧宿。牧宿子及杂蒜，亦可种
郭璞[3]	晋	尔雅注疏	荍蓿	权，黄华。郭璞注：今谓牛芸草为黄华。华黄，叶似荍蓿
杜佑[4]	唐	通典·边防典	苜蓿	罽宾地平、温和，有苜蓿
罗愿[5]	宋	尔雅翼	木粟	（苜蓿）秋后结实黑房累累如穄，古俗人因谓之木粟，其米可为饭
李时珍[33]	明	本草纲目	牧宿	时珍曰"苜蓿，郭璞作'牧宿'，谓其宿根自生，可饲牧牛马也。"
厉荃[34]	清	事物异名録	苜蓿	怀风、光风、连枝草。<西京杂记>一名怀风，一名光风；茂陵人谓之连枝草 牧宿、木粟、塞毕力迦。<本草纲目>[苜蓿]郭璞作牧宿，谓其宿根自生，可饲牧牛马也；罗愿<尔雅翼>作木粟，言其米可吹饭也；<金光明经>谓之塞毕力迦

3　苜蓿的异音异字别名

在古代，苜蓿除有同音异字外，还存在许多异音异字的别名（表 7-2）。苜蓿最早的异音异字别名出现在晋葛洪《西京杂记》中，他将苜蓿称为"光风"、"怀风"和"连枝草"。在唐三藏法师义净[35]《金刚明最胜王经》出现了苜蓿香（塞毕力迦），宋法云[36]《翻译名义集》明确指出，塞毕力迦，此云苜蓿，《汉书》云：罽宾国多目宿。明李时珍[33]复引了《金光明经》苜蓿为之塞毕力迦。此外，苜蓿还有鹤顶草、灰粟和光风草等异音异字的别名（表 7-2）。

表 7-2 苜蓿别名与出处

作者	朝代	出处	异名	描述
葛洪 [5]	晋	西京杂记	怀风、光风	苑自生玫瑰树，树下多苜蓿。苜蓿一名怀风，时人谓之光风
葛洪 [5]	晋	西京杂记	连枝草	风在其间，常萧萧然，日照其花有光彩，故名苜蓿为怀风。茂陵人谓之连枝草
三藏法师义净 [35]	唐	金光明经	塞毕力迦	苜蓿香（塞毕力迦）
法云 [36]	宋	翻译名义集	塞毕力迦	塞毕力迦，此云苜蓿。《汉书》云：罽宾国多苜蓿
罗愿 [5]	宋	尔雅翼	鹤顶草	今苜蓿甚似中国灰藋，但藋苗叶作灰色，而苜蓿苗端正，今人谓之鹤顶草
施宿 [36]	宋	嘉泰会稽志	灰粟	灰粟，树叶皆如灰藋，苗头如丹，米如苋子，或云灰粟，即苜蓿 [22]
李时珍 [33]	清	本草纲目	光风草	纲目：木粟，光风草 [23]

苜蓿为西域外来植物，随着汉武帝时期开始栽种苜蓿，我国也就有了"苜蓿"一词。到目前为止，国内外学者对我国"苜蓿"词源的认识还不统一，有待作进一步的深入研究。由于"苜蓿"是音译，所以最初就出现了许多同音异字的表达，到唐代才出现了"苜蓿"专用词，并延续使用至今。此外，苜蓿还有许多异音异字的别名，这也是我国苜蓿文化多样性的体现 [24]，也是苜蓿本土化的体现 [38, 39]。

参 考 文 献

[1] 班固[汉]. 汉书. 北京: 中华书局, 2007.
[2] 崔寔[汉]. 四民月令校注. 北京: 中华书局, 1965.
[3] 郭璞注[晋], 邢昺疏[宋]. 尔雅注疏. 上海: 上海古籍出版社, 2010.
[4] 杜佑[唐]. 通典. 北京: 中华书局, 1982.
[5] 葛洪[晋]. 西京杂记. 西安: 三秦出版社, 2006.
[6] 罗愿[南宋]. 尔雅翼. 合肥: 黄山书社, 1991.
[7] 张平真. 中国蔬菜名称考释. 北京: 北京燕山出版社, 2006.
[8] 夏纬瑛. 植物名释札记. 北京: 中国农业出版社, 1990.
[9] 丁广奇. 植物种名释. 北京: 科学出版社, 1957.
[10] 司马迁[汉]. 史记. 北京: 中华书局, 1959.
[11] 劳费尔. 中国伊朗编. 林筠因译. 北京: 商务印书馆, 1964.
[12] 张永言. 汉语外来词杂谈(补丁稿). 汉语史学报, 2007, 1-14.
[13] Chmielewski J. Two Early Loan-words in Chinese. Rocznik Orientalistyczny, 1961, 24(2): 69-83.
[14] 陈竺同. 两汉和西域等地的经济文化交流. 上海: 上海人民出版社, 1957.
[15] Pulleyblank E G. The Consonantal System of Old Chinese. Asia Major, 1962, 9: 58-114.

[16]　桑原骘藏.张骞西征考.上海:商务印书馆,1934.

[17]　杨巨平.亚历山大东征与丝绸之路开通.历史研究,2007,4:150-161+192.

[18]　刘正埮.汉语外来词词典.上海:上海辞书出版社,1984.

[19]　孙景涛.论"一音一义".语言学论丛:第31辑.北京:商务印书馆,2005:48-71.

[20]　冯芙蓉.新青年所呈现五四时期语言嬗变现象分析研究.淡江大学硕士研究生学位论文,2009.

[21]　冯天瑜.新语探源.北京:中华书局,2004.

[22]　罗竹风.汉语大词典.上海:汉语大词典出版社,1986～1993年.

[23]　辞海编辑委员会.辞海(修订稿)农业分册.上海:上海辞书出版社,1978.

[24]　许威汉.汉语词汇学引论.北京:商务印书馆,1992.

[25]　孙凤霞.本草纲目中的植物外来词误训分析.文学教育(上),2008,11:148-150.

[26]　于景让.汗血马与苜蓿.大陆杂志,1952,5(9):24-25.

[27]　徐文堪.略论汉语外来词的词源考证和词典编纂.上海:第二届传统中国研究国际学术讨论会论文集(二).2007:148-156.

[28]　成颖.词典论.西安:陕西人民出版社,2003.

[29]　向达译.苜蓿考(美).见:Lauber B.自然界,1929,4:4.

[30]　吴礽骧.敦煌汉简释文.兰州:甘肃人民出版社,1991.

[31]　李锦绣,余太山.通典西域文献要注.上海:上海人民出版社,2009.

[32]　许慎撰[汉],徐铉校定[宋].说文解字.北京:中华书局,2013.

[33]　李时珍[明].本草纲目.北京:人民卫生出版社,1982.

[34]　厉荃[清].事物异名録.长沙:岳麓书社,1991.

[35]　三藏法师义净[唐].金刚明最胜王经.北京:中华电子佛典学会,2001.

[36]　法云[宋].翻译名义集.上海:上海书店,1989.

[37]　施宿[宋].嘉泰会稽志.台北:成文出版社,1983.

[38]　孙启忠,桂荣.赤峰地区敖汉苜蓿冻害及其防御技术.草地学报,2001,9(1):50-57.

[39]　孙启忠,韩建国,桂荣,等.科尔沁沙地苜蓿根系和根颈特性.草地学报,2001,9(4):269-276.

八、古代苜蓿物种

我国苜蓿属（*Medicago*）植物栽培始于汉代已是不争的事实[1~13]。然而，汉代所栽培的苜蓿是开紫花还是开黄花，在最早记载苜蓿的《史记》[1]《汉书》[2]《四民月令》[14]等史料中并没有明确指出，这已成为我国苜蓿的千古之谜，导致 2000 多年来对其研究、考证乃至揣测从未停止过。在之后的史料中，既有记载苜蓿开紫花的，如唐韩鄂[15]《四时纂要》、明朱橚[16]《救荒本草》、明王象晋[17]《群芳谱》等，也有记载苜蓿开黄花的，如明李时珍[18]《本草纲目》、明姚可成[19]《食物本草》、清张宗法[20]《三农纪》、清闵钺[21]《本草详节》等。尽管古代或近现代学者对我国苜蓿物种进行了许多考证研究，这些学者有程瑶田[22]、吴其濬[23]、黄以仁[24]、向达[25]、陈直[26]、夏纬瑛[27]、缪启愉[28-30]、西北农业科学研究所[31]、吴受琚和俞晋[32]、吴征镒[33]、马爱华等[34]、吴泽炎等[35]、《古代汉语词典》编写组[36]等，但到目前为止，在其认识上还存在分歧。大致有 5 种观点，一是古代苜蓿专指紫苜蓿（*Medicago sativa*）；二是南苜蓿（*M. hispida*）；三是紫苜蓿与南苜蓿的合称；四是黄花苜蓿（*M. falcata*）；五是不确定。鉴于此，本研究试图以古代文献为基础，应用植物生物学考据学原理与方法，对近现代苜蓿物种考证研究成果进行分析判断，甄别归纳，再回溯史料，验证史实，对我国古代苜蓿物种研究做一考述，以期查证分歧原因，凝聚共识，为我国古代苜蓿正本清源，为苜蓿史研究提供依据，同时亦为今天的苜蓿植物学研究提供有益借鉴。

1　文　献　源

文献以记有苜蓿的典籍为主，从汉代最早记载苜蓿的《史记》[1]，到清代《野菜赞》共计 42 本典籍（表 8-1），其中汉代 3 本、魏晋南北朝 6 本、唐代 4 本、宋代 6 本、元 1 本、明 9 本、清代 13 本。在收集整理记载苜蓿植物生物学典籍的基础上，应用植物考据学原理，对其进行排比剪裁和爬梳剔抉，以查证历史典籍记载（表 8-1），结合近现代研究成果，考证苜蓿物种。

2　考　　录

从所考典籍看，对苜蓿花色的记载可分为 3 类，即未指明花色、紫色花和黄色花。

表 8-1　记有苜蓿的相关典籍

作者	朝代	书名	考查内容
司马迁[1]	汉	史记	卷六十三大宛列传
班固[2]	汉	汉书	卷九十六西域传
崔寔[14]	东汉	四民月令	正月、八月
葛洪[37]	晋	西京杂记	乐遊苑
郭璞[38]	晋	尔雅注疏	卷第八释草第十三
陶弘景[39]	南朝·梁	本草经集	菜部药物（上品）
陶弘景[40]	南朝·梁	名医别录	卷第一
贾思勰[41]	北魏	齐民要术	卷二十九种苜蓿
杨衒之[42]	北魏	洛阳伽蓝记	卷五洛阳城北伽蓝记
班固撰，颜师古[43]注	汉，唐	前汉书	卷九十六西域传
韩鄂[15]	唐	四时纂要	秋令卷之四、冬令卷之五
苏敬[44]	唐	新修本草	菜部卷第十七
孟诜[32]	唐	食疗本草	卷第十八
陈景沂[45]	宋	全芳备祖	第二十一条
罗愿[46]	宋	尔雅翼	卷之二十六
罗愿[47]	宋	新安志	卷八
罗愿[48]	宋	嘉泰会稽志	卷十七
唐慎微[49]	宋	重修政和经史证类备用本草	卷十
寇宗奭[50]	宋	本草衍义	卷第一
大司农司[31]	元	农桑辑要	卷之六药草
朱橚[16]	明	救荒本草	菜部
王象晋[17]	明	群芳谱	蔬谱
李时珍[18]	明	本草纲目	卷二十七菜部
姚可成[19]	明	食物本草	卷之六
徐光启[51]	明	农政全书	卷五十八
陈懋仁[52]	明	庶物异名疏	怀风－紫花
鲍山[53]	明	野菜博录	卷二
刘文泰[54]	明	本草品汇精要	卷之三十八
赵廷瑞等[55]	明	陕西通志	卷四十三
圣祖敕[56]	清	广群芳谱	第十四卷·蔬谱
程瑶田[22]	清	程瑶田全集	释草小记
吴其濬[23]	清	植物名实图考	卷三·菜类
杨巩[57]	清	农学合编	卷六·蔬菜－开紫花
鄂尔泰[58]	清	授时通考	卷六十二·农余门蔬四－紫花
陈梦雷[59]	清	古今图书集成	第七十三卷
郭云升[60]	清	救荒易书	卷一月令-紫花
徐松[61]	清	汉书西域传补注	二卷
王先谦[62]	清	汉书补	卷九十六（上）
张宗法[20]	清	三农纪	卷十七草属·苜蓿-开黄花
黄辅辰[63]	清	营田辑要	种蔬第四十二·苜蓿-开黄花
闵钺[21]	清	本草详节	卷之七·菜部－开黄花
顾景星[64]	清	野菜赞	卷第四十七

2.1　未指明苜蓿花色

《史记》[1]是记载我国苜蓿引入与栽培的最早史料，之后《汉书》[2]亦记载了与《史记》[1]相类似的内容，《四民月令》[14]是最早介绍苜蓿栽培技术的农书，然而这些典籍都没有说明苜蓿的花色。到魏晋南北朝乃至以后，出现了许多记载苜蓿的史料，但大部分均未明示苜蓿的花色。

《史记·大宛列传》[1]："（大宛）俗嗜酒，马嗜苜蓿，汉使取其实来，于是天子始种苜蓿、蒲陶肥饶地，及天马多，外国使来众，则离宫别观旁，尽种葡萄苜蓿。"

《汉书·西域传》[2]："（大宛）马嗜目宿。……多善马，……汉使采蒲陶、目宿种归。天子以天马多，又外国使来众，益种葡萄目宿，离宫馆旁极望焉。"

《四民月令》[14]："（正月）牧宿子及杂蒜，亦可种；此二物皆不如秋。"

"（七月）可种芜菁及芥、牧宿，……刈刍茭。"

"（八月）种大、小蒜，芥，牧宿。"

《西京杂记·乐遊苑》[37]："乐遊苑自生玫瑰树，树下多苜蓿。苜蓿一名怀风，时人或谓之光风。风在其间，常萧萧然，日照其花有光彩，故名苜蓿为怀风。茂陵人谓之连枝草。"

《尔雅注疏》[38]："权，黄华。今谓牛芸草为黄华。华黄，叶似苜蓿。"

《本草经集》[39]："苜蓿，味苦，平，无毒。主安中，利人，可久食。长安中乃有苜蓿园，北人甚重此，江南人不甚食之，以无气味故也。外国复别有苜蓿草，以治目，非此类也。"

《名医别录》[40]："苜蓿，味苦，平，无毒。主安中，利人，可久食。"

《齐民要术》[41]："……（苜蓿）一年三刈，留子者，一刈则止。春初既中生啖，为羹甚香；长宜饲马，马尤嗜此物。长生，种者一劳永逸。都邑负郭，所宜种之。"

《洛阳伽蓝记》[42]："禅虚寺，在大夏门外御道西。……中朝时，宣武场在大夏门东北，今为光风园，苜蓿生焉。"

《前汉书》[43]师古曰："今北道诸州旧安定、北地之境往往有目宿者，皆汉时所种也。"

《食疗本草》[32]："苜蓿：此处人采根作土黄耆也。又，安中，利五脏。煮和酱食之，作羹亦得。"

《新修本草》[44]复引了《本草经集》[39]对苜蓿的记述。

《全芳备祖》[45]："苜蓿：杂录：北人甚重，江南人不甚食，以其无味也。"

《尔雅翼》[46]："苜蓿，本西域所产，自汉武时始于中国。"

《新安志》[47]："苜蓿者，汉离宫所殖，其上常有两叶丹红，结穟如稬，率实一斗者，春之为米五升。亦有籼有糯，籼者唯以作饭须熟食之，稍冷则坚凝，糯者可转以为饵，土人谓之灰粟。"

《嘉泰会稽志》[48]："灰粟，树叶如，苗头如丹，高丈许，米如莧子，或云灰粟，即苜蓿。汉使采其种西域，天子益种离宫旁者。西京杂记曰：苜蓿，一曰怀风，或谓光风，其花有光彩，故名苜蓿。"

《重修政和经史证类备用本草》[49]复引了《本草经集》[39]对苜蓿的记述。

《本草衍义》[50]："苜蓿，唐李白诗云：天马常衔苜蓿花，是此。陕西甚多，饲牛马，嫩时人兼食之。微甘淡，不可多食，利大小肠。有宿根，刘讫又生。"

《本草品汇精要》[54]："苜蓿无毒，丛生。"同时，还复引了《本草经集》和《本草衍义》对苜蓿的记载内容。

《陕西通志》[55]除复引了《史记》[1]《西京杂记》[37]对苜蓿的记载外，还记载到："陶隐居云，长安中有苜蓿园，北人甚重之，寇宗奭曰，陕西甚多，用饲牛马，嫩时人兼食之（本草纲目）。李白云天马常衔苜蓿花是此，味甘淡，不可多食，用宿根，刘讫复生（马志）。民间多种以饲牛（咸阳县志）。"

2.2　苜蓿开紫花

《四时纂要》[15]可能是目前发现记载苜蓿开紫花的最早史料，之后也出现了不少记载苜蓿开紫花的典籍，如《救荒本草》[16]《群芳谱》[17]《农政全书》[51]等。

《四时纂要》[15]："（十二月）烧苜蓿，苜蓿之地，此月烧之，讫，二年一度，耕垄外，根斩，覆土掩之，即不衰。凡苜蓿，春食，作干菜，至益人。紫花时，大益马"。

《农桑辑要》[31]复引了《齐民要术》《四民月令》和《四时类要》对苜蓿的记述。

《救荒本草》[16]"苜蓿出陕西，今处处有之。苗高尺余。细茎。分叉而生。叶似锦鸡儿花叶，微长；又似豌豆叶，颇小，每三叶攒生一处。稍间开紫花。结弯角儿，中有子，如黍米大，腰子样。味苦，性平，无毒；一云微甘，淡；一云性凉。根寒。救饥，苗叶嫩时，采取煠食。江南人不甚食。多食利大小肠"。

《群芳谱》[17]："苜蓿，一名木粟，尔雅翼作木粟，言其米可炊饭也。一名怀风，一名光风草，西京杂记云：风在其间常萧萧然，日照其花有光彩，故名怀风，又名光风。一名连枝草。西京杂记云：茂陵人谓之连枝草。"

"张骞自大宛带种归，今处处有之。苗高尺余，细茎分叉而生。叶似豌豆颇小，每三叶攒生一处，稍间开紫花，结弯角，角中有子，黍米大，状如腰子。三晋为盛，秦、鲁次之，燕、赵又次之，江南人不识也。……史记·大宛传宛左右以蒲萄为酒，富人藏酒至万余石，久者数十岁不败，俗嗜酒，马嗜苜蓿。汉使取其实来，于是天子始种苜蓿、蒲萄肥饶地，及天马多，外国使来众，则离宫别观傍尽种蒲陶、苜蓿极望"。

"夏月取子，和荞麦种，刈荞时，苜蓿生根，明年自生，止可一刈，三年后便盛，每岁三刈，欲留种者，止一刈，六七年后垦去根，别用子种。……若垦后次年种谷，必倍收，为数年积叶坏烂，垦地复深，故今三晋人刈草三年即垦作田，盖欲肥地种谷也。"

《农政全书》[51]："苜蓿，出陕西，今处处有之。苗高尺余，细茎分叉而生。叶似绵鸡儿花叶，微长；有似豌豆叶，颇小，每三叶攒生一处。稍间开紫花，结弯角儿，中有子如黍米大，腰子样。"

《庶物异名疏》[52]："怀风：西京杂记苜蓿一名怀风或谓之光风，茂陵人谓之连枝草。韵学一名可为菜，苜蓿胡中菜，张骞得之西戎，仁过临济间，见其花紫而长，初枝可作羹和面。花巳，则刈送驴前矣，时干燥，诸禾悉稿，惟此独茂，何大复诗，沙寒苜蓿短，以其恶水也。"

《野菜博录》[53]："苜蓿，苗高尺余，细茎分叉，生叶似锦鸡儿，花叶，微长，每三叶攒生一处。稍间开紫花，结弯角儿，中有子如黍米大。味苦，性平，无毒。"

《程瑶田全集·蒔苜蓿纪讹兼图草木楔》[22]："（苜蓿种子）有薄衣，黄色。衣内肉，淡牙色。中坚而外光。衣肉相著，如麦之著皮，非若他谷有壳含米也。丁巳二月布种。谷雨后始生，采其嫩者，瀹而炮食之，有野菜味。其梗细甚，然已觉微硬。长者梗硬如铁线，屈曲横卧于地。间有一二挺出者，则其短者也，体柔而质刚。叶则一枝三出，叶末有微齿。初生时，掘其根视之，一条独行。是年未开花。……明年戊午春，蓿根生苗。四月廿一日，芒种前二日，见其作花，如鸭儿花而较小，连跌约长三分许，淡紫色，四出。一出大者，专向一方，三小出相对向一方。小出之本，以大出之本包之，跌作小苞含之。苞之末亦分四出。花中有心，作硬须靠大出，末有黄蕊。其作花也，于大茎每节叶尽处，生细茎如丝，攒生花四五枝，一簇顺垂，不四向错出。其花自下节生起，次第而上，下节花落，上节渐始生花。此则与群芳谱大合。"

《植物名实图考》[23]："苜蓿，《别录》上品，西北种之畦中，宿根肥雪，绿也早春与麦齐浪，被陇如云怀风之名。信非虚矣。夏时紫萼颖竖，映日争辉。《西京杂记》谓花有光采，……但李（时珍）说黄花者，亦自南方一种野生苜蓿，……。"

《广群芳谱》[56]复引了《群芳谱》的内容，认为苜蓿开紫花。

《汉书·西域传补注》[61]曰："史记·大宛传马嗜目宿，汉使取其实来。案今中国有之，惟西域紫花为异。"徐松又曰："齐民要术引陆机与弟书曰「张骞使外国十八年，得苜蓿归」。西京杂记云「乐遊苑中，自生玫瑰树下，多目宿，一名怀风。时或谓光风，风在其间，常肃肃然，照其光彩，故曰苜蓿怀风。茂陵人谓连枝草」。述异记曰「张骞苜蓿园，今在洛阳中，苜蓿本胡中菜，张骞于西国得之」。"

《汉书补注》[62]中复引了颜师古和徐松对苜蓿的注释，认为苜蓿开紫花。

《营田辑要》[63]："苜蓿，……叶似豌豆叶，颇小，每三叶一攒，紫花结角，子如大黍。……此物生长，一种之后，明年自生，可一刈，久则三刈。六七年后，去其繁根便茂，若以种地必倍收。西北多种此以饲畜，以备荒，南人惜不知也。"

《野菜赞》[64]："苜蓿：北产叶尖花紫"。

2.3 苜蓿开黄花

孙启忠[65]《苜蓿赋》抄录宋梅尧臣《咏苜蓿》诗曰："苜蓿来西域，蒲萄亦既随。胡人初未惜，汉使始能持。宛马当求日，离宫旧种时。黄花今自发，撩乱牧牛陂。"明代李时珍[18]在《本草纲目》亦记载了苜蓿开黄花。

《本草纲目》[18]："时珍曰：《杂记》言：苜蓿原出大宛，汉使张骞带归中国。然今处处田野有之，陕、陇人亦有种者，年年自生。刈苗作蔬，一年可三刈。二月生苗，一科数十茎，茎颇似灰。一枝三叶，叶似决明叶，而小如指顶，绿色碧艳。入夏及秋，开细黄花。结小荚圆扁，旋转有刺，数荚累累，老则黑色。内有米如米，可为饭，亦可酿酒。罗愿以此为鹤顶草，误矣。鹤顶，乃红心灰也。"

《古今图书集成》[59]复引了《本草纲目》[18]苜蓿，"入夏及秋，开细黄花……。"

《食物本草》[19]："苜蓿，如灰鹤头而高大。长安中乃有苜蓿园。北人甚重之，江南人不甚食之，以无气味故也。陕西甚多，用饲牛马，嫩时人兼食之。有宿根，刈讫复生。李时珍曰：'……入夏及秋，开细黄花。……。'"

《三农纪》[20]："苜蓿，《图经》云：春生苗，一颗数十茎，一枝三叶，似决明叶而小，绿色碧艳。秋开细黄花，结小荚，园扁，旋转有刺，数茎累累，老变黑色，内米如稷子，可饭可酒。农家夏秋刈苗饲畜，冬春锄根制碎，育牛马甚良。叶嫩可蔬。"

《本草详节》[21]："苜蓿，味苦，气平。生各处，田野刈苗作蔬，一年可三刈，二月生苗，一科数十茎，一枝三叶，似决明叶而小。夏深及秋，开细黄花，结小荚，园扁，老则黑色，内有米如稷米，可为饭酿酒。"

3 苜蓿花色辨析

通过考查典籍发现，古代对苜蓿花色的记载大致有3种，从汉代最早记载苜蓿的《史记》[1]开始，到魏晋南北朝的典籍都没有明示苜蓿的花色，直至唐韩鄂《四时纂要》[15]的出现，明确指出苜蓿开紫花，在之后的典籍中才有苜蓿为紫花的记载，宋代梅尧臣和明代李时珍《本草纲目》[18]是较早提出苜蓿黄色花的，在之后也有不少典籍记载苜蓿花为黄色。从最早记载苜蓿的史料中可以看出，尽管这些史料没有指明苜蓿的花色，但也为后来研究、考证苜蓿物种提供了一些有价值的信息。

苜蓿：①源于西域（大宛、罽宾）；②始种于长安的离宫馆附近，面积一望无际，乐遊苑瑰树树下有苜蓿，在陕西长安有苜蓿园，北人甚重此，江南人不甚食之，洛阳亦有种；③牛芸草为黄华。华黄，叶似苜蓿；④可分期播种（正月，或七八月）；⑤有宿根，刈讫又生，一年三刈，种者一劳永逸；⑥苜蓿丛生；⑦陕西甚多，多用饲牛马，嫩时人可食。这些信息无疑为我们考证紫花苜蓿提供了依据。

3.1 紫（花）苜蓿

宋罗愿[46]《尔雅翼》："苜蓿，本西域所产，自汉武时始于中国。"清徐松[61]曰"案今中国有之，惟西域紫花为异。"清王先谦[62]认为苜蓿开紫花。颜师古[43]《汉书注》曰："苜蓿今北道诸州旧安定、北地之境往往有目宿者，皆汉时所种也。"到了唐代，韩鄂[15]在《四时纂要》中明确指出，"（苜蓿）紫花时，大益马。"这是我国目前见到的最早记载苜蓿紫花的文献，为确定我国苜蓿物种提供了有力的史料支持。同时韩鄂[15]亦指出"烧苜蓿，……即不衰。"说明苜蓿为多年生，具有再生性。缪启愉[15]在校释《四时纂要》中指出："《四时纂要》书中没有采用南方植物，有些药用植物主要产于北方，苜蓿种的也是紫花苜蓿，这也表明《四时纂要》的地域主要在北方。"明代永乐四年（1406年），我国出现了一部以救荒为宗旨的植物专著《救荒本草》[16]，朱橚[16]在《救荒本草》中对苜蓿的植物学特性作了详细的研究与描述，并明确指出苜蓿开紫花。明代天启元年（1621年）又出现了一部经济植物巨著《群芳谱》[17]，王象晋[17]《群芳谱》在继承《救荒本草》对苜蓿的记载的基础上，又有新的认识，苜蓿由"张骞自大宛带种归，今处处有之。……三晋为盛，秦、鲁次之，燕、赵又次之，江南人不识也。"这说明在明代所栽培的苜蓿来自于大宛，与汉代离宫别观旁种植的苜蓿一样。《群芳谱》明确了苜蓿具有再生性和多年生性。徐光启[51]《农政全书》、鲍山[53]《野菜博录》等都有苜蓿开紫花的植物学特性记载。此外，在清代也有许多史料记载了与《群芳谱》[17]相类似的苜蓿开紫花的植物学特性，如《农学合编》[57]、《授时通考》[58]和《救荒简易书》[60]等。

清代程瑶田[22]认为王象晋和李时珍对苜蓿的描述在许多方面略同，惟一开黄花，一开紫花，则人异，故他在《时苜蓿纪批兼图草木樨》中，对苜蓿和草木樨进行了细致全面的研究，从苜蓿种子观察至茎秆枝叶、花色花序、再到根，无一疏漏。吴其濬[23]反对李时珍认为的苜蓿也应开黄花的观点，近现代许多学者亦认为古代苜蓿应该指的是开紫花的苜蓿（表 7-2），即紫花苜蓿（*Medicago sativa*）。1911年，黄以仁[24]对古代苜蓿进行了详细的考证。他在考证《史记·大宛列传》《汉书·西域传》、晋张华《博物志》、晋葛洪《西京杂记》、梁任昉《述异记》、梁陶弘景《本草经集》《晋书》和唐颜师古《汉书注》，以及薛令之、杜甫、李商隐、梅尧臣等唐宋诗人对苜蓿记述的基础上指出："据此，知苜蓿原产地为西域之大宛和罽宾。……原其为何种苜蓿，开何色之花，黄乎紫乎绿乎青乎？抑半黄乎半紫乎？上述诸书皆未状及。"黄以仁[24]结合朱橚《救荒本草》、王象晋《群芳谱》、李时珍《本草纲目》、程瑶田《莳苜蓿纪讹兼图草木樨》和《植物名实图考》等对苜蓿生物学特性的描述认为，"据松田氏之考说，吴氏所谓苜蓿（紫苜蓿）有 *M. sativa* 之学名。……千年之前张骞採来之种。"松田定久[66]对中国古代苜蓿种源进行了考证。通过研究《救荒本草》《本草纲目》《广群芳谱》和《庶物类纂》等典籍中对苜蓿的记载，他认为《植物名实图考》中所记述的 3 种苜蓿分别为：①苜蓿（即紫花品种多年生，相当于 *M. sativa*）；②野苜蓿（相当于 *M. falcata*）黄花三瓣，干则紫黑，唯拖秧铺地，不能直立；③野苜蓿另一种（相当于 *M. denti-culate*）（亦即南苜蓿一作者注，下同）生江南广圃中，长蔓拖地，一枝三叶，叶圆有缺，茎际有小黄花，无摘食者，李时珍谓苜蓿黄花，常即此，非西北之苜蓿也（时珍又说荚果有刺，很明显指的是此野生品种）。

中国植物志编辑委员会[67]亦认为，吴其濬《植物名实图考》中的苜蓿即为紫花苜蓿（*M. sativa*）。中国科学院西北植物研究所[68]认为，陶弘景《名医别录》中的苜蓿即为紫花苜蓿。邢世瑞[69]认为，《群芳谱》所记载的开紫花的苜蓿，应该为紫苜蓿。内蒙古植物志编辑委员会[70]亦认为，古代苜蓿指的是紫花苜蓿。

1939 年，商务印书馆出版的《辞源正续编》[71]指出："苜蓿大别为三种。一曰紫苜蓿，茎高尺余，叶为羽状复叶，似豌豆而小。开紫花，荚宛转弯曲。一曰黄苜蓿，茎不直立，叶尖瘦，花黄三瓣。荚状如镰，二者皆产于北方。《史记·大宛传》：'马嗜苜蓿，汉使取其实来，于是天子始种苜蓿。'一曰野苜蓿亦曰南苜蓿，土名或称金花菜。据《群芳谱》谓，即紫苜蓿，南方无之，黄苜蓿同类而异种。"刘正埈指出："苜蓿叶长圆形，复叶互生，开紫花，结荚果，也叫紫苜蓿、紫花苜蓿。……〔源〕（原始）伊兰或大宛 buksuk, buxsux, buxsuk。"梅维恒[72]、刘正埈[73]、徐复[74]、罗竹风亦[75]、辞海编辑委员会[76]、冯德培和谈家桢[77]持同样的观点，即古代苜蓿专指紫苜蓿。

陈直[26]考证指出："《史记·大宛列传》中记载的苜蓿即为紫苜蓿"，张平真[78]认为："《史记·大宛列传》和《汉书·西域传》中记载的汉使带回来的苜蓿为紫苜蓿，最初只在首都长安皇宫附近的肥沃地带试种，以后随着使节的交往，以及汗血马等西域名马的引进，导致对苜蓿需求量的增多，所以在长安城南的'乐遊苑'等离宫附近增设了许多种植苜蓿的园地，此后陕西、甘肃等地逐渐普及栽培。"缪启愉[15, 28~30]考证认为：东汉《四民月令》中的目宿、北魏《齐民要》和唐《四时纂要》及元《农桑辑要》中的苜蓿均为紫苜蓿，西北农业科学研究所[31]、王利华[79]亦认为《齐民要术》中的苜蓿为紫苜蓿。夏纬瑛[27]指出："郭璞《注》云，今谓牛芸草为黄华，华黄，叶似蓿蓿。"蓿蓿"即苜蓿，……这个牛芸，叶似苜蓿，开黄花，正是今日草木樨（*Melilotus*）。"这说明苜蓿和草木樨的叶相似，在这里夏先生没说苜蓿开黄花。邱东如[80]亦认为，古籍记载张骞所引苜蓿应该是紫苜蓿。

孙醒东[3]指出："[苜蓿]（史记·大宛传）一名，始自张骞，其输入之[苜蓿]即 *M. sativa* 故在中国栽培史上是很为固定的，已为一般人们所公认，是苜蓿属（*Medicago*）中的典型植物。"另据胡先骕等[81]研究结果看，我国紫花苜蓿原产地是古代的米甸国（Media）或波斯，在中国的东北、华北和西北，尤其是在运城专区栽培很盛。从汉代苜蓿的产地和生态生物学特性来看，郭璞[38]《尔雅注》中的菽蓿、吴其濬[23]《植物名实图考》中的苜蓿均为紫花苜蓿，故古代苜蓿应该指的是紫苜蓿。李衍文[82]认为："郭璞《尔雅注》中的菽蓿、郭愿《尔雅异》木粟、《西京杂记》中的怀风、光风、连枝草等均指紫花苜蓿。"

劳费尔[83]指出："中国汉代引种的苜蓿应该是紫苜蓿，即 *M. sativa*。……据李时珍说，当时苜蓿是处处常见的野草，……他所指的显然是 *M. denticulate*，一种中国产的野生植物。"Bretschneider[84]亦认为，汉武帝时张骞所带回来的苜蓿应该是 *M. sativa*，与欧洲的 Lucerne（紫花苜蓿）相同。星川清亲[85]也持同样的观点。

在新疆出土的秦、汉、魏、晋文献[86]，对紫苜蓿作为饲料有明确的记载，这说明古代确有紫苜蓿的存在。西夏宫廷诗歌《月月乐诗》曰"四月里，苜蓿开始像一幅幅紫色的绸缎波浪般摇曳，……"这表明西夏时期的苜蓿为紫苜蓿[87]。

古代苜蓿专指紫（花）苜蓿的观点，目前被许多学者所认可，并广泛采用[88~96]（表 8-2）。

表 8-2　近现代学者对我国古代苜蓿系指紫（花）苜蓿的考证与征引

作者	文献	研究内容
黄以仁[24]	苜蓿考	……据此，知苜蓿原产地为西域之大宛和罽宾。……原其为何种苜蓿，开和色之花，黄乎紫乎绿乎青乎？抑半黄乎半紫乎？上述诸书皆为状及。……据松田氏之考说，吴氏所谓苜蓿（紫苜蓿）有 *M. sativa* 之学名。……千年之前张骞採来之种
中国植物志编辑委员会[67]	中国植物志（第四十二卷）	紫苜蓿（重要牧草栽培）苜蓿（《植物名实图考》）图版 83：5-9
中国科学院西北植物研究所[68] I	秦岭植物志	苜蓿《名医别录》，紫花苜蓿、紫苜蓿，蓿草
邢世瑞[69]	宁夏中药志	紫苜蓿，别名苜蓿。历史，《群芳谱》载："苜蓿，苗高尺余，细茎，分义而生，叶似豌豆，每三叶生一处，梢间开紫花，结弯角，有子黍米大，状如腰子……"按说苜蓿紫色者，应为紫苜蓿
内蒙古植物志编辑委员会[70]	内蒙古植物志	紫苜蓿，别名紫花苜蓿、苜蓿。为栽培的优良牧草。原产于亚洲南部的高原地区，两千四百年前已开始引种栽培。我国栽培紫花苜蓿的历史也达两千年以上，目前主要分布在黄河中下游及西北地区
商务印书馆[71]	辞源正续编（合订本）	大别为三种。一曰紫苜蓿，茎高尺余，叶为羽状复叶，似豌豆而小。开紫花，荚宛转弯曲。一曰黄苜蓿，茎不直立，叶尖瘦，花黄三瓣。荚状如镰，二者皆产于北方。《史记·大宛传》："马嗜苜蓿，汉使取其实来，于是天子始种苜蓿。据《群芳谱》谓，即紫苜蓿，南方无之，黄苜蓿同类而异种

作者	文献	研究内容
陈直[26]	史记新证·大宛列传	于是天子始种苜蓿、蒲桃肥饶地。直按：苜蓿现关中地区，尚普遍栽种、兴平茂陵一带尤多，紫花，叶如豌豆苗
缪启愉[15]	四时纂要校释·十二月	《四时纂要》的地域范围主要在渭河及黄河下游一带，书中没有采录南方植物，主要产于北方，苜蓿种的也是紫花苜蓿，这也表明他的地区主要在北方。从"紫花"可知，《纂要》所说是紫花苜蓿（M. sativa）比较耐寒、耐旱，栽培于北方，即张骞通西域后引种进来的。另有黄花苜蓿（M. hispida），在南方栽培，亦名南苜蓿
缪启愉[28]	四民月令辑释·正月	牧宿即苜蓿，……其所指是紫花苜蓿，不是南苜蓿
缪启愉[29]	齐民要术校释·种苜蓿第二十九	苜蓿：古大宛语 buksuk 的音译。有紫花和黄花二种。此指紫花苜蓿（M. sativa），……《要术》所指即此种，即张骞出使西域所引进者，古代所称苜蓿专指紫苜蓿
中国科学院西北农业科学研究所[31] I	西北紫花苜蓿的调查与研究	紫花苜蓿是一种古老的牧草，在西北地区已有2000多年的栽培历史了。《齐民要术》记载："《汉书·西域传》曰：罽宾有苜蓿，大宛马；武帝时得其马，汉使采苜蓿归"从历史资料记载判断：西北的苜蓿在公元前129年汉使张骞出使西域（即天中亚细亚一带）带回中国，种植于陕西长安，此后逐渐栽培于西北各地以及黄河下游地带
梅维恒[72]	汉语大词典·苜蓿	原产西域各国，汉武帝时，张骞使西域，始从大宛传入。又称怀风草、光风草、连枝草。花有黄紫两色，最初传入者为紫色。《史记·大宛列传》："（大宛）俗嗜酒，马嗜苜蓿，汉使取其实来，于是天子始种苜蓿、葡萄，肥饶地，及天马多，外国使来众，则离宫别观旁，尽种葡萄苜蓿。"
刘正埮[73]	汉语外来词词典·苜蓿	一种牧草和绿肥作物，叶长圆形，复叶互生，开紫花，结荚果，也叫紫苜蓿、紫花苜蓿。《史记·大宛列传》："（大宛）俗嗜酒，马嗜苜蓿，汉使取其实来，于是天子始种苜蓿、蒲陶肥饶地。"（源）（原始）伊兰或大宛 buksuk, buxsux, buxsux
徐复[74]	古汉语大词典·苜蓿	汉武帝时（公元前126年）张骞出使西域，从大宛带回紫苜蓿种子。古代苜蓿专指紫苜蓿而言。《史记·大宛列传》："（大宛）俗嗜酒，马嗜苜蓿，汉使取其实来，于是天子始种苜蓿、蒲陶（即葡萄）肥饶地，及天马多，外国使来众，则离宫别观旁，尽种葡萄苜蓿。"
罗竹风[75]	汉语大词典	古大宛语 buksuk 音译。植物名。豆科。一年生或多年生。原产西域各国，汉武帝时，张骞使西域，始从大宛传入。又称怀风、光风草、连枝草。花有黄紫两色，最初传入者为紫色
辞海编辑委员会[76]	辞海（修订稿）·农业分册	汉武帝时（公元前126年）张骞出使西域，从大宛国带回紫苜蓿种子。古代所称苜蓿专指紫苜蓿而言
冯德培和谈家桢[77]	简明生物学词典	古大宛语 buksuk 的音译。植物名，一年生或多年生草本。汉武帝时（公元前126年）张骞出使西域，从大宛国带回紫苜蓿种子。古代所称苜蓿专指紫苜蓿而言
张平真[78]	中国蔬菜名称考释	《史记·大宛列传》《汉书·西域传》中记载的苜蓿为紫苜蓿，主要种植在陕西、甘肃等北方地区，而陶弘景《名医别录》记载的"外国复有'苜蓿草'，以疗目（者）
王利华[79]	中国农业通史·魏晋南北朝卷·蔬菜和油料作物生产状况	《齐民要术》记载的有栽培方法的北方蔬菜即达30余种，其中包括苜蓿（紫苜蓿）
胡先骕和孙醒东[81]	国产牧草植物·豆科	紫花苜蓿，即苜蓿《植物名实图考》，莜蓿《本草纲目》
李衍文[82]	中草药异名词典	紫花苜蓿异名为：莜蓿、木粟、怀风、光风、连枝草
劳费尔[83]	中国伊朗编	中国汉代引种的苜蓿应该是紫苜蓿，即 M. sativa。……据李时珍说，当时苜蓿是处处常见的野草，……他所指的显然是 M. denticulate，一种中国产的野生植物

作者	文献	研究内容
Bretschneider[84]	中国植物学文献评论	汉武帝时张骞所带回来的苜蓿应该是 *M. sativa*，与欧洲的 Lucerne（紫花苜蓿）相同
星川清親[85]	栽培植物的起源与传播	紫苜蓿（*M. sativa*），在汉武帝时，由张骞穿过天山带回中国。
林梅村[86]	秦汉魏晋出土文献·沙海古卷	214 页底牍正面：务必提供该马从莎阗到精绝之饲料。由莎阗提供面粉十瓦查厘，帕利陁伽饲料十瓦查厘和紫苜蓿两份，直到累弥那为止。 272 页皮革文书正面：饲料紫苜蓿亦在城内征收……
张永禄[88]	汉代长安词典·中外交往	苜蓿，古大宛语 buksuk 的音译。西汉时传入关中的一种多年生豆科植物。用作牧草，亦可用作绿肥或蔬菜。……古代所称苜蓿专指紫苜蓿。……汉武帝时张骞出使西域，从大宛带回紫苜蓿种子
邹介正[89]	三农纪校释	苜蓿是古大宛语 buksuk 的音译。现在我国栽培的紫花苜蓿（*M. sativa*）是汉武帝时由张骞出使西域，从大宛国带回种子在陕西沙苑国际牧场上种植，现在已分散到全国，仍以陕甘两省栽培较多
翟允禔[90]	农言著实评注	据《史记·大宛列传》："（大宛）俗嗜酒，马嗜苜蓿，汉使取其实来，于是天子始种苜蓿、蒲桃（即葡萄）肥饶地。"指汉武帝派遣张骞出使西域时，有大宛（在中亚细亚）带回中国，先在陕西长安种植，以后渐记黄河流域。可知，关中开始种苜蓿，当在公元前 2 世纪 60 年代，距今已有两千一百四十余年的历史。当时已知紫花苜蓿（*M. sativa*）是大家畜特别是马的良好饲料
于景让[91]	汗血马与苜蓿	在汉武帝时，和汗血马联带在一起，一同自西域传入中国者，尚有饲料植物 *M. sativa*，这在《史记》和《前汉书》中皆作"目宿"
谢成侠[92]	二千多年来大宛马（阿哈马）和苜蓿转入中国及其利用考	苜蓿一般是指紫花的一种，但南北各地也有黄花的，古人也有不少这样的记载，但黄花苜蓿可能是野生种
谢成侠[93]	中国养马史	明初朱橚《救荒本草》道："苜蓿出陕西，今处处有之。苗长尺余，细茎。分蘖丛生。叶似豌豆，颇小，每三叶攒生一处，梢间开紫花，结弯角，角中有子，黍米大，状如腰子。……汉以来到《群芳谱》所指的产地，正是今日盛产苜蓿的产地，可见历史的确实性。"
陈希圣[94]	牧草栽培	苜蓿原产地，为中亚细亚高原地带，我国栽培紫花苜蓿的历史很久，公元前 129 年张骞通西域与大宛马同时把紫花苜蓿种子带回来
江苏省农业科学院土壤肥料研究所[95]	苜蓿	紫花苜蓿（简称苜蓿），是一种最古老的植物，也是第一个栽培的牧草，……据记载，我国的苜蓿最早是从大宛国，即现在的中亚细亚引进，公元前 120 年左右汉武帝时，张骞出使西域至大宛国输入大宛马的同时带回苜蓿等种子
耿华珠[96]	中国苜蓿	紫花苜蓿（*M. sativa*）简称苜蓿，……在公元前 138 年和前 119 年，汉武帝两次派遣张骞出使西域，第二次出使西域时，从乌孙带回有名的大宛马及苜蓿种子

3.2 黄（花）苜蓿

虽然自唐以后有不少史料记载了苜蓿开紫花，并指出从西域大宛引进的苜蓿即为此。但由于最早记载苜蓿的史料没有明示苜蓿花色，加之李时珍《本草纲目》[18]记载了开黄花的苜蓿，乃引起后来人对苜蓿花色的不断揣测、考证。经松田定久[66]对《本草纲目》和《植物名实图考》记载的开黄花苜蓿的考证认为："《本草纲目》记载的开黄花的苜蓿和《植物名实图考》记载的另一种野苜蓿（叶圆有缺），为南苜蓿（*Medicago hispida*），而《植物名实图考》记载的野生苜蓿（叶尖瘦）为黄花苜蓿（*Medicago falcata*）。"吴其濬[23]认为："李时珍谓苜蓿黄花者为此（即南苜蓿），而非西北之苜蓿也，即紫苜蓿。"张平真[78]指出："陶弘景《名医别录》中的苜蓿可能指的是开黄花的苜蓿"，该观点缺乏史料支持。

3.2.1 南苜蓿

经考证[24, 66, 97]李时珍《本草纲目》中开黄花的苜蓿应为南苜蓿（*Medicago hispida*）。日本学者岩崎常正[98]亦认为《本草纲目》中的苜蓿应该是南苜蓿。由于李时珍[18]是较早提出苜蓿开黄花的，受其影响许多学者将古代苜蓿认为是南苜蓿。明姚可成[19]亦认可李时珍的观点,在《食物本草》中引用了李时珍苜蓿"入夏及秋，开细黄花"。拾錄[97]指出"李时珍在《本草纲目》苜蓿项的集解中说：'入夏及秋，开细黄花'，而没有提及紫花，实则李时珍所指大概是*Medicago denticulate*（南苜蓿）。"清顾景星[64]《野菜赞》"金花：本名南苜蓿，二月繁生，叶如酸浆而五聚。三月开黄花，作子匾如螺旋。"

受李时珍《本草纲目》[18]的影响，1918年孔庆莱等[99]《植物学大辞典》："苜蓿（*M. dentilata*）：名见《名医别录》，又有木粟、光风草等名，葛洪《西京杂记》云：游乐苑多苜蓿，风在其间，常萧萧然，日照其花有光彩。故名'怀风'又名光风。茂陵人谓之连枝草。李时珍曰：苜蓿郭璞作牧宿，谓其宿根自生，可饲牧牛马也。处处田野有之，陕陇人亦有种者，刘苗作蔬，一年可三刈，二月生苗，一棵数十茎，茎颇似灰藋，一致三叶，叶似决明叶而小如指顶，绿色碧艳，入夏及秋，开细黄花，结小荚，圆扁，旋转有刺，数荚果累累，老则黑色，内有米如穄米，可为饭，亦可酿酒。有罗愿《尔雅翼》作木粟，亦言其米可炊饭也。"另外，从《植物学大辞典》[99]苜蓿（*M. hispida*）的别名可看出，古代的苜蓿即为南苜蓿（*M. hispida/denticulata*）。1935年陈存仁[100]《中国药学大辞典》："苜蓿，古籍别名：木粟、光风草（纲目），怀风、连枝草、牧宿（郭璞），草头、金花菜。外国名词：*M. denticulata*。系豆科苜蓿属，为菜类越年生草本。平卧地上，长2尺余，叶作羽状复叶，……花小黄色，碟形花冠，果实为荚果，呈螺状，有刺，颇尖锐，中有黑子如穄米，可作饭和酿酒，其茎叶可作菜茹与供药用。"1937年，贾祖璋和贾祖珊[101]《中国植物图鉴》指出："苜蓿（*M. denticulate*）即《名医别录》中的苜蓿，俗称金花菜。"植物大辞典编委《植物大辞典》[102]指出，苜蓿（*M. hispida*），别名：木粟、光风草、怀风、连枝草、牧宿、草头、金花菜，这说明《植物大辞典》认可《西京杂记·乐遊苑》中的苜蓿为南苜蓿的观点。与《植物大辞典》[102]持同样观点的还有《中文大辞典》[103]。林尹和高明[103]指出："苜蓿（*M. denticulata*）二年生草本，平卧地上。叶为羽状复叶，自三小叶而成。花轴自叶腋出，生三花至五花，花小色黄，蝶形花冠。荚果呈螺旋状,有刺。俗称金花菜。"林尹[103]同时复引了《史记·大宛列传》《本草纲目》《西京杂记》等对苜蓿的记述。

杨勇[42]考证《汉书·西域传》《西京杂记》《齐民要术》中苜蓿,结合《洛阳伽蓝记》中的苜蓿,他认为:"古代苜蓿应该是花小色黄,蝶形花冠,荚果,呈螺旋状,有刺,俗称金花菜或草头,即南苜蓿。"上海市农业科学研究所[104]认为,古代苜蓿即为 M. hispida(南苜蓿)。杭悦宇[105]指出:"《植物名实图考》中的 2 种野生苜蓿,'叶圆有缺,茎际间开小黄花'者为南苜蓿;而'叶尖瘦'是黄花苜蓿(M. falcata)"。

中华本草编辑委员会[106]在《中华本草》[苜蓿]条目【品种考证】中载有:"苜蓿始载于《别录》,弘景曰:'长安中乃有苜蓿园,北人甚重之。江南不甚食之,以无味故也。外国复有苜蓿草,以疗目,非此类也。'宗奭曰:'陕西甚多,用饲牛马,嫩时人兼食之。有宿根,刘讫复生。'《纲目》载:'杂记言苜蓿原出大宛,汉使张骞带归中国。然今处处田野有之,陕、陇亦有种者,年年自生。刈苗作蔬,一年可三刈。二月生苗,一科数十茎,茎颇似灰藜。一枝三叶,叶似决明叶,而小如指顶,绿色碧艳。入夏及秋,开细黄花。结小荚圆扁,旋转有刺,数荚累累,老则黑色。内有米如米可为饭,又可酿酒。'植物名实图考也有记载:'西北种之畦中,宿根肥,绿叶早春,与麦齐浪,被陇如云……'除上述苜蓿花为黄花外,《群芳谱》还载一种紫花苜蓿:'苜蓿苗高尺余细茎,分叉而生,叶似豌豆,每三叶生一处,梢间开紫花,结弯角,有子黍米大,状如腰子……江南人也不识。'按上所述黄花者原植物为南苜蓿,紫花者应为紫苜蓿。"

3.2.2 黄花苜蓿

虽然汉代传入我国的苜蓿为紫花苜蓿得到广泛认可,但分歧仍然存在。吴征镒[33]指出:"公元前 1～2 世纪由张骞自西域引来,最早记载苜蓿的花为黄色的是《尔雅》云'权、黄花今谓牛芸草为黄华,华黄叶似苜蓿。'在宋朝梅尧臣诗中云:'有芸如苜蓿,生在蓬翟中,华黄三四穗,结穗植无穷。'都说明其是黄色的,根据分布地区来看,应是黄花苜蓿(Medicago falcata)。"中国植物志编辑委员会[67]认为:"《植物名实图考》中的野苜蓿,即为黄苜蓿(M. falcata)。"认为黄花苜蓿是由张骞自西域带回来的缺乏史料支持。

3.3 古代苜蓿是紫苜蓿与南苜蓿的合称

吴受琚[32]在《食疗本草校注》中指出:"苜蓿:又名木粟、怀风、光风、金花菜、黄花菜、连枝草等名。为豆科植物紫花苜蓿(M. sativa)或南苜蓿(M. hispida)的全草。"《中药大辞典》[107]指出:"苜蓿(别录):【别名】苤蓿(《尔雅》郭璞注),

木粟（《尔雅翼》），怀风、光草、连枝草（《西京杂记》），光风草（《纲目》）。【原基】豆科苜蓿属植物南苜蓿（*M. hispida*）和紫苜蓿（*M. sativa*）。"《大众农业辞典》[108]亦认为："苜蓿即指南苜蓿（又叫金花菜、草头、黄花草子）和紫苜蓿。南苜蓿开黄花，紫苜蓿开紫花。"

3.4 不确定

《辞源》[109]："【苜蓿】又称木粟、牧宿、怀风、光风草、连枝草。也作'目宿'。原产西域，汉武帝时由大宛传入中土。为马牛等饲料及绿肥作物，也可入药，其嫩茎嫩叶可当蔬菜。史记一二三大宛传：'俗嗜酒，马嗜苜蓿，汉使取其实来，于是天子始种苜蓿、蒲陶肥饶地。及天马多，外国使来众，则离宫别观旁尽种葡萄、苜蓿极望。'汉书九六上西域传作'目宿'。《古代汉语词典》[36]："【苜蓿】多年生草本植物，一种牧草。《史记·大宛传》：'及天马多，外国使来众，则离宫别观旁尽种葡萄、苜蓿极望。'也作'目宿'。《汉书·西域传 上》：'天子以天马多，又外国使来众，益种种葡萄、苜蓿离宫馆房，极望焉。'"王力[110]指出："【苜蓿】古大宛语音译词。《史记·大宛列传》：'俗嗜酒，马嗜苜蓿。'也作"目宿'。周祖谟[111]在《洛阳伽蓝记校释》对苜蓿解释时，引用了《汉书·西域传》《西京杂记》对苜蓿的记述，并曰："《齐民要术》云：生噉为羹甚香；长宜饲马，马尤嗜此物。"这些文献均未指明古代苜蓿是紫苜蓿还是南苜蓿，或是其他苜蓿。

另外，拾錄[97]认为："苜蓿属（*Medicago*）传入中国本部，是经由大宛，时间是在公元前 126 年，约与传入意大利为同时。中国称 *Medicago* 为苜蓿。惟中文所谓苜蓿，恐实在是包含 *M. sativa* 、*M. denticulate*、*M. lupulina* 等几个种，其中或开紫花，或开黄花（注：*M. hispida*=*M. denticulate* 南苜蓿；*M. lupulina* 天蓝苜蓿）。"

苜蓿在我国已有 2000 多年的栽培史，但由于最早记载苜蓿的典籍未指明其开紫花还是开黄花，使得古代苜蓿物种成为千古之谜。尽管古代栽培的苜蓿为紫花苜蓿已得到广泛认可，但分歧仍然存在。通过考证研究，可以肯定地说，汉代从西域大宛引入我国的苜蓿是紫花苜蓿（*M. sativa*），而非南苜蓿（*M. hispipa*）或黄花苜蓿（*M. falcata*）。我国古代最初的苜蓿并非直接从伊朗传入，而是从大宛引入，这与紫花苜蓿的起源地相一致[112]，唐韩鄂[15]《四时纂要》也明确记载了苜蓿开紫花，这是我国古代对世界苜蓿做出的重要贡献。宋梅尧臣和明李时珍记述的开黄花的苜蓿是不是就是汉使从西域带回来的苜蓿，还有待于作进一步的考证研究，这至少说明开黄花的苜蓿在我国宋代或明代就有存在或被利用，有人认为李时珍所指开黄花的苜蓿为南苜蓿（*M. hispipa*），吴征镒认为梅尧臣记述的开黄花的苜蓿为黄花苜蓿（*M. falcata*），但未必是由张骞从西域带回来的。追本溯源，明确我国古代苜蓿的物种，对研究我国苜蓿起源和栽培利用具有十分重要的现实意义。

参 考 文 献

[1] 司马迁[汉]. 史记. 北京: 中华书局, 1959.

[2] 班固[汉]. 汉书. 北京: 中华书局, 2007.

[3] 孙醒东. 中国几种重要牧草植物正名的商榷. 农业学报, 1953, 4(2): 210-219.

[4] 孙醒东. 重要牧草栽培. 北京: 中国科学院, 1954.

[5] 石声汉. 试论我国从西域引入的植物与张骞的关系. 科学史集刊, 1963, (4): 16-33.

[6] 孙醒东. 重要绿肥作物栽培. 北京: 科学出版社, 1958.

[7] 孙启忠. 苜蓿经. 北京: 科学出版社, 2016.

[8] 孙启忠, 柳茜, 那亚, 等. 我国汉代苜蓿引入者考. 草业学报, 2016, 25(1): 240-253.

[9] 孙启忠, 柳茜, 陶雅, 等. 汉代苜蓿传入我国的时间考述. 草业学报, 2016, 25(12): 194-205.

[10] 孙启忠, 柳茜, 陶雅, 等. 张骞与汉代苜蓿引入考述. 草业学报, 2016, 25(10): 180-190.

[11] 孙启忠, 柳茜, 李峰, 等. 我国古代苜蓿的植物学研究考. 草业学报, 2016, 25(5): 202-213.

[12] 孙启忠, 柳茜, 陶雅, 等. 张骞与汉代苜蓿引入考述. 草业学报, 2016, 25(10): 180-190.

[13] 孙启忠, 柳茜, 陶雅, 等. 两汉魏晋南北朝时期苜蓿栽培利用刍考, 草业学报, 2017, 26(11): 185-195.

[14] 崔寔[汉]. 四民月令. 石声汉校注. 北京: 中华书局, 1965.

[15] 韩鄂[唐]. 四时纂要校释. 缪启愉校释. 北京: 农业出版社, 1981.

[16] 朱橚[明]. 救荒本草校释. 王家葵校注. 北京: 中医古籍出版社, 2007.

[17] 王象晋[明]. 群芳谱. 长春: 吉林人民出版社, 1991.

[18] 李时珍[明]. 本草纲目. 北京: 人民卫生出版社, 1982.

[19] 姚可成[明]. 食物本草. 达美君, 楼绍来点校. 北京: 人民卫生出版社, 1994.

[20] 张宗法[清]. 三农纪. 北京: 中国农业出版社, 1989.

[21] 闵钺[清]. 历代本草精华丛书——本草详节. 上海: 上海中医药大学出版社, 1994.

[22] 程瑶田[清]. 程瑶田全集. 合肥: 黄山书社, 2008.

[23] 吴其濬[清]. 植物名实图考. 北京: 商务印书馆, 1957.

[24] 黄以仁. 苜蓿考. 东方杂志, 1911, 8(1): 26-31.

[25] 向达. 苜蓿考. 自然界, 1929, 4(4): 324-338.

[26] 陈直. 史记新证. 天津: 天津人民出版社, 1979.

[27] 夏纬瑛. 夏小正经校释. 北京: 中国农业出版社, 1981.

[28] 崔寔[东汉]. 四民月令. 缪启愉校释. 北京: 农业出版社, 1981.

[29] 贾思勰[北魏]. 齐民要术. 缪启愉校释. 北京: 中国农业出版社, 1998.

[30] 大司农司[元]. 农桑辑要. 缪启愉校释. 北京: 农业出版社, 1988.

[31] 西北农业科学研究所. 西北紫花苜蓿的调查与研究. 西安: 陕西人民出版社, 1958.

[32] 孟诜[唐], 张鼎. 食疗本草. 吴受琚, 俞晋校注. 北京: 中国商业出版社, 1992.

[33] 吴征镒. 新华本草纲要. 上海: 上海科学技术出版社, 1991.

[34] 马爱华, 张俊慧, 赵仲坤. 中药苜蓿使用的考证. 时珍国药研究, 1996, 7(2): 65-66.

[35] 吴泽炎, 黄秋耘, 刘叶秋. 辞源(修订本). 北京: 商务出版社, 2009.

[36] 古代汉语词典编写组. 古代汉语词典. 北京: 商务出版社, 2009.

[37] 葛洪[晋]. 西京杂记. 西安: 三秦出版社, 2006.

[38] 郭璞注[晋]. 尔雅注疏. 邢昺疏[宋]. 上海: 上海古籍出版社, 2010.

[39] 陶弘景[南朝]. 本草经集. 尚志钧校注. 北京: 学苑出版社, 2008.

[40] 陶弘景[南朝]. 名医别录. 尚志钧辑校. 北京: 人民卫生出版社, 1986.

[41] 贾思勰[北魏]. 齐民要术今释. 石声汉校释. 北京: 中华书局, 2009.

[42] 杨衒之[北魏]. 洛阳伽蓝记校笺. 杨勇校笺. 北京: 中华书局, 2002.

[43] 班固[汉]. 前汉书. 颜师古注[唐]. 北京: 中华书局, 1998.

[44] 苏敬[唐]. 新修本草. 上海: 上海古籍出版社, 1985.

[45] 陈景沂[宋]. 全芳备祖. 北京: 中国农业出版社, 1982.

[46] 罗愿[南宋]. 尔雅翼. 合肥: 黄山书社, 1991.

[47] 罗愿[南宋]. 新安志. 北京: 中华书局, 1990.

[48] 罗愿[南宋]. 嘉泰会稽志. 北京: 中华书局, 1990.

[49] 唐慎微[宋]. 重修政和经史证类备用本草. 北京: 人民卫生出版社, 1957.

[50] 寇宗奭[宋]. 本草衍义. 北京: 人民卫生出版社, 1990.

[51] 徐光启[明]. 农政全书. 上海: 上海古籍出版社, 1979.

[52] 陈懋仁[明]. 庶物异名疏. 天津: 天津市人民图书馆, 1921.

[53] 鲍山[明]. 野菜博录. 北京: 文渊阁, 1819.

[54] 刘文泰[明]. 本草品汇精要. 北京: 国家图书馆, 1505年版本.

[55] 赵廷瑞[明], 马理[明], 吕柟[明]. 陕西通志. 西安: 三秦出版社, 2006.

[56] 清圣祖[清]. 广群芳谱. 上海: 商务印书馆, 1935.

[57] 杨巩[清]. 农学合编. 北京: 中华书局, 1956.

[58] 鄂尔泰[清], 张廷玉[清]. 授时通考. 北京: 农业出版社, 1991.

[59] 陈梦雷[清]. 古今图书集成. 北京: 北京图书馆出版社, 2001.

[60] 郭云升[清]. 救荒简易书. 上海: 上海古籍出版社, 1995.

[61] 徐松[清]. 汉书西域传补注. 上海: 商务印书馆, 1937.

[62] 王先谦[清]. 汉书补注. 北京: 中华书局, 1983.

[63] 黄辅辰[清]. 营田辑要校释. 马宗申校释. 北京: 中国农业出版社, 1984.

[64] 顾景星[清]. 野菜赞. http://www.west960.com.

[65] 孙启忠. 苜蓿赋. 北京: 科学出版社, 2017.

[66] 松田定久. 苜蓿 (*Medicago sativa* L.) ノ稱呼ヲ考定シテ支那ニ産スル苜蓿屬ノ諸種ニ及ブ. 植物学杂志, 1907, 21(251): 1-6.

[67] 中国植物志编辑委员会. 中国植物志[第42(2)卷]. 北京: 科学出版社, 1998.

[68] 中国科学院西北植物研究所. 秦岭植物志. 北京: 科学出版社, 1981.

[69] 邢世瑞. 宁夏中药志. 银川: 宁夏人民出版社, 2005.

[70] 内蒙古植物志编辑委员会. 内蒙古植物志. 呼和浩特: 内蒙古人民出版社, 1989.

[71] 商务印书馆. 辞源正续编(合订本). 上海: 商务印书馆, 1939.

[72] 梅维恒. 汉语大词典. 上海: 上海汉语大词典出版社, 2003.

[73] 刘正埮. 汉语外来词词典. 上海: 上海辞书出版社, 1984.

[74]　徐复.古汉语大词典.上海:上海辞书出版社,1998.

[75]　罗竹风.汉语大词典.上海:汉语大词典出版社,1992.

[76]　辞海编辑委员会.辞海(修订稿)农业分册.上海:上海辞书出版社,1978.

[77]　冯德培,谈家桢.简明生物学词典.上海:上海辞书出版社,1983.

[78]　张平真.中国蔬菜名称考释.北京:北京燕山出版社,2006.

[79]　王利华.中国农业通史·魏晋南北朝卷.北京:农业出版社,2009.

[80]　邱东如.张骞引种的植物.植物通讯,1991,(4):43.

[81]　胡先骕,孙醒东.国产牧草植物.北京:科学出版社,1955.

[82]　李衍文.中草药异名词典.北京:人民卫生出版社,2003.

[83]　劳费尔.Sino-Iranica(中国伊朗编).林筠因译.北京:商务印书馆,1964.

[84]　Bretschneider.中国植物学文献评论.石声汉译.上海:商务印书馆,1935.

[85]　星川清親.栽培植物的起源与传播.郑州:河南科学技术出版社,1981.

[86]　林梅村.汉魏晋出土文献·沙海古卷.北京:文物出版社,1988.

[87]　董立顺,侯甬坚.水草与民族:环境史视野下的西夏畜牧业.宁夏社会科学,2013,(3):91-96.

[88]　张永禄.汉代长安词典.西安:陕西人民出版社,1993.

[89]　张宗法.三农纪校释.邹介正校释.北京:中国农业出版社,1989.

[90]　杨一臣.农言着实评注.瞿允禔整理.北京:中国农业出版社,1989.

[91]　于景让.汗血马与苜蓿.大陆杂志,1952,5(9):24-25.

[92]　谢成侠,二千多年来大宛马(阿哈马)和苜蓿传入中国及其利用考.中国畜牧兽医杂志,1955,(3):105-109.

[93]　谢成侠.中国养马.北京:科学出版社,1959.

[94]　陈希圣.牧草栽培.上海:上海科学技术出版社,1959.

[95]　江苏省农业科学院土壤肥料研究所.苜蓿.北京:中国农业出版社,1980.

[96]　耿华珠.中国苜蓿.北京:中国农业出版社,1995.

[97]　拾録.苜蓿.大陆杂志,1952,5(10):9.

[98]　岩崎常正.本草图谱.东京:东京本草图谱刊行会刻本,1921.

[99]　孔庆莱,吴德亮,李祥麟,等.植物学大辞典.上海:商务印书馆,1918.

[100]　陈存仁.中国药学大辞典(上册).上海:世界书局,1935.

[101]　贾祖璋,贾祖珊.中国植物图鉴.上海:开明书店,1937.

[102]　人文出版社.植物大辞典.台湾:人文出版社,1982.

[103]　林尹,高明.中文大辞典.台北:文化大学出版部,1973.

[104]　上海市农业科学研究所.上海蔬菜品种志.上海:上海科学技术出版社,1960.

[105]　杭悦宇.植物名实图考同名异物辩证.中国中药杂志,1990,15(1):7-10.

[106]　中华本草编辑委员会.中华本草.上海:上海科学技术出版社,1999.

[107]　南京中医药大学.中药大辞典(2版,上册).上海:上海科技出版社,2006.

[108]　江苏人民出版社编辑部.大众农业辞典.南京:江苏人民出版社,1962.

[109]　商务印书馆编辑部.辞源.北京:商务印书馆,1988.

[110]　王力.王力古汉语字典.北京:中华书局,2000.

[111]　杨衒之[北魏].洛阳伽蓝记校释.周祖谟校释.北京:中华书局,2010.

[112]　瓦维洛夫.主要栽培植物的世界起源中心.董玉琛译.北京:农业出版社,1982.

九、古代苜蓿植物生态学研究

自汉代苜蓿（*Medicago sativa*）进入我国以来，先民们在利用苜蓿的过程中，十分重视苜蓿植物学特征特性的观察研究，积累了丰富的知识和经验，形成的历史悠久、内容丰富的传统苜蓿科学文化被许多典籍所记载[1~6]。但由于语言文字的演变、地域方言的差异和朝代更替等，不仅异名甚多，而且形态特征描述不统一，甚至在有些问题（如汉代引进的苜蓿是开黄花还是开紫花）上的认识至今还存在分歧[6~16]。除民国时期有学者[13, 14]对我国古代苜蓿起源和物种进行过考证外，目前进行古代苜蓿相关植物学研究考证尚属少见。本文旨在应用植物考据学原理[17~21]，采用文献学、历史学和文字学等多学科证据，在研究大量典籍的基础上，对古代苜蓿的起源、分布与适应性、形态特征等植物学内容进行甄别与考证，辨析分歧，凝聚共识，以期用科学的方法发掘、整理、保护和利用我国传统苜蓿科学文化，为古代苜蓿生物多样性、苜蓿古今变迁及苜蓿史等的研究提供理论依据。

1 文 献 源

应用植物考据学原理，以文献法为主，通过资料收集整理、排比剪裁和爬梳剔抉，查证历史典籍文献记载和近现代研究成果资料，进行分析判断，甄别归纳，再回溯史料，验证史实。研究材料主要以记载苜蓿特征特性的相关典籍为基础（表9-1），结合近现代研究成果，进行苜蓿植物学的考证。

表 9-1　记载苜蓿植物学的相关典籍

典籍	年代	考查内容
史记[1]	汉	卷六十三大宛列传
汉书[2]	汉	卷九十六西域传
淮南子[22]	西汉	淮南子王说
说文解字[3]	汉	说文解字
徐铉（校定）	宋	/
尔雅[4]	不详	卷十三释草
神农本草经[23]	不详	果（上品）
尔雅注疏[5]	晋	卷十三释草
齐民要术[6]	北魏	卷二十九种苜蓿

典籍	年代	考查内容
洛阳伽蓝记[24]	北魏	卷五洛阳城北伽蓝记
西京杂记[25]	晋	乐遊苑
本草经集[26]	南朝·梁	菜部药物（上品）
述异记[27]	南朝·梁	卷下
三辅黄图[28]	不详	卷四苑囿
汉书[29]	汉唐	卷九十六西域传
四时纂要[7]	唐	卷五冬令
新修本草[30]	唐	卷十八菜部
尔雅翼[8]	南宋	卷八释草
本草图经[31]	宋	草部上品之下卷第五
本草衍义[32]	宋	卷十九
梦溪笔谈[33]	宋	/
通志·昆虫草木略[34]	宋	卷一
全芳备祖[35]	宋	/
农桑辑要[36]	元	卷五
王祯农书[37]	元	农桑通诀集之一
救荒本草[9]	明	菜部
本草纲目[10]	明	卷二十七菜部
群芳谱[38]	明	蔬谱
农政全书[39]	明	卷五十八
食物本草[40]	明	卷六
程瑶田全集[11]	清	释草小记
植物名实图考长编[41]	清	卷四菜类
植物名实图考[12]	清	卷三菜类
通典[42]	唐	卷一百九十二边防八
三农纪[43]	清	卷十七草书
广群芳谱[44]	清	卷十四蔬谱
本草详节[45]	清	菜部
授时通考[46]	清	卷六十二农余门蔬四
农学合编[47]	清	卷八疏菜
救荒简易书[48]	清	卷一

2 苜蓿植物学考释

2.1 我国汉代引入苜蓿的原产地

众所周知，苜蓿原产于古波斯的米甸（Media），即今中亚细亚、外高加索和伊朗一带。苏联学者瓦维洛夫 [49] 将苜蓿的起源概括为两个中心，即外高加索山区、小亚细亚高地及伊朗西北部相邻地区的原始中心和中亚细亚地区起源中心。汉代司马迁 [1] 在《史记·大宛列传》中有这样的记叙，"宛左右以蒲陶为酒，富人藏酒至万馀石，久者十岁不败。俗嗜酒，马嗜苜蓿。汉使取其实来，于是天子始种苜蓿、葡萄肥饶地。及天马多，外国使来众，则离宫别观旁尽种葡萄、苜蓿极望。"汉班固 [2]《汉书·西域传》中也作了类似的记叙："大宛国，……大宛左右，以蒲陶为酒，富人藏酒至万余石，久者至数十岁不败。俗嗜酒，马嗜目宿。……汉使采蒲陶、目宿种归。天子以天马多，又外国使来众，益种葡萄目宿，离宫馆旁极望焉。"这说明大宛国盛产苜蓿，并由汉使将苜蓿种带归我国，天子将其种在离宫别馆旁。《汉书·西域传》还提到当时的罽宾国："地平、温和，有目宿杂草……种五谷葡萄诸果。"唐杜佑 [42]《通典·边防典》对苜蓿作了与《汉书·西域传》基本相同的记载。据此可知，我国汉代引种的苜蓿原产地应为西域的大宛和罽宾 [13]。谢成侠 [50] 研究指出，关于苜蓿的确实来源，在《史记》和《汉书》均有叙述，大宛和罽宾两国均有苜蓿。据考汉代时期，罽宾在大宛东南，当今印度西北克什米尔地区，这些地方均有过汉使的足迹，所以可以肯定地说，我国的苜蓿应该是由汉使从大宛带回的 [51]。黄以仁 [13] 依据《史记》和《汉书》认为，我国汉代苜蓿的原产地为西域的大宛和罽宾。陈文华 [52] 亦认为我国苜蓿不只从大宛一地引进，可能也从其他地方有引进，可能也来自罽宾（Kashmir）[53]。美国学者劳费尔 [54] 指出，张骞从大宛只带回两种植物，即苜蓿和葡萄，中国古代阐明了苜蓿的来历是对世界苜蓿的最重要的贡献，使人们知道了这个有用的经济植物是如何和为什么能繁殖与传播全球的。

2.2 古代苜蓿的分布与适应性

由《史记·大宛列传》[1] 和《汉书·西域传》[2] 可知，天子将汉使带回来的苜蓿首先种在了离宫别馆。据班固《西都赋》记载："离宫别馆，三十六所。"六朝人撰 [28]《三辅黄图》云"御宿苑在长安城南御宿川中，汉武帝为离宫别馆，禁御人不得入。往来游观，止宿其中。"颜师古 [29] 注云："御宿苑在长安城南，今之御宿川是也。"

北魏孝文帝迁都洛阳后，重建洛阳城，并建了名为光风园的皇家菜园。北魏杨衒之 [24]《洛阳伽蓝记》载："大夏门东北，今为光风园，苜蓿生焉。"在皇家华林园中也建有蔬圃，种植各种时令蔬菜。当时蔬菜品种已极丰富，苜蓿就是其中之一，北魏贾思勰的《齐民要术》总结了种苜蓿的科学技术。晋葛洪 [25]《西京杂记》卷一云："乐遊苑（在今西安城东南郊 [55]）自生玫瑰树，树下多苜蓿。苜蓿一名怀风，时人或谓之光风，风在其间常萧萧然。日照其花有光采，故名苜蓿为怀风，茂陵人谓之连枝草。"南朝任昉 [27] 在《述异记》中亦记载："张骞苜蓿园，今在洛中，苜蓿本胡中菜也,张骞始于西戎得之。"南朝梁陶弘景[26]《本草经集》云:"长安中乃有苜蓿园,北人甚重此,江南人不甚食之,以无味故也。外国复别有苜蓿草,以疗目,非此类也。"此内容被唐苏敬[30]在《新修本草》中征引。唐颜师古[29]在《汉书·西域传》注曰:"今(指唐时)北道诸州旧安定、北地(按指两郡毗邻,则今宁夏黄河两岸及迤南至甘肃东北隅)之境,往往有目宿者,皆汉时所种也。"说明汉代至唐代西北地区种植苜蓿已颇为广泛。宋寇宗奭[32]《本草衍义》曰:"陕西甚多,饲牛马,嫩时人兼食之。"明朱橚[9]《救荒本草》也记载:"张骞自大宛带种归,今处处有自。……三晋为盛,秦、齐、鲁次之,燕、赵又次之,江南人不识之。"这说明苜蓿的种植区域主要在黄河流域。明徐光启[39]《农政全书》云:"苜蓿出陕西,今处处有之。"李时珍[10]《本草纲目》[时珍]杂记言苜蓿原出大宛,汉使张骞带归中国。然今处处田野有之(陕、陇人亦种有者),年年自生。清《授时通考》《广群芳谱》亦有同样的苜蓿分布记载。

在适应性方面,北魏贾思勰[6]的《齐民要术》曰:"地宜良熟。畦种水浇。"清吴其濬[12]《植物名实图考》曰:"(苜蓿)西北种之畦中。"清张宗法[43]《三农纪》曰:"苜蓿芟之不歇,其根深,耐旱,盛产北方高厚之土,卑湿之处不宜其性也。"另外,古人早就知道了苜蓿对火的适应性,在《齐民要术》曰:"每至正月,烧去枯叶。"唐韩鄂[7]在《四时纂要》中提到了火烧苜蓿,《四时纂要》曰:"烧苜蓿:苜蓿之地,此月(十二月)烧之,讫……"元大司农[36]《农桑辑要》和王祯[37]《农书》又复引了《四时纂要》中的烧苜蓿,云:"十二月烧之讫。"清郭云升[48]《救荒简易书》记载,苜蓿"宜种于有阴有寒石地淤地",尤其是"沙地"上。

2.3 苜蓿植物学特征特性

2.3.1 两汉魏晋南北朝时期

自西汉开始栽培苜蓿,先辈就十分重视苜蓿植物形态学和生长习性的观察研究及知识的累积,包括对苜蓿植株各器官辨认、命名和有关特征特性的描述。东汉许慎[3]《说文解字》是目前发现最早的涉及与苜蓿植物形态学有关的典籍,《说文解字》云:"芸,草也。似目宿。"清吴其濬[12]《植物名实图考》曰:"〈说文解字〉芸似目宿。"《尔雅注疏》曰:"权,黄华"。郭璞注:"今谓牛芸草为黄华。华黄,叶似苜蓿。"胡奇光[56]认为,权又称黄华,即野决明,以说牛芸草[57]。

据中国科学院中国植物志编辑委员会[58]《中国植物志·第43(2)卷芸香科》考证,《尔雅》《说文解字》《梦溪笔谈》中提及的"芸"、"芸草"、"芸香草"……或可能是菊科或豆科植物。中国科学院中国植物志编辑委员会[59]在《中国植物志·第42卷(2)豆科》中明确指出,草木犀(*Melilotus officinalis*,亦称辟汗草)在我国古时用以夹于书中辟称芸香,野决明别名黄华。管锡华[4]在《尔雅译注》中指出:"权又称为黄华，即牛芸草或野决明（野决明豆科植物叶（羽状复叶）、果实（荚果）与苜蓿相似）。"由此知，早在汉代我国先民就熟知苜蓿植物形态学，之后人们常常用苜蓿植物学特征与其他植物进行比较。

另外，刘安[22]《淮南子》说"云草，可以复生。"这说明古人早已认识到苜蓿多年生的习性，不仅如此，还认识到了苜蓿的宿根习性和再生性。北魏贾思勰[6]《齐民要术》曰："一年三刈。"又曰："此物（苜蓿）生长，种者一劳永逸"，即种一次生长多年，一年可以刈割 3 次。

2.3.2　唐宋元时期

唐韩鄂[7]在《四时纂要》写到："（苜蓿）二年一度，耕垄外，根斩，覆土掩之，即不衰。凡苜蓿，春食，作乾菜，至益人。紫花时，大益马。"缪启愉[7]在注释中明确指出，从"紫花"可知《四时纂要》所说是紫花苜蓿（*Medicago sativa*），比较耐寒、耐旱，栽培于北方。

到了宋代，人们对苜蓿的形态学特征有了更细微的观察研究。陈景沂[35]《全芳备祖》曰："决明夏初生苗，根带紫色，叶似苜蓿。"郑樵[34]在《昆虫草本略》写到"云实叶如苜蓿，花黄白，荚如大豆。"云实（*Caesalpinia decapetala*）、野决明、苜蓿都是豆科植物，这 3 种植物的叶（羽状复叶）、果实（荚果）也极其相似[17]。这些形态上的差异在当时都能区分得很清楚，运用同科植物器官来作比拟，有助于对植物的准确认识，这说明人们通过观察，已掌握了一定的植物形态学知识。宋苏颂[31]《本草图经》云："（决明子）叶似苜蓿而阔大，夏花，秋生子作角。"宋梅尧臣《书局一本》诗曰："有芸如苜蓿，生在蓬蘱中。"南宋罗愿[8]《尔雅翼》对苜蓿的结实性进行了描述："秋后结实，黑房累累如穄子，故俗人因为之木粟。"是我国古代早期对苜蓿植物学特性的认识。宋寇宗奭[32]《本草衍义》亦曰："苜蓿有宿根，刈讫又生。"说明宋代人们明确认识到苜蓿是宿根植物，并可刈割后再生这一特性。

另外，古人亦知道采取适宜的农艺措施可延缓苜蓿衰老，元大司农[36]《农桑辑要》在征引《齐民要术》"此物（苜蓿）长生，种者一劳永逸"的基础上，并复引了《四时纂要》苜蓿"二年一度耕垄外根，即不衰。"

2.3.3　明朝时期

明代对苜蓿植物学有了更进一步的认识，并开展了较为系统的研究，如《救荒本草》《食物本草》《本草纲目》《群芳谱》和《农政全书》等典籍对苜蓿植物学特性有较为详细的研究记述，使我国苜蓿植物学研究达到了一个新的高度。朱橚[9]是对苜蓿植物学特征特性进行较为系统观察研究的开拓者，他在《救荒本草》[9]曰："苜蓿苗高尺余，细茎，分叉二生，叶似锦鸡儿花叶微长，又似豌豆叶，颇小，每三叶攒生一处，梢间开紫花，结弯角儿，中有子如黍米大，腰子样。"徐光启[39]的《农政全书》亦作了同样的记述。这些对苜蓿形态特征的描述，说明作者观察细致，准确地突出了苜蓿的形态特点。不仅如此，朱橚[9]还将苜蓿与其他植物进行了比较（表9-2）。可以看出，朱橚[9]在对苜蓿形态详细观察和认识的基础上，采用类比法，对苜蓿与豆科其他几种植物进行了比较，除小虫儿卧单（据王家葵[9]考证，该种为地锦草，*Euphorbia humifusa*）为大戟科外，其他的都是豆科植物，特别是能将与苜蓿极为相似的兰香草木犀（*Lespedeza bicolor*）区分开，并能掌握各自的植物学关键特征，实属不易，这说明朱橚[9]对豆科植物形态特征，特别是苜蓿的植物学特征已相当熟悉。

表9-2 《救荒本草》[9]中苜蓿植物学特性与其他植物相似性的比较

植物名	考订植物名	拉丁名	植物学特性相似性描述
草零陵香	兰香草木犀	*Melilotus coerules*	叶似苜蓿叶而长大微尖，茎叶间开小淡粉紫花，作小短穗，其子小如粟粒
小虫儿卧单	地锦草	*Euphorbia humifusa*	苗拓地，叶似苜蓿叶而极小，又似鸡眼草叶亦小
铁扫帚	截叶铁扫帚	*Lespedeza cuneata*	苗高三四尺，叶似苜蓿叶而细长，又似细叶胡枝子叶，亦短小
胡枝子	胡枝子	*Lespedeza bicolor*	胡枝子叶似苜蓿叶而大，花色有紫白，结子如粟粒大
野豌豆	野豌豆	*Vicia sativa*	苗长二尺，叶似胡豆叶稍大，又似苜蓿叶亦大，开淡粉紫花
山扁豆	豆茶决明	*Cassia nomame*	根叶比苜蓿叶颇长，又似出牛蓣豆叶

明王象晋[38]《群芳谱》云："马蹄决明（据中国科学院中国植物志编辑委员会《中国植物志·第42卷（2）芸香科》考，该种为决明（*Cassia tora*），高三四尺，也大于苜蓿而本小末奢。"另外，《群芳谱》[38]对苜蓿的描述与《救荒本草》既有相似之处，也有不同。"苗高尺余，细茎分叉而生。叶似豌豆，每三叶攒生一处。梢间开紫花，结弯角，有子黍米大，状如腰子。刈荬时，苜蓿生根，明年自生，止可一刈。三年后便盛，每岁三刈。欲留种者，止一刈。六七年后垦去根，别用子种"。王象晋[38]除对苜蓿形态特征进行了准确描述外，对苜蓿生长习性有了更进一步的认识，他指出苜蓿生长3年后进入旺盛生长期，每年可刈割3次，6～7年后可以将其耕翻，这一研究结果与现代研究结果极其相似，可见其研究结果的精准性和科学性。对于苜蓿的绿肥性王象晋[38]已有了深刻的认识，他曰："若垦后次年种谷，必倍收，为数年积叶坏烂，垦地复柔，故二晋人刈草三年即垦作田，亟欲肥地种谷也。"由此可知，我国早在古代就已经开始利用苜蓿的固氮特性了，种植3年苜蓿提高土壤肥料后，改种需氮多的谷类作物，以获得丰收。另外，也说明合理轮作在古代就已经开始了苜蓿之后种禾谷类作物的科学轮作法。

明李时珍[10]《本草纲目》在决明条目记载到："此马蹄决明也……茎高三四尺，叶大於苜蓿，而本小末奓，昼开夜合，两两相帖。在苜蓿条目［时珍曰］："（苜蓿）年年自生。刈苗作蔬，一年可三刈。二月生苗，一科数十茎，茎颇似灰藋，一枝三叶，叶似决明，而小如指顶，绿色碧艳。入夏及秋，开细黄花。结小荚圆扁，旋转有刺，数荚累累，老则黑色。内有米如穄子……"同时，李时珍[10]亦证实了苜蓿具有宿根性，他曰"苜蓿，郭璞作'牧宿'，謂其宿根自生，可飼牧牛馬也。"卢和[40]在《食物本草》中征引了李时珍的上述内容，并指出苜蓿有宿根，刈讫复生。

2.3.4 清代时期

到了清代，人们对苜蓿的研究就更加系统科学，其研究方法和特征特性描述更加接近现代植物学的研究方法和描述，如程瑶田（1725～1814年）和吴其濬（1789～1847年）等。程瑶田[11]自己种植苜蓿和草木樨（据中国科学院中国植物志编辑委员会考证，该种为 *Melilotus officinalis*）进行植物学特性的比较研究，并在《程瑶田全集•释草小记》中对苜蓿和草木樨植物学特征进行了较为全面系统的描述。《程瑶田全集•释草小记》曰："苜蓿（种子）与前（草木樨种子）大异，形如腰子，似豆，又似沙苑蒺藜，而极小，仅如粟大。有薄衣，黄色。衣内肉，淡牙色。中坚而外光。丁巳二月布种。谷雨后始生，采其嫩者，瀹而炮食之，有野菜味。其梗细甚，然已觉微硬。长者梗硬如铁线，屈曲横卧于地。间有一二挺出者，则其短者也，体柔而质刚。叶则一枝三出，叶末有微齿。初生时，掘其根视之，一条独行。是年未开花。明年戊午春，蓿根生苗。四月廿一日，芒种前二日，见其作花，如鸭儿花而较小，连趺约长三分许，淡紫色，四出。花中有心，作硬须靠大出，末有黄蕊。其作花也，于大茎每节叶尽处，生细茎如丝，攒生花四五枝，一簇顺垂，不四向错出。其花自下节生起，次第而上，下节花落，上节渐始生花。此则与群芳谱大合。"

吴其濬[12，41]在《植物名实图考》和《植物名实图考长编》中对苜蓿植物学特性进行了研究和描述。吴其濬[12，41]曰："（苜蓿）宿根肥雪，绿叶早春与麦齐浪。"即苜蓿是宿根植物（冬季茎叶枯死根不死），早春长出枝条返绿。在记述苜蓿植物学特征的同时，吴其濬[12，41]又记述了2种野苜蓿的特征。野苜蓿一：俱如家苜蓿而叶尖瘦，花黄三瓣，干则紫黑。唯拖秧铺地，不能植立，移种亦然。《群芳谱》云紫花，《本草纲目》云黄花。野苜蓿二：生江西废圃中，长蔓拖地，一枝三叶，叶圆有缺，茎际开小黄花，无摘食者。李时珍谓苜蓿黄花者当即此，非西北之苜蓿也。

闵钺[45]《本草详节》曰："苜蓿生各处，田野刈苗做蔬，一年可刈三次。二月生苗，一科十茎，一枝三叶，似决明叶而小。秋开细黄花，结小荚圆扁，老则黑色，内有米如穄子，可为饭酿酒。"清张宗法[43]在《三农纪》中亦有类似的记载："（苜蓿）春生苗，一棵数十茎，一枝三叶，叶似决明而小，绿色碧艳。夏深及秋，开细黄花，结小荚，圆扁，旋转有刺，数茎累累，老变黑色，内米如穄子，可饭可酒。"

鄂尔泰[46]《授时通考》和清杨鞏[47]《农学合编》都复引了朱橚《救荒本草》中对苜蓿形态特征的描述，清圣祖敕[44]《广群芳谱》在苜蓿植物学方面全部继承了《群芳谱》对苜蓿特征的描述。

3　苜蓿种考证

3.1　苜蓿花色考录

苜蓿自汉代传入我国是无疑的。但从上述内容可知，古代对苜蓿花色的记述还存在差异，既有记载开紫花的，也有记载开黄花的（表 9-3）。从表 9-3 中可以看出，开紫花的苜蓿最早被唐韩鄂[7]《四时纂要》所记载，但未引起后人的重视。宋代诗人宋尧臣是描述苜蓿开黄花的最早之人，他在《咏苜蓿》诗中曰："苜蓿来西域，蒲萄亦既随。胡人初未惜，汉使始能持。宛马当求日，离宫旧种时。黄花今自发，撩乱牧牛陂。"到了明代我国苜蓿植物学研究进入新的阶段，朱橚[9]《救荒本草》和王象晋[38]《群芳谱》指出苜蓿梢间开紫花（黄以仁[13]认为，言苜蓿为紫花者，始于《救荒本草》），而李时珍[10]《本草纲目》则认为：入夏及秋，苜蓿开细黄花。之后，不论是开紫花的还是开黄花的苜蓿，都得到了广泛的征引（表 9-3）。

表 9-3　记载苜蓿花色的典籍

典籍	年代	花色与结实性的描述	备注
四时纂要[7]	唐（945～960 年）	紫花时，大益马	
救荒本草[9]	明（1406 年）	梢间开紫花，结弯角儿，中有子如黍米大，腰子样	
本草纲目[10]	明（1596 年）	入夏及秋，开细黄花。结小荚圆扁，旋转有刺。数荚累累，老则黑色	
释草小记[11]	清	四月廿一日，芒种前二日，见其作花，如鸭儿花而较小，连跗约长三分许，淡紫色，四出	
植物名实图考[12]	清	《群芳谱》云紫花，《本草纲目》云黄花	引《救荒本草》
食物本草[40]	明末	入夏及秋，开细黄花	引《本草纲目》
三农纪[43]	清	秋开细黄花，结小荚圆扁	引《本草纲目》
广群芳谱[44]	清	梢间开紫花，结弯角儿	引《群芳谱》
本草详节[45]	清（1681 年）	秋开黄花，结小荚圆扁	引《本草纲目》
授时通考[46]	清	梢间开紫花，结弯角儿	引《群芳谱》
必需昌编[47]	清	梢间开紫花，结弯角儿	引《群芳谱》
救荒易书[48]	清	花紫而长	引《庶物异名疏》

3.2　苜蓿种的确认

由于苜蓿花色的差异，从古到今对我国古代苜蓿种的认识还存在一定的偏差。清代程瑶田是最早用试验法考证我国苜蓿种的人。程瑶田[11]《程瑶田全集·释草小记》曰："《说文解字》：'芸似目蓿。'《尔雅》'权，黄华。'郭璞注'今谓牛芸草为黄华。华黄，叶似苜蓿。'《梦溪笔谈》言'芸类豌豆'，《群芳谱》亦言'苜蓿叶似豌豆'。因诸说，乃遂兼考苜蓿焉。"他在比较《群芳谱》和《本草纲目》对苜蓿植物学特征描述的基础上，结合自己的试验研究结果认为，《群芳谱》和《本草纲目》所记述的苜蓿植物学特征基本相同，唯一开黄花，一开紫花。他的研究结果与《群芳谱》记述特征相吻合，确认苜蓿开紫花，而非黄花，与《本草纲目》记述特征有异。

吴其濬[12, 41]在《植物名实图考》和《植物名实图考长编》中曰："《释草小记》：艺根审实，叙述无遗，斥李说之误，襃群芳之核，可谓的矣。但李说黄花者，亦自是南方一种野苜蓿，未必即水木樨耳。"吴其濬[12]在《植物名实图考》中记述了3种苜蓿的特征特性（并附有图），即苜蓿、野苜蓿（一）和野苜蓿（二）。

1907年日本著名植物学家松田定久[60]研究指出，吴其濬[12]《植物名实图考》中提到的3种不同的苜蓿种如下所述。

（1）苜蓿为紫花苜蓿（*Medicago sativa*），西北种之畦中，宿根肥雪（多年生），绿叶早春与麦齐浪，被陇如云怀风之名，信非虚矣。夏时紫萼颖竖，映日争辉。

（2）野苜蓿（一）为黄花苜蓿（*M. falcata*），黄花三瓣，干则紫黑，唯拖秧铺地，不能直立。

（3）野苜蓿（二）为南苜蓿（*M. denticulata*），生江南广圃中，长蔓拖地，一枝三叶，叶圆有缺，茎际有小黄花，无摘食者，李时珍谓苜蓿黄花，常即此，非西北之苜蓿也（时珍又说荚果有刺，很明显指的是此野生品种）。

1919年劳费尔[54]研究指出，寇宗奭于公元1116年所著的《本草衍义》说苜蓿盛产于陕西，用以饲马牛，人亦有食之者，但不宜多吃。在元朝种植苜蓿的事很受赞许，尤其为了防免饥荒。有园圃种苜蓿以喂马。据李时珍说，当时苜蓿是处处田间常见的野草，但在陕西、甘肃也有人工种植的。经考证[13,54,60]，吴其濬图解苜蓿（*M. sativa*）之后，接着又图解两种野苜蓿——一种是南苜蓿（*M. lupulina*），另一种是黄花苜蓿（*M. falcata*）。

中国科学院中国植物志编辑委员会[59]《中国植物志·第42（2）豆科》采用了吴其濬的研究结果，并指出《植物名实图考》中的苜蓿即为紫苜蓿（*Medicago sativa*）。这充分说明吴其濬对苜蓿研究的科学性和精准性，

缪启愉[7]指出，从紫花可知《四时纂要》所说是紫花苜蓿（*Medicago sativa*）。孙醒东[61]明确指出，在古代所称的苜蓿专指紫花苜蓿[62~64]。1952年于景让[65]指出，在汉武帝时，和汗血马联带在一起，一同自西域传入中国者，尚有饲料植物*Medicago sativa*，这在《史记》和《汉书》中皆作"目宿"被记载。倪根金[66]在《救荒本草校注》中指出，苜蓿即指豆科苜蓿属多年生植物紫苜蓿（*Medicago sativa*）。

董立顺和侯甬坚[67]研究指出，西夏宫廷类诗歌《月月乐诗》记载，"四月里，苜蓿开始像一幅幅紫色的绸缎波浪摇曳；青草戴着黑发帽子，山顶上的草分不清是为山羊还是为绵羊准备的"。张永禄[55]指出，古代所称苜蓿专指紫苜蓿。

华本草编辑委员会[16]根据《本草纲目》和《群芳谱》中对苜蓿特性的描述，认为《本草纲目》中所叙述的开黄花的苜蓿为南苜蓿［M. hispida（M. denriculata）］，《群芳谱》中所叙述的开紫花的苜蓿为紫花苜蓿（M. sativa）。

虽然汉代传入我国的苜蓿为紫花苜蓿得到广泛认可[68]，但分歧仍然存在。1991年吴征镒[15]指出，公元前1～2世纪由张骞自西域引来，最早记载苜蓿的花为黄色的是宋朝梅尧臣诗："有芸如苜蓿，生在蓬翟中，黄花三四穗，结穗植无穷"。都说明其是黄色的，根据分布地区来看，应是黄花苜蓿（Medicago falcata），而《群芳谱》中的苜蓿即为紫花苜蓿（M. sativa），吴征镒进一步指出，南苜蓿（M. hispida 或 M. denticulata）《本草纲目》始载之，但仍以苜蓿为其名，李时珍认为本种即为最早之苜蓿，并开黄花，但不同于正种的原植物 M. falcata。南苜蓿应该是《植物名实图考》中记载的野苜蓿的一种。

1952年拾录[69]认为，中国称 Medicago 为苜蓿。惟中文所谓苜蓿，恐实在是包含 Medicago sativa、Medicago denticulata（=Medicago hispida 南苜蓿）、Medicago lupulina（天蓝苜蓿）等几个种，其中或开紫花，或开黄花。拾录进一步指出，李时珍在《本草纲目》苜蓿项的集解中说："入夏及秋，开细黄花。"，而没有提及开紫花，遂引起程瑶田的误会。实则李时珍所指大概是 Medicago denticulata，故不能说错误。唯没有提到紫花种，亦不是无疏漏之嫌。

我国古代在长期的苜蓿种植过程中，对苜蓿的植物学特征特性有了科学而深刻的认识，其研究堪称世界一流，对世界苜蓿的发展做出了重要贡献。自汉代引种大宛苜蓿于长安，并得到广泛种植，在唐时期"今（指唐时）北道诸州旧安定、北地（按指两郡毗邻，则今宁夏黄河两岸及迤南至甘肃东北隅）之境，往往有目宿者，皆汉时所种也。"到了明代苜蓿种植以"三晋为盛，秦、齐、鲁次之，燕、赵又次之，江南人不识之。"明清时期我国苜蓿植物学研究达到了高峰，对苜蓿的根、枝条、叶和花、果实等形态特征特性开展了较为系统科学的研究，被《救荒本草》《群芳谱》《本草纲目》和《植物名实图考》等具有世界性影响的专著所记载。从唐韩鄂的苜蓿"紫花时，大益马"描述到明朱橚和王象晋"梢间开紫花，结弯角儿，中有子如黍米大，腰子样"的形态系统观察记载，至清程瑶田与吴其濬的研究都表明，汉代引种的苜蓿应该是紫花苜蓿（Medicago sativa），而李时珍《本草纲目》记载的开黄花的苜蓿和吴其濬《植物名实图考》中提到的野苜蓿（二）特征特性基本相似，应该是南苜蓿（M. hispida），《植物名实图考》中提到的另一种野苜蓿（一）应该是黄花苜蓿（M. falcata），对苜蓿种区分研究亦较为全面。考证发现，古代人们通过实地观察和了解，获得了丰富的苜蓿植物学知识，对我们今天研究苜蓿植物学仍有借鉴作用。

参 考 文 献

[1] 司马迁[汉]. 史记. 北京: 中华书局, 1959.

[2] 班固[汉]. 汉书. 北京: 中华书局, 2007.

[3] 许慎[汉]撰. 说文解字. 徐鉉[宋]校定. 北京: 中华书局, 2013.

[4] 作者不详. 尔雅. 管锡华译注. 北京: 中华书局, 2014.

[5] 郭璞[晋]注. 尔雅注疏. 邢昺疏[宋]. 上海: 上海古籍出版社, 2010.

[6] 贾思勰[北魏]. 齐民要术今释. 石声汉校释. 北京: 中华书局, 2009.

[7] 韩鄂[唐]. 四时纂要校释. 缪启愉校释. 北京: 农业出版社, 1981.

[8] 罗愿[南宋]. 尔雅翼. 合肥: 黄山书社, 1991.

[9] 朱橚[明]. 救荒本草校释. 王家葵校注. 北京: 中医古籍出版社, 2007.

[10] 李时珍[明]. 本草纲目. 北京: 人民卫生出版社, 1982.

[11] 程瑶田[清]. 程瑶田全集. 合肥: 黄山书社, 2008.

[12] 吴其濬[清]. 植物名实图考. 北京: 商务印书馆, 1957.

[13] 黄以仁. 苜蓿考. 东方杂志, 1911, 8(1): 26-31.

[14] 向达. 苜蓿考. 自然界, 1929, 4(4): 324-338.

[15] 吴征镒. 新华本草纲要. 上海: 上海科学技术出版社, 1991.

[16] 中华本草编辑委员会. 中华本草. 上海: 上海科学技术出版社, 1999.

[17] 中国植物学会. 中国植物学史. 北京: 科学出版社, 1994.

[18] 陈家瑞. 对我国古代植物分类学及其思想的探讨. 植物分类学报, 1978, 16(3): 101-111.

[19] 王锦秀. 略论植物名称的统一. 中国生物多样性保护与研究进展Ⅶ, 1978, 16(3): 101-111.

[20] 汤彦承, 王锦秀. 在植物考据研究中应用进化思想的探讨. 云南植物研究, 2009, 31(5) : 406-407.

[21] 罗检秋. 清末民初考据学方法的发展. 北京: 中国社会科学院近代史研究所青年学术论坛, 2002.

[22] 刘安[汉]. 淮南子. 许匡一译. 贵阳: 贵州人民出版社, 1995.

[23] 佚名. 神农本草经. 哈尔滨: 哈尔滨出版社, 1999.

[24] 杨衒之 [北魏]. 洛阳伽蓝记. 上海: 上海古籍出版社, 1978.

[25] 葛洪[晋]. 西京杂记. 西安: 三秦出版社, 2006.

[26] 陶弘景[南朝]. 本草经集. 尚志钧校注. 北京: 学苑出版社, 2008.

[27] 任昉[南朝]. 述异记. 北京: 中华书局, 1960.

[28] 六朝人撰. 三辅黄图校证. 陈直校证. 西安: 陕西人民出版社, 1980 .

[29] 班固[汉]. 汉书. 颜师古[唐]注. 北京: 中华书局, 1998.

[30] 苏敬[唐]. 新修本草. 上海: 上海古籍出版社, 1985.

[31] 苏颂[宋]. 本草图经. 合肥: 安徽科学技术出版社, 1994.

[32] 寇宗奭[宋]. 本草衍义. 北京: 人民卫生出版社, 1990.

[33] 沈括[宋]. 梦溪笔谈. 贵阳: 贵州人民出版社, 1998.

[34] 郑樵[宋]. 通志·昆虫草木略. 合肥: 安徽教育出版社, 2006.

[35] 陈景沂[宋]. 全芳备祖. 北京: 中国农业出版社, 1982.

[36] 大司农[元]. 农桑辑要校注. 石声汉校注. 北京: 农业出版社, 1982.

[37] 王祯[元]. 王祯农书. 北京: 中国农业出版社, 1982.

[38] 王象晋[明]. 群芳谱. 长春: 吉林人民出版社, 1991.

[39] 徐光启[元]. 农政全书. 上海: 上海古籍出版社, 1979.

[40] 卢和[明]. 食物本草. 北京: 人民卫生出版社, 1994.

[41] 吴其濬[清]. 植物名实图考长编. 上海: 商务印书馆, 1959.

[42] 杜佑[唐]. 通典. 北京: 中华书局, 1982.

[43] 张宗法[清]. 三农纪. 北京: 中国农业出版社, 1989.

[44] 圣祖敕[清]. 广群芳谱. 上海: 商务印书馆, 1935.

[45] 闵钺[清]. 本草详节. 上海: 上海中医药大学出版社, 1994.

[46] 鄂尔泰[清], 张廷玉[清]. 授时通考. 北京: 农业出版社, 1991.

[47] 杨巩[清]. 农学合编. 北京: 中华书局, 1956.

[48] 郭云升[清]. 救荒简易书. 上海: 上海古籍出版社, 1995.

[49] 瓦维洛夫. 主要栽培植物的世界起源中心. 董玉琛译. 北京: 农业出版社, 1982.

[50] 谢成侠. 二千多年来大宛马(阿哈马)和苜蓿传入中国及其利用考. 中国畜牧兽医杂志, 1955, (3): 105-109.

[51] 谢成侠. 中国养马. 北京: 科学出版社, 1959.

[52] 陈文华. 中国古代农业文明. 南昌: 江西科学技术出版社, 2005.

[53] 张永言. 汉语外来词杂谈(补订稿). 汉语史研究中心简报, 2007, (3-4): 1-20.

[54] 劳费尔. 中国伊朗编. 林筠因译. 北京: 商务印书馆, 1964.

[55] 张永禄. 汉代长安词典. 西安: 陕西人民出版社, 1993.

[56] 胡奇光, 方环海. 尔雅译注. 上海: 上海古籍出版社, 2004.

[57] 李学勤. 尔雅注疏. 北京: 北京大学出版社, 1999.

[58] 中国科学院中国植物志编辑委员会. 中国植物志(第43卷·2). 北京: 科学出版社, 1998.

[59] 中国科学院中国植物志编辑委员会. 中国植物志(第42卷·2). 北京: 科学出版社, 1998.

[60] 松田定久. 苜蓿 (*Medicago sativa* L.) ノ稱呼ヲ考定シテ支那ニ産スル苜蓿屬ノ諸種ニ及ブ. 植物学杂志, 1907, 21(251): 1-6.

[61] 孙醒东. 中国几种重要牧草植物正名的商榷. 农业学报, 1953, 4(2): 210-219.

[62] 辞海编辑委员会. 辞海(修订稿)农业分册. 上海: 上海辞书出版社, 1978.

[63] 冯德培, 谈家桢. 简明生物学词典. 上海: 上海辞书出版社, 1983.

[64] 邹介正, 王铭农, 牛家藩, 等. 中国古代畜牧兽医史. 北京: 中国农业科技出版社, 1994.

[65] 于景让. 汗血马与苜蓿. 大陆杂志, 1952, 5(9): 24-25.

[66] 朱橚[明]. 救荒本草校注. 倪根金注释. 北京: 中国农业出版社, 2008.

[67] 董立顺, 侯甬坚. 水草与民族: 环境史视野下的西夏畜牧业. 宁夏社会科学, 2013, 177(2): 91-96.

[68] 方珊珊, 孙启忠, 闫亚飞. 45个苜蓿品种秋眠级初步评定. 草业学报, 2015, 24(11): 247-255.

[69] 拾録. 苜蓿. 大陆杂志, 1952, 5(10): 9.

十、近代苜蓿植物生态学研究

我国古典植物生态学研究在许多方面居于世界领先地位[1~3]，苜蓿（*Medicago sativa*）也不例外。在古代，我国苜蓿植物生态学的研究堪称世界一流[3~5]，以其系统、精确、科学为特点，取得了辉煌的成就，积累了丰富的苜蓿植物生态学知识[6~12]，为我国近代苜蓿植物生态学乃至现代苜蓿生物学的研究奠定了基础。与近代其他作物植物生态学研究相比，我国近代苜蓿植物生态学的研究亦得到长足发展，如黄以仁[13]在1911年就发表了"苜蓿考"，1918年出版的《植物学大辞典》[14]对苜蓿特征特性有详细的描述，1929年向达[15]翻译了劳费尔所著的 *Sino-Iranica* 中有关苜蓿的内容，并以"苜蓿考"发表。此后，也有不少学者开展了苜蓿植物生态学方面的研究[16~20]。但其研究成果我们知之甚少。鉴于此，本文试图应用植物生物学考据学原理，以文献法为主，通过资料收集整理、排比剪裁和爬梳剔抉，查证近现代苜蓿植物生态学研究成果，进行分析判断，甄别归纳，再回溯史料，验证史实，对我国近代苜蓿植物生态学等方面的研究做一考述，以期梳理考释近代苜蓿植物生态学的研究成果，为我国近代苜蓿史研究提供依据，亦为今天的苜蓿研究提供有益借鉴。

1 近代苜蓿植物学相关研究论著

1.1 苜蓿相关论文

自1897年《农学报》创刊，先后刊发了"论种苜蓿之利""苜蓿说""豆科植物之研究"等有关苜蓿植物学的论文，其后《东方杂志》发表了黄以仁的"苜蓿考"，《自然界》发表了"豆科植物之记载""苜蓿根瘤与苜蓿根瘤杆菌的形态的研究"和向达的"苜蓿考"，还有其他杂志，如《农智》《养蜂报》《农科季刊》等亦发表了不少有关苜蓿的论文（表10-1）。这些杂志对普及苜蓿知识，宣传苜蓿研究成果起到了积极的促进作用。

1.2 苜蓿相关研究专著

1918年商务印书馆出版了《植物学大辞典》，收录了"苜蓿"和"紫苜蓿"词条，在其下列出了中文名、拉丁学名、日文名、形态描述、产地、用途以及中文名别名的古书考证等。在苜蓿植物学方面，1941 年孙醒东[31] 在《中国食用植物》中讨论了苜蓿的分类特征和中文名、俗名和英文名，分别为紫苜蓿、蓿草和 Alfalfa。还有 1947 年汤文通[20] 在《农艺植物学》中，除论述苜蓿生态生理学特性乃至苜蓿属分类特征外，还论述了苜蓿的农艺学性状，如品种或品系类型、不同品种生长性状与抗寒性、再生特性及牧草生产力和影响种子产量之因素等（表 10-2）。

表 10-1　近代苜蓿相关研究论文 [21, 22]

作者	发表年份	题目
藤田丰八（译）[23]	1900	论种苜蓿之利
吉川佑辉和藤田丰八（译）[24]	1901	苜蓿说
不详[25]	1902	豆科植物之研究
黄以仁[13]	1911	苜蓿考
冯其焯和王廷昌[26]	1922	亚路花花草
凌文之[27]	1926	豆科植物之记载
薛树蕙[28]	1927	苜蓿
B. Laufer（著），向达（译）[15]	1929	苜蓿考
路仲乾[29]	1929	爱尔华华草（alfalfa）之研究（上）
路仲乾[30]	1930	爱尔华华草（alfalfa）之研究（下）
秦含章[18]	1931	苜蓿根瘤与苜蓿根瘤杆菌的形态的研究

表 10-2　近代苜蓿相关研究专著

作者	专著	内容	出版年
孔庆莱等[14]	植物学大辞典	【苜蓿】、【紫苜蓿】条目	1918
桑原骘藏[17]	张骞西征考	西域植物之输入	1934
孙醒东[31]	中国食用植物（下册）	豆科植物分类·苜蓿属	1941
曾问吾[32]	中国经营西域史	两汉之经营西域·两汉通西域及中西文化之交流	1936
谢成侠[19]	中国马政史	秦汉的养马业·西域良马及苜蓿的输入	1945
汤文通[20]	农艺植物学	豆科植物·苜蓿	1947

　　1934 年商务印书馆发行了桑原骘藏[17]《张骞西征考》，他对黄以仁[13]1911 年在《东方杂志》"苜蓿考"上发表的苜蓿由张骞输入中国之观点提出异议，并且考证了苜蓿亦称目宿、牧宿和木粟等古代别名。1936 年曾问吾[32] 在《中国经营西域史》中，对汉代苜蓿的起源、传入路径等进行了考证研究。1945 年陆军兽医学校印刷出版了谢成侠[19] 的《中国马政史》，书中介绍了西汉时代大宛马和苜蓿种子传入中国的历史，及其对我国畜牧业乃至农业所起的贡献，还考证了苜蓿传入我国的年代、苜蓿种子带归者、苜蓿的确实来源、苜蓿名词来源和汉代苜蓿是紫苜蓿，并非开黄花的苜蓿，同时也介绍了 2000 多年来我国苜蓿的栽培利用研究。

2 近代苜蓿植物生态学研究考析

2.1 对古代苜蓿起源与种类的考证

1911 年黄以仁 [13] 在《东方杂志》上发表了"苜蓿考",从苜蓿的起源、种类、栽培利用等方面,对我国古代苜蓿进行了考证。黄以仁依据典籍（如《史记》《汉书》《博物志》和《述异记》）认为,我国汉代苜蓿的原产地为西域的大宛和罽宾,携带苜蓿的汉使为张骞。他指出,在古代,我国北方既栽培有黄苜蓿（*Medicago falcata*）也栽培有紫苜蓿（*Medicago sativa*）,两者合称苜蓿,来自西域,并进一步指出,《植物名实图考》中关于苜蓿的三幅图,第一图即紫苜蓿,第二图即黄苜蓿,第三图为金花菜（*Medicago denticulata*）。黄以仁认为我国苜蓿属植物已知者有 5 种,除紫苜蓿、黄苜蓿和金花菜（亦称野苜蓿）外,还有小苜蓿（*Medicago minima*）和天蓝苜蓿（*Medicago lupulina*）。桑原骘藏 [17] 对黄以仁论述的苜蓿由张骞引入汉朝有不同看法,他认为,所谓张骞以苜蓿输入汉土者,恐以西晋张华之《博物志》或传称梁代任昉所作之《述异记》等记载为嚆矢,至其后之记录,不遑一一枚举。在清末有所谓黄以仁所著"苜蓿考"中,根据《博物志》与《述异记》等,谓:晋梁去汉不远,所闻当无大谬。说苜蓿与葡萄同系张骞引入我是不赞成,根据《史记》和《汉书》中对苜蓿与葡萄（*Vitis vinifera*）的记述,可知苜蓿的引入是在张骞出使西域之后的事,其事甚明。

目前人们对张骞带归苜蓿种子的认识还不统一 [5, 33~36]。在黄以仁 [13] 发表"苜蓿考"的当年,松田定久 [37] 对其评述指出,在上海发行的《东方杂志》第八卷第一期上刊登了一篇黄以仁写的"苜蓿考"。黄以仁所著举证其要点为,根据历史文献记载,在中国北部有开紫花的苜蓿（*Medicago sativa*）和黄花苜蓿（*M. falcata*）,据说从西域引入进来后得到繁殖。黄花的苜蓿大约与吴其濬 [11] 的《植物名实图考》中的野苜蓿同种,相对于紫花苜蓿称之为黄花苜蓿。黄以仁认为,黄花者为劣,紫花者为优,凡物劣者先出,优者后生,然则紫花苜蓿为同属中最后生之种。黄以仁虽然没有明言,但推其意,黄花苜蓿古代被引入到中国后产生了变种紫花苜蓿,但需要用古代记录来证明,从而没有断言,但确定了如今在中国北部的苜蓿有黄紫两种。

1929 年向达 [15] 在《自然界》也发表了"苜蓿考",虽然是翻译发表,但亦不亚于考证,对文中内容进行了详细的考证解释,仅注释就有 70 余条。他主要介绍了中国在内的苜蓿的起源与传播,指出宛马食苜蓿,骞因于元朔三年（公元前 126 年,原文为公元前 136 年可能是笔误）移大宛苜蓿种归中国,张骞所携回者初名目宿,后世加草头,成为苜蓿,且对苜蓿名称的来历作了详细的论述（向达注释,苜蓿二字在《汉书》中无草字头，郭注《尔雅》作牧蓿，罗愿作《尔雅翼》又书为木粟；其音则一也。安南音作 muk-tuk。古代关于苜蓿的产地记载甚少，而《汉书》则对此有弥补。据《汉书》所记，大宛之外，罽宾（今克什米尔）亦产苜蓿，此为古代苜蓿地理分布的重要史料。

1945 年谢成侠[19]根据《史记·大宛列传》和《汉书·西域传》等史料中汗血马和苜蓿的记载指出：第一，苜蓿传入我国的年代，可能是在张骞回国的这一年，即公元前 126 年（武帝元朔三年）；第二，汉代苜蓿的来源地为大宛和罽宾两国。罽宾汉时在大宛东南，当今印度西北部克什米尔地区，这些地方均有过汉使的足迹，所以可以肯定地说中国的苜蓿应该是由大宛带回来的，且曾问吾[32]亦认为，苜蓿来自大宛，由张骞或其后之汉使自西域取其实移植于中国。谢成侠[19]进一步指出，"苜蓿"是外来语，可能是根据大宛当时的方言音译而来的，在《汉书》中称"目宿"，《尔雅》称"牧宿"，《尔雅异》则称"木粟"，《西京杂记》曰："苜蓿一名怀风，时人或谓光风，……茂陵人谓之连枝草。"这些都是汉以后给它取得美名，但 2000 多年来的农民终究沿用了《史记》上的名称。谢成侠[19]明确指出，汉代苜蓿是紫苜蓿。不过李时珍所指的苜蓿是黄花苜蓿，可能是南方土生的另一种类。近至 1848 年（道光廿八年）吴其濬[11]的《植物名实图考》，更绘出苜蓿及野苜蓿三幅写真图，其逼真的程度并不逊于西方科学书籍上所载的内容。

谢成侠（1945 年）带有批评性的指出，随着西方科学的输入，苜蓿竟然一度成为一种新的外来牧草，而且还有人说苜蓿是用新大陆和西欧的种子才开始做实验的，以致紫苜蓿和苜蓿还被人当作二物，甚至于有认为苜蓿是指野生或黄花的同种植物，好似北方最普遍的苜蓿就应该称紫苜蓿而不应称苜蓿似的。西洋的紫苜蓿和本国代表性的苜蓿由于异地所产，虽不能说毫无差别，但会有强调洋种，又不免有外国月亮更美之感了。

2.2 苜蓿标本的鉴定

在清末民初，国内缺资料少标本的条件下，要将采集来的植物鉴定出属种，还是有一定困难的，所以有些标本不得不寄往国外鉴定，如有些标本经黄以仁介绍寄送日本植物学家松田定久鉴定[3]，1908 年松田定久[38]于《植物学杂志》发表了"从中国北部采集的苜蓿属植物标本"。他指出，近来从中国北部采集的苜蓿属植物腊叶标本如下：

（1）*Medicago sativa* 紫花肥马草（苜蓿），采于甘肃兰州附近的平原；

（2）*Medicago lupulina* 麦粒肥马草（中名为天蓝苜蓿），采于同上地点的田间；

（3）*Medicago minima* 小肥马草（中名为小苜蓿），采于陕西西安南门外。

松田定久进一步指出，本杂志去年 12 月发行刊上记载了 *Medicago sativa* 在中国西北部有分布，现在在兰州找到该标本，该地区称其为苜蓿，他认为（2）*Medicago lupulina* 作为田间杂草分布广泛，（3）的标本相当受损，暂且定为 *Medicago minima*，（1）和（2）均确定了新的分布地区，同一地尚未采到普通肥马草（野苜蓿），即 *Medicago denticulata*。

2.3　苜蓿根瘤菌

1883 年法国包桑歌尔（Boussingault）首先研究了豆科植物固氮、改土、肥土作用 [39]，其通过实验证明了豆科类植物能固氮的事实，这是发现豆科植物根瘤菌以前 50 年的事。1931 年我国的秦含章 [18] 从以下 4 个方面对苜蓿根瘤及其根瘤杆菌的形态进行了研究：一是苜蓿的根瘤；二是苜蓿根瘤杆菌的接种与培养；三是苜蓿根瘤杆菌的检查；四是苜蓿根瘤杆菌的形态及其变化。根据试验研究，秦含章得到如下结论。

（1）正确地知道苜蓿根瘤是受到苜蓿根瘤杆菌的寄生所分泌的一种毒素刺激而膨胀起的，根瘤着生于苜蓿根上的方法，是以根瘤基点连贯于根的柔膜组织内，初起由维管束相通，依赖维管束以吸取寄主的营养液，后来到本身能制造养分时，靠细胞膜的渗透作用，就供给寄主生长所必需的氮素。所以苜蓿根瘤杆菌和苜蓿本身是先后营共生作用，相互为利的。

（2）苜蓿根瘤内部白色的浆汁是苜蓿根瘤杆菌生长的结果。自根瘤直接取出汁液来检查，发现其中大多为一种公叉状的菌体；唯此分叉状的，就有吸收固定空气中游离氮的能力。最后，此分叉状菌再由无生变化作用而成淡白的黏液物质，大约豆科植株的营养特殊处，就是同化此富有氮化物的细菌产物。

（3）将苜蓿根瘤杆菌接种于人工的各种培养基中，细菌就要变异原来的状态，自杆状，而丝状，再至于分叉状或黏汁，甚至杆状（在苜蓿结实以后的根瘤中，取出菌体培养），这样循环变化，以延续其生命。

（4）苜蓿根瘤杆菌的体积较小，需要放大至 1500 倍下，才能看清目标物，同时要进行染色，以复红染剂染色，颇为简便，如取碘液为染剂，菌体虽不受染，但其他物质，则多变为黄色或褐色，看亦可明白苜蓿根瘤的细菌。

秦含章 [18] 指出（图 10-1），研究根瘤杆菌很重要。一是因为它有直接固定游离氮素的能力，给寄主充分的养料，让寄主枝叶扶疏，结实丰满，以增加苜蓿栽培收益；二是应用它来蓄积肥分，改良农田，以扩张农地耕种的面积；三是利用苜蓿根瘤杆菌以缩短农地休闲的时间，如将苜蓿根瘤杆菌人工繁殖，和砂土拌在一起，分装玻璃瓶中，在农地需氮作物已连作数年，非休闲二三年不能恢复地力的情势之下，马

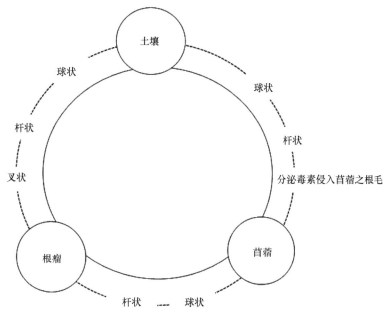

图 10-1　苜蓿根瘤杆菌生长循环与形态变化 [18]

上栽培一季苜蓿，加入适量人工苜蓿根瘤杆菌，不需任何肥料，不费任何资本，一年后，就可抵得休闲三年的效果，而农地不致休闲过久而减少收益 [40]。

2.4　苜蓿的生长习性

在 1947 年汤文通 [20] 指出，苜蓿生长年限视环境及品种而异，平均 5 ～ 7 年，在半干燥地有生长 20 ～ 25 年者，并已认识到了不同苜蓿品种间的抗寒差异，他认为在苜蓿近地面处有一短而坚实之茎（冠部，即现在称之为根颈）生 20 ～ 25 分枝。冠部之性质与耐寒性有密切关系，不耐寒之紫苜蓿有一直立生长之冠部，只有少数的芽及枝条自地下开始发育，而耐寒性之冠部较开展，从地面下发出的芽及枝条甚多。在后一情形下，幼芽及枝条遂为土壤所保护而免于冻害，如 Grimm 及 Baltic 皆系耐寒品系。其观察认为，紫苜蓿之茎较细长而分枝亦较多，普通紫苜蓿无根茎，黄苜蓿的若干品种则有之，又间或见于若干斑色品种（variegated types）。

汤文通 [20] 亦指出，紫苜蓿能抵抗空气干燥和高温，但高温如伴以潮湿之空气，则将受致命之损害。因此特别适合种植于干燥的热带或亚热带。其对于低温的耐受力因品种而异，与耕种方法略有关系，Grimm 及 Baltic 品系即较普通紫苜蓿受害较轻。紫苜蓿为消耗土肥的作物（heavy feeder），据研究测定 3.0t 苜蓿干草含氮 72.0kg、磷 7.7kg、钾 44.9kg 及钙 40.9kg。同时，苜蓿也是耗水植物（表 10-3），紫苜蓿虽需要大量水分，但亦能抵抗旱热，是因其根系深而长能吸收深层水分。

表 10-3　紫苜蓿与其他作物需水量比较 [20]

作物名称	需水量 /mm	作物名称	需水量 /mm
粟	140.7	燕麦	271.0
高粱	146.2	马铃薯	288.7
玉蜀黍	167.1	苜蓿	295.6
小麦	232.9	紫苜蓿	437.2

从苜蓿研究资料看，我国古代苜蓿的起源、种类、植物学特性等引起近代学者的重视和考证，不论是苜蓿的起源，还是种类特征乃至生物学特性等都得到了广泛的研究，同时对西北分布的 3 种苜蓿进行了标本采集和植物种的鉴定，即紫苜蓿、天蓝苜蓿和小苜蓿。通过研究发现，我国在近代开展的苜蓿根瘤菌研究在苜蓿研究领域亦不失其先进性和理论与实际指导意义。西方苜蓿科学技术知识与本土苜蓿科学研究的成果在近代得到快速广泛的传播，为今天的苜蓿科学技术的发展奠定了基础，特别是为今天的苜蓿科技创新提供了有益的借鉴。

参 考 文 献

[1]　胡先骕. 植物学小史. 上海: 商务印书馆, 1930.

[2]　李约瑟. 中国科学技术史(第六卷 生物学及相关技术·第一册 植物学). 北京: 科学出版社, 2006.

[3]　中国植物学会. 中国植物学史. 北京: 科学出版社, 1994.

[4]　孙启忠. 苜蓿经. 北京: 科学出版社, 2016.

[5]　孙启忠, 柳茜, 李峰, 等. 我国古代苜蓿植物学研究考述. 草业学报, 2016, 25(5): 202-213.

[6]　罗愿[宋]. 尔雅翼. 合肥: 黄山书社, 1991.

[7]　陈景沂[宋]. 全芳备祖. 北京: 中国农业出版社, 1982.

[8]　朱橚[明]. 救荒本草校释. 王家葵校注. 北京: 中医古籍出版社, 2007.

[9]　李时珍[明]. 本草纲目. 北京: 人民卫生出版社, 1982.

[10]　程瑶田[清]. 程瑶田全集. 合肥: 黄山书社, 2008.

[11]　吴其濬[清]. 植物名实图考. 北京: 商务印书馆, 1957.

[12]　吴其濬[清]. 植物名实图考长编. 北京: 商务印书馆, 1959.

[13]　黄以仁. 苜蓿考. 东方杂志, 1911, 8(1): 26-31.

[14]　孔庆莱, 吴德亮, 李祥麟, 等. 植物学大辞典. 上海: 商务印书馆, 1918.

[15]　向达. 苜蓿考. 自然界, 1929, 4(4): 324-338.

[16]　松田定久. 苜蓿 (*Medicago sativa* L.) ノ稱呼ヲ考定シテ支那ニ産スル苜蓿屬ノ諸種ニ及ブ. 植物学杂志, 1907, 21(251): 1-6.

[17]　桑原骘藏. 张骞西征考. 杨炼译. 上海: 商务印书馆, 1934.

[18] 秦含章. 苜蓿根瘤与苜蓿根瘤杆菌的形态的研究. 自然界, 1931, 7(1): 93-103.

[19] 谢成侠. 中国马政史. 安顺: 陆军兽医学校印刷, 1945.

[20] 汤文通. 农艺植物学. 台北: 新农企业股份有限公司, 1947.

[21] 金陵大学农学院农业经济系农业历史组. 农业论文索引(1858—1931). 北平: 金陵大学图书馆, 1933.

[22] 王俊强. 民国时期农业论文索引. 北京: 农业出版社, 2011.

[23] 藤田丰八译. 论种苜蓿之利. 农学报, 1900, 10 (9): 1.

[24] 吉川佑辉, 藤田丰八译. 苜蓿说. 农学报, 1901, 13 (3): 2-4.

[25] 作者不详. 豆科植物之研究. 农学报, 1902, 13 (8): 6-9.

[26] 冯其焯, 王廷昌. 亚路花花草(alfalfa grass). 农智, 1922, (1): 49-54.

[27] 凌文之. 豆科植物之记载. 自然界, 1926, 1(1): 70-74.

[28] 薛树薰. 苜蓿. 养蜂报, 1927, (13): 12-13.

[29] 路仲乾. 爱尔华华草(alfalfa)之研究(上). 农科季刊, 1928, 1(1): 9-23.

[30] 路仲乾. 爱尔华华草(alfalfa)之研究(下). 农科季刊, 1928, 1(2): 63-78.

[31] 孙醒东. 中国食用作物. 上海: 中华书局, 1941.

[32] 曾问吾. 中国经营西域史. 上海: 商务印书馆, 1936.

[33] 孙启忠, 柳茜, 那亚, 等. 我国汉代苜蓿带归者考. 草业学报, 2016, 25(1): 240-253.

[34] 孙启忠, 柳茜, 陶雅, 等. 张骞与汉代苜蓿引入考述. 草业学报, 2016, 25(10): 180-190.

[35] 司马迁[汉]. 史记. 北京: 中华书局, 1959.

[36] 班固[汉]. 汉书. 北京: 中华书局, 2007.

[37] 松田定久 黄以仁的苜蓿考附草木樨. 黄以仁氏ノ苜蓿考附草木樨. 植物学杂志, 1911, 25(293): 233-234.

[38] 松田定久. 中国北部ヨリ来リタル苜蓿属ノ標本. 植物学杂志, 1908, 22: 199.

[39] 李璠, 钱燕文, 罗明典, 等. 生物史. 北京: 科学出版社, 1979.

[40] 白鹤文, 杜富全, 闽宗殿. 中国近代农业科技史稿. 北京: 中国农业科技出版社, 1995.

第三篇

古代与近代苜蓿栽培利用考

　　牧草学家王启柱指出，在亚洲，当以我国栽培牧草最早。据《史记》记载，汉武帝时（公元前138年）张骞出使大宛，因汗血马引进苜蓿种子。由是自西安以至黄河流域下游，即开始种植此牧草。依此，则我国栽培牧草当远较欧洲为早。惜欧美学者囿于偏见，以牧草为欧洲文明的产物，而我国亦不知继续发展，长落人后，至堪浩叹。研究表明，我国栽培利用苜蓿要早于古罗马100多年，我国是真正意义上的苜蓿种植之父。

十一、两汉魏晋南北朝时期苜蓿种植

苜蓿（*Medicago sativa*）不仅是我国古老的栽培作物之一，而且也是最早的栽培牧草[1, 2]。在古代，我国苜蓿生产水平曾居世界前列，为世界苜蓿的发展做出过重要贡献[3, 4]。自张骞通西域，汉使将苜蓿引进中原种植，开创了我国苜蓿种植的新纪元[1, 5, 6]。两汉魏晋南北朝（公元前206～589年）是我国农业发展的重要时期[3]。在农业大开发、大发展的汉代，苜蓿种植亦得到快速发展[3]，在已出土的两汉魏晋南北朝的文书中和在许多典籍中都有种植苜蓿的记载。司马迁[5]《史记·大宛传》班固[6]《汉书·西域传》介绍了苜蓿的由来与种植；崔寔[7]《四民月令》和贾思勰[8]《齐民要术·种苜蓿》介绍了苜蓿的种植技术，《四民月令》记述了苜蓿分期播种技术，《齐民要术·种苜蓿》总结的水地、旱地苜蓿种植、管理、利用等方面的技术仍沿用至今。这些典籍为我们研究两汉魏晋南北朝时期的苜蓿种植状况提供了宝贵的资料。长期以来，关于古代苜蓿的研究成果已积累了不少，孙启忠[1, 2, 9~13]等研究考证了汉代苜蓿的引入者、引入时间及张骞与汉代苜蓿引入我国的关系，乃至我国古代苜蓿植物学和近代苜蓿生物学与种植技术；郭建新和朱宏斌[14]等研究了苜蓿在我国的传播历程，并对苜蓿的渊源进行了考察分析；邓启刚和朱宏斌[15]、范延臣和朱宏斌[16]等从农业技术的本土化方面阐述了我国古代苜蓿的起源、引种与传播。本研究在前人研究的基础上，重点对两汉魏晋南北朝时期苜蓿的名称、苜蓿的种植分布、种植管理与利用技术等研究进行考述，以探讨两千多年前我国苜蓿种植初期的发展历程与种植技术与状况，对我们今天的苜蓿种植与产业发展具有积极的借鉴作用。

1 文　献　源

研究材料主要以记载苜蓿引种、种植管理与利用的相关典籍为基础（表11-1），应用植物考据学原理[2, 9, 10]，以通过资料收集整理、排比剪裁和爬梳剔抉，查证历史典籍文献记载，结合近现代研究成果，进行两汉魏晋南北朝时期苜蓿耕作种植、种植管理与利用的考证。

表 11-1　两汉魏晋南北朝时期记载苜蓿种植的相关典籍

作者	年代	书名	考查内容
司马迁 [5]	汉	史记	卷六十三大宛列传、卷八宣帝纪第八
班固 [6]	汉	汉书	卷二十四食货志、卷九十六西域传
崔寔 [7]	东汉	四民月令	正月、八月
许慎 [17]	汉	说文解字	说文解字第一下
徐铉（校定）	宋		
贾思勰 [8]	北魏	齐民要术	卷二十九种苜蓿
杨衒之 [18]	北魏	洛阳伽蓝记	卷五洛阳城北伽蓝记、卷第八释草第十三
郭璞 [19]	晋	尔雅注疏	
葛洪 [20]	晋	西京杂记	乐遊苑
陶弘景 [21]	南朝·梁	本草经集	
任昉 [22]	南朝·梁	述异记	菜部药物（上品）卷下
作者不详 [23]	不晚南北朝	三辅黄图	卷四苑囿

2　苜蓿的初名及其名实

2.1　苜蓿的初名

"苜蓿"的称谓源于引入地域的大宛语 buxsux 或伊朗语的 buksuk 的音译名称[24]。在苜蓿引入我国初期的两汉魏晋南北朝，人们利用谐音或形态意会手段命名，就出现了多个与现在的"苜蓿"同音异字，如目宿、牧宿、荻蓿，或异音异字的名字，如怀风、光风和连枝草等（表 11-2）。现在的"苜蓿"是在这些异名的基础上，在唐代出现并固定下来沿用至今[1, 25]。

表 11-2　两汉魏晋南北朝时期的"苜蓿"名称

作者	朝代	文献	名称			描述
班固 [6]	汉	汉书·西域传	目宿			罽宾地平、温和，有目宿。俗耆酒，马耆目宿。……汉使采蒲陶目宿种归
许慎 [17]	汉	说文解字	目宿			芸，草也。似目宿
崔寔 [7]	汉	四民月令	牧宿			正月可种春麦……牧宿。牧宿子及杂蒜，亦可种
郭璞 [19]	晋	尔雅注疏	荻蓿			雚，黄华。今谓牛芸草为黄华。华黄，叶似荻蓿
葛洪 [20]	晋	西京杂记	怀风	光风、连枝草		乐遊苑自生玫瑰树，树下有苜蓿。苜蓿一名怀风，时人或谓之光风。风在其间常萧然，日照其花有光采，故名苜蓿为怀风。茂陵人谓之连枝草

2.2　苜蓿名实的认定

对我国古代苜蓿名实的认定目前还存在一定的分歧[2]。缪启愉[26] 在《四民月令辑释》明确指出，"牧宿"即"苜蓿"，其所指就是紫花苜蓿（*Medicago sativa*），不是南苜蓿（*Medicago hispida*）。在缪启愉[27]《齐民要术校释》中进一步指出，苜蓿为古大宛语 buxsux 的音译，有紫花和黄花两种，但此处（《齐民要术》）指紫花苜蓿（*Medicago sativa*），即张骞出使西域所引进者，古代所称苜蓿专指紫花苜蓿。夏纬瑛[28]指出，郭璞《尔雅注疏》云，"今谓牛芸草为黄花，花黄，叶似苜蓿。"苜蓿即苜蓿。这个叶似苜蓿的牛芸草，开黄花，正是今天的草木樨属（*Melilotus*）植物。夏纬瑛[28]进一步指出，郭璞《尔雅注疏》中的苜蓿指的是紫花苜蓿（*Medicago sativa*）。1907 年日本的植物学家松田定久[29]认为，中国古代种植的苜蓿正是紫花苜蓿（*Medicago sativa*），而不是开黄花的 *M. falcata*（野苜蓿，即黄花苜蓿）或 *M. denticulata*（南苜蓿）。

3　苜蓿的引种及其分布

3.1　引种苜蓿

汉武帝时，汉使从大宛将苜蓿种子带回长安，武帝命人将其种在离宫别观旁，从此我国开始了苜蓿种植。这段历史被司马迁[5]在《史记·大宛传》中记下："马嗜苜蓿。汉使取其实来，于是天子始种苜蓿、蒲陶肥饶地。及天马多，外国使来众，则离宫别观旁尽种蒲陶、苜蓿极望。"《汉书·西域传》[6]也有类似记载："汉使采蒲陶、目宿种归。天子以天马多，又外国使来众，益种蒲陶、目宿离宫馆旁，极望焉。"可见，起初汉朝皇帝种植苜蓿的目的，一是作为御马饲草，二是观赏。而在后来，当西域的外国使节越来越多，以及从大宛过来的马匹亦越来越多，在离宫别苑旁边全部种植了葡萄和苜蓿，其种植面积达到了"一望无际"。以上是记载我国引种苜蓿的最早史料[30]。

3.2　苜蓿的种植分布

陕西　最初汉武帝命人将汉使从西域引入的苜蓿种在了京城（长安）宫院内，如皇家园囿[20, 23]（上林苑、乐遊苑），用作马的饲料或观赏植物。据南朝陶弘景[22]记载：长安中乃有苜蓿园。中国古代农业科技编纂组[31]指出，西汉的京都在长安，苜蓿种在"离宫别馆旁"，当在渭河附近的咸阳、临潼、栎阳一带，要供应天子的很多马和外国使者的马吃草，苜蓿不可能种的过远和过少，势必比较集中。后苜蓿传至民间，乃至遍于关中[32]，进而在宁夏、甘肃一带推广。周国祥[33]指出，苜蓿在陕北"天封苑"养马区域广泛种植。据 2008 年 3 月 24 日的《西安晚报》报道，榆林南郊一处汉墓出土了一批农作物种子，其中有少许苜蓿籽（种子），经有关部门鉴定后认为，这批种子为东汉汉和帝刘肇期间的种子，即89年，距今已有1900多年的历史。这说明东汉时期榆林地区就已有苜蓿种植。王毓瑚[34~36]指出，汉帝国时期，政府在西北一带设立了许多规模很大的养马场，一定是大量种植过苜蓿。以后从三国一直到南北朝末年，4个世纪之中，大部分时间黄河流域处于战乱状态，为了维持大量军马，各族的统治者显然也都重视牧草的种植，特别是苜蓿的广泛种植。唐启宇[37]亦认为，东汉时作为蔬菜的苜蓿，在黄河流域就有普遍种植。唐欧阳询记载：汉伐匈奴，取大麦、苜蓿等，示广地。又记载，所获其龙驹骥子，百队千群，更开苜蓿之园，方广。

甘宁青　汪受宽[38]指出，《汉书·西域传》记载："天子以天马多，又外国使来众，益种蒲陶、目宿离宫馆旁，极望焉。"天子的离宫馆都在长安以外，包括甘肃诸郡，颜师古[39]《汉书·西域传》注曰："今北道诸州旧安定、北地之境（两郡毗连，在今宁夏黄河两岸及迤南至甘肃东北等地），往往有目宿者，皆汉时所种也。"汪受宽[40]进一步指出，苜蓿从西域传入汉，河西走廊是第一站，凉州尤其是河西地区都有苜蓿种植。凉州是西汉武帝所置十三刺史部之一，管辖敦煌（治今甘肃敦煌）、酒泉（治今甘肃酒泉肃州区）、陇西（治今甘肃临洮）、张掖（治今甘肃张掖甘州区）、武威（治今甘肃武威凉州区）、金城（治今甘肃兰州）、天水（治今甘肃通渭西）、安定（治今宁夏固原）8郡。东汉时凉州部管辖范围扩大，除原辖8郡（天水郡改名汉阳郡）外，又将武都（西汉治今甘肃西和南，东汉治今甘肃成县西）、北地（西汉治今甘肃庆阳宁县西北、东汉治今宁夏吴忠市西南）二郡划归其管辖。总之，所谓两汉的凉州，大体包括今甘肃、宁夏及青海省东部农业区[38, 40]。中国历史大辞典历史地理卷编撰委员会[41]认为，汉代凉州辖境相当于今甘肃、宁夏、青海湟水流域，陕西定边、吴旗、凤县、略阳和内蒙古额济纳旗一带。这也说明在两汉时期，甘肃、宁夏及青海东部农业区及内蒙古西部就已广泛种植苜蓿了。据2002年5月15日新华网报道，从甘肃敦煌汉代悬泉置遗址出土的多种农作物种子与遗核，最近已被确认是2000多年前中国古人的食物。据悉此次发掘出的农作物多属于西汉时期，其中蔬菜籽有苜蓿籽、韭菜籽和大蒜等。悬泉置遗址位于甘肃省敦煌市与瓜州县之间的交界处，为两地的交通要道，附近有汉、清两个时代的烽燧遗址。这说明在汉代、晋代敦煌市与瓜州县一带就有苜蓿种植[44]。

新疆　据考古资料显示，在两汉魏晋南北朝时期楼兰、尼雅（精国）、于阗国、鄯善国、吐鲁番（高昌）等西域地区均有苜蓿分布。在尼雅遗址出土的佉卢文书对苜蓿也有记载，如214号文书[43]："由莎阁提供面粉十瓦查厘，帕利陀伽饲料十五瓦查厘，三叶苜蓿和紫苜蓿三份，直到扜弥为止。"南疆与大宛有道路相通，交往便捷，南疆极有可能在汉代时已经种植苜蓿[44]。从塔里木盆地南缘出土的佉卢文书记载看，东汉至魏晋时期的南疆已有苜蓿的种植。另一佉卢文书[43]记载了鄯善国王向其民众征收紫花苜蓿和三叶苜蓿的情况。272号简牍敕谕中称："饲料柴（紫）苜蓿亦在城内征收。"一份国王的敕谕中也提到，要求精绝向各国王的使臣提供三叶苜蓿和紫花苜蓿。魏晋时期在楼兰的军垦地区也广泛种植苜蓿以饲养牲畜。

黄河中下游 李长年[45]研究认为，《齐民要术》所讨论的农业生产范围，主要在黄河中下游，大体包括山西东南部、河北中南部、河南的黄河北岸和山东。《齐民要术·种苜蓿第二十九》所讨论的苜蓿可能就是这个区域的苜蓿种植管理经验。另外，在北魏孝文帝迁都洛阳后，重建洛阳城，并建了名为光风园的皇家菜园。北魏杨衒之[18]《洛阳伽蓝记》载"大夏门东北，今为光风园（即苜蓿园），苜蓿生焉。"在皇家华林园中也建有蔬圃，种植各种时令蔬菜，其中就有苜蓿。另据《述异记》[22]记载："张骞苜蓿园，今在洛中，苜蓿本胡中菜也，张骞始于西戎得之。"

4　苜蓿栽培与利用

4.1　苜蓿的栽培管理

汉代苜蓿栽培管理 最早介绍苜蓿栽培技术的是东汉崔寔[7]的《四民月令》，对种植牧宿的季节有详细记载，即除正月可种苜蓿外，7月、8月也可种苜蓿。由此可知，在东汉时期，苜蓿就有了春播、夏播和秋播的分期播种技术。虽然苜蓿可在春天播种，但其效果不如秋种，崔寔[7]指出，"（正月）牧宿子及杂蒜，亦可种，此二物皆不如秋。"这是因为春天少雨干旱、多风低温，不利于苜蓿种子萌发，抓苗困难；而7月、8月（阴历）降雨多，土壤墒情好，温度较高，有利于苜蓿种子的萌发与幼苗生长。在苜蓿刈割方面，《四民月令》指出，"五月，刈英刍……又曰，七月，可种目宿，……刈刍茭。"中国农业科学院和南京农学院中国农业遗产研究室[46]指出，《四民月令》所说种苜蓿，也许春初用嫩尖作蔬菜，但作饲草利用是主要的，一年可刈割3次，即5月、7月、8月，《四民月令》所说5月刈英刍，可能是为了当时饲喂（即鲜喂），但7月、8月刈割苜蓿可能为了晾晒干草，为冬天和早春储备饲草。缪启愉[26]指出，《四民月令》中的"英刍"就是指开花而未结实的青草。由此可见，在汉代人们就掌握了苜蓿刈割的最佳时期。另外，在楼兰遗址出土的汉简[47]中对苜蓿灌溉有记载："從掾趙辯言謹案文書城南牧宿以去六月十八日得水天適盛"。胡平生[48]指出，此简在讲，当时驻扎在楼兰的军队在城南种有苜蓿，赵辩可能奉命到城南苜蓿地执行任务，他在报告中讲，阴历6月18日苜蓿得到了灌溉，生长情况良好[49]。

魏晋南北朝苜蓿栽培管理 北魏贾思勰[8]的《齐民要术·种苜蓿》对苜蓿种植

技术有了更深入的认识和详细记载。当时苜蓿既在水地上种植，又在旱地上种植，两者在耕作播种技术上有一定的差异。对于在水地上种植苜蓿，贾思勰[8]指出："地宜良熟，七月种之，畦种水浇，一如韭法。亦一剪一上粪，铁耙楼土令起，然后下水。"就是说种苜蓿要选好地，可在7月播种，播种前要作畦，下种后浇水，一切和种韭菜的方法一样。在田间管理方面，每刈割一次后均要施肥，并用铁耙将表土楼松，然后浇水。贾思勰[8]在《齐民要术•种葵》中对作畦有详细的说明，畦：长十二尺（两步），阔六尺（一步）（后魏的尺，1尺=0.28m)，即畦长3.36m，宽1.68m。畦大了浇水难得均匀，而且畦里不允许人踏入。把畦土深深掘起，再用熟粪和掘起的土对半相混，然后均匀撒在畦里，厚约一寸（1尺=10寸），用铁齿耙楼过，把土混合均匀，再用脚踏实踏平；接着浇水，让地湿透。待水渗尽了进行播种。播种的方法与种韭菜相同，即用容量一升的盏子倒扣在畦面上，扣出圆圈来，将种子播在圆圈内。将熟粪和土对半和匀后均匀撒在种子上面，厚约一寸[14]。由此可见，当时就开始了苜蓿的精耕细作。

贾思勰[8]同时指出了在旱地上种植苜蓿的要求，即"旱种者，重楼耩地，使垄深阔，窍瓠下子，批契曳之。"在大田旱地种苜蓿时，要用楼将地楼过两遍，让垄又深又宽，用窍瓠（点葫芦，即一种手持播种器，内蒙古赤峰地区迄今仍在沿用此播种器）下种，然后拖着批契（一种覆土器[14]）覆土（这种技术类似于现在北方旱地播种苜蓿采用的深开沟浅覆土的方法)，并且贾思勰[8]也复引了崔寔"七月八月，可种苜蓿。"可见，他也提倡旱地苜蓿在7月、8月（阴历）播种为好。此期一是降雨多，能保证土壤墒情，二是混牧较高，两者均有利于苜蓿苗及幼苗生长。这说明当时人们已掌握了苜蓿种子发芽及幼苗生长对环境条件的要求。

在苜蓿田间管理方面贾思勰[8]也进行了论述，即"每至正月，烧去枯叶地液，辄耕垄，以铁齿锄楱锄楱之，更以鲁斫斸（zhú）其科土，则滋茂矣。"在正月时，要将苜蓿地中的枯枝落叶烧掉。到地解冻后，要及时耕翻垄（垄背），用铁齿耙耙地一遍（即对苜蓿地进行浅层松土），再用粗锄将科土（生土块）敲碎，这样苜蓿就会生长得很旺盛，不然苜蓿就会生长不良。苜蓿地可"一年三刈"，倘若"留子者一刈则止。"

4.2 苜蓿的利用

苜蓿饲用 自汉武帝时苜蓿传入我国，当时主要作为马的饲草进行种植。据考证[50]西汉武帝时，国有马匹多达40万匹，民马尚不在内，如此庞大的马匹饲养量，需要大量的优质饲草。所以各郡县太仆属官除厩、苑令丞外亦专设农官，经营农业，以供饲料。崔寔[7]在《四民月令》所说种苜蓿，主要还是用于马的饲草，一年刈割三次，即 5 月、7 月和 8 月都可"刈刍茭"[40]。崔寔所说的 5 月苜蓿刈刍茭，也许是为了当时的饲喂，但 7 月、8 月两月的刈刍茭大部分是为了预储冬季和春季的饲草。种植、刈割、储藏充足的干草，乃是为牲畜准备富有营养的饲草。所谓"茭"，《说文解字》[17] 曰："茭，干刍也。"颜师古[39] 在《汉书·沟洫志》注曰："茭，干草也。谓收茭草及牧畜产于其中"。邹介正等[51] 等指出，汉代为了发展养马从西域引入紫花苜蓿，并广泛采用"刈刍"和"积茭"的办法储备过冬草料，以保证马匹的安全越冬。贾思勰[8] 指出，"（苜蓿）长宜饲马，马尤嗜此物，长生，种者一劳永逸。都邑负郭，所宜种之。"就是苜蓿长大之后，可以喂马，马非常喜欢吃。苜蓿寿命很长，种一次可利用多年。

在吐鲁番地区出土的一件北凉时期的文书，其中提到在学的儿童要从役"茭刈苜蓿"[52]。据柳洪亮[53] 记载："北凉高昌内学司成白请查刈苜蓿牒：'内学司成令狐嗣〔白〕：辞如右，称名堕军部，当刈蓿。长在学，偶即书，承学桑役。投辞差检，信如所列，请如辞差刈蓿……'"《北凉承平年间（443—406 年）高昌郡高昌县赀簿》记载的田地类型包括常田、卤田、石田、沙车田、无他田、无他潢田及桑田、葡萄田、苜蓿田、枣田、瓜田等。苜蓿田属于非粮作田，并记有苜蓿田 4 亩[47]。1997 年吐鲁番洋海一号墓地出土的阚氏高昌文书[54]，其中《阚氏高昌永康年间（466—485 年）供物、差役帐》有涉及缴纳苜蓿等物的内容。如"樊同伦致莜宿""张寅虎致高宁莜宿"。文书中的"致"即为"交纳"的意思。目前对"致高宁莜宿"的解释有两种，即高宁苜蓿是高昌地区所种苜蓿的品种名称，还有人认为高宁苜蓿是指在高宁县征收的苜蓿[55]。高宁为现今的葡萄沟，是当时高昌国赋役负担最繁重的地区。焉耆王一行来到高昌城，需要大量的苜蓿用于他们所乘马匹的饲喂，当地征收苜蓿不够饲喂，所以还得从高宁县征收苜蓿以做补充。尼雅遗址出土的佉卢文书资料中曾有官方征收紫花苜蓿作为皇家牲畜饲料的记载，而根据目前的资料，精绝国种植紫花苜蓿土地的面积当不会小于他们种植粮食的土地面积，这是由于他们饲养大量的骆驼、马、牛、驴等大牲畜所必需的。吕卓民和陈跃[56] 等指出，在楼兰、尼雅出土的佉卢文书中，记有苜蓿作为税种征收，可见当时苜蓿种植的广泛性和普遍性。韩鹏[57] 指出，高昌地区不仅食用羊牛肉，前期"食肉以猪为主，羊、牛次之。鉴于后期猪的饲养量明显减少，而相对粗放的家畜牧放获得很大发展，种植广、产量高的苜蓿满足了家畜及野外放牧对饲草的要求，……。"

据《中国所出佉卢文文书·沙海古卷（初集）》[43] 记载："现在朕派奥古侯阿罗耶出使于阗。为处理汝州之事，朕还嘱托奥古侯阿罗耶带去一匹马，馈赠于阗大王。务必提供从莎阇精绝之饲料。由莎阇提供面粉十瓦查厘，帕利陀伽饲料十五瓦查厘和紫花苜蓿两份，直到（214 页底牍正面）。"该文书中还有："再由精绝提供谷物饲料十五瓦查厘，帕利陀伽饲料十五瓦查厘，三叶苜蓿和紫花苜蓿三份，直到扦弥为止（214 页底牍正面）"的记载。敕谕文书中提到了鄯善国王将马匹作为礼物馈赠给于阗国王的情况，鄯善国王要求沿途各地要为马匹提供紫花苜蓿等饲料。在另一件文书中也对紫花苜蓿有记载："国事无论如何不得疏忽。饲料紫花苜蓿亦在城内征收，camdri、kamamta、茜草和 curoma 均应日夜兼程，速送皇廷（272 页皮革文书正面）。"[43] 由此可见，紫花苜蓿是一种重要的饲料，作为国事在城内征收。这些文书记录反映了苜蓿在汉晋时期西域的饲用情况[58-60]。

苜蓿食用　汉代开辟的"丝绸之路"沟通了我国与中亚、西亚各国的商业渠道。先后引进了苜蓿、大蒜等蔬菜，其后在我国各地普遍栽种[61]。崔寔[7] 在《四民月令》既将苜蓿当饲草栽培，亦将其作蔬菜栽培，在其提到的二十来种蔬菜中，记载了苜蓿在一年可分三次播种，首次播种在正月，其余两次可在 7 月、8 月，前后两次播种期相隔五六个月之久，苜蓿幼嫩时可食。可见这是有意的分期播种，目的在提高土地利用率和延长苜蓿供应时间[3]。贾思勰[8] 亦指出，"春初既中生，嗽为羹，甚香……都邑负郭，所宜种之。"就是在初春（菜少）时候，苜蓿可以生吃，做汤也很香。据南朝·梁陶弘景[21]《本草经集注》记载："长安中乃有苜蓿园，北人甚重此，江南人不甚食之，以无气味故也。"与秦汉前期相比，自汉武帝之后蔬菜种类明显增多，特别是在东汉，苜蓿已被列入一般农业生产的范围，在黄河中下游地区既作为饲草，又作为蔬菜被广为栽培[1, 62]。

苜蓿园林观赏　在两汉魏晋南北朝，苜蓿不仅是重要的饲草，而且也是为数不多的蔬菜，同时也是皇家园林中的观赏植物。据晋葛洪[20]《西京杂记·乐遊苑》记载："乐遊苑自生玫瑰树，树下多苜蓿。苜蓿一名怀风，时人或亦谓之光风。风在其间，常萧萧然，日照其有光采，故名苜蓿为怀风，茂陵人亦谓之连枝草。"《汉书·宣帝纪》[6] 曰："三年春，起乐遊苑。""乐遊，在杜陵西北，宣帝神爵三年[3]（公元前 59 年）春起"[20]。任昉[22] 在《述异记》有这样的记述："张骞苜蓿园，今在洛中，……。"北魏孝文帝在洛阳建有名为光风园（苜蓿园）的皇家菜园，据《洛阳伽蓝记》[18] 记载载："大夏门东北，今为光风园，苜蓿生焉。"

从《史记·大宛传》[5] 和《汉书·西域传》[6] 对苜蓿的记载可知，苜蓿引进我国初时，还只是汉宫苑圃中珍贵的植物，主要用于喂马，而且设有专人管理，如《后汉书·百官志》[63] 记载"目宿宛宫四所，一人守之。"这说明当时就设置有一个农场主指挥 4 个生产队[64, 65]。这是我国记载苜蓿农事最早的史料。另据孙星衍[66]《汉官六种》载："长乐厩，员吏十五人，卒驺二十人，苜蓿苑官田所一人守之。"是说京师长乐厩有专门种植苜蓿的苑田。《汉律摭遗·厩律》也记有"苜蓿苑"。

商品苜蓿　早在汉代苜蓿就已成为商品进行买卖交易。据《敦煌汉简》[67,68] 记载："恐牛不可用今致賣目宿養之目宿大貴束三泉留久恐舍食盡今且寄廣麥一石"。古代"买卖"同字。简文中记述的是王莽时期物价上涨后，每苜蓿束 3 泉（钱），主人担心买来的苜蓿不够喂牛，于是主人又准备了一石麦（类）作为牛的饲料 [69, 70]。由此看出，在汉代苜蓿已成为一种商品在出售，同时也反映出当时敦煌地区苜蓿种植面积之大 [64]。

5 汉代引种栽培苜蓿的意义

众所周知,我国苜蓿是从汉代开始种植的,颜师古 [39] 在《汉书·西域传》注曰:"今北道诸州旧安定、北地（两郡毗连,则今宁夏黄河两岸及迤南至甘肃东北等地）之境,往往有目宿（苜蓿）者,皆汉时所种也。"说明汉时苜蓿已向西北牧区推广,颇为广泛 [3],从汉代到唐代乃至现在苜蓿在西北得到广泛种植,汉代苜蓿引入的结果及其深远影响可见一斑。梁家勉 [3] 指出,饲草和饲料是发展畜牧业的物质基础。汉代优质饲草苜蓿的引入试种和推广,既是我国畜牧业发展史上的重大事件之一,也是我国草业发展史上的重大事件之一,标志着我国栽培草地（或人工种草）的开始,不仅开创了我国苜蓿种植的新纪元,而且也开创了我国栽培草地建植的新纪元,在我国栽培草地建植中具有里程碑意义。在汉代,苜蓿得到广泛种植,作为马的重要饲料,对繁育良种马,增强马和牛的体质和挽力,都发挥了一定作用 [71~73]。大量的马匹输入,对汉代社会经济和军事力量的壮大发挥了重要作用,由于马吃苜蓿后增加了体质,不仅促进了汉代社会经济的发展,而且也促进了国防事业的发展,为边疆的保护做出了贡献 [74]。苜蓿引入的作用及影响绝不仅于此,陈竺同 [75] 认为,除畜类饲料外,更可作绿肥原料,对于农业是有好处的。苜蓿嫩苗还可作蔬菜；它并能结小荚,老则黑色,内有实如稷米,可酿酒,亦可做饭,以防备年成饥荒。范文澜 [76] 指出,汉代引入种植苜蓿极大地丰富了我国的物产,特别是农作物,同时也使我国有了最优良的饲草,不论是对当时的农业还是畜牧业乃至国防事业都有极大的影响,其至苜蓿对今天的农业、畜牧业也有极大的影响 [77~79]。在我国苜蓿大面积种植的地区,都有其优良的家畜品种,苜蓿对育成秦川牛、晋南牛、早胜牛、南阳牛、关中驴、早胜驴等古老的著名家畜品种起到了直接的、十分重要的作用 [1, 80]。不仅如此,苜蓿的引进实际上已成为象征汉代中西交流取得历史性进步的文化符号,唐人王维《送刘司直赴西安》诗:"苜蓿随天马,葡桃逐汉臣。"反映了天马对苜蓿悠远的依从关系,为西汉时期东西交流的成就,保留了长久的历史记忆 [81]。

自汉武帝时苜蓿引种成功,两汉魏晋南北朝时期苜蓿得到了快速发展,特别是在北方苜蓿得到广泛种植,新疆、甘肃、宁夏和陕西及青海东部、内蒙古西部及黄河中下游等都有种植。尽管西汉《氾胜之书》没有介绍在关中广泛种植苜蓿的技术,但东汉《四民月令》介绍了当时苜蓿的播种、刈割技术,成为最早介绍苜蓿栽培技术的书籍。到了北魏,贾思勰《齐民要术·种苜蓿》详细总结了水地、旱地的苜蓿栽培、田间管理及利用技术，有些技术沿用至今，如播种技术、刈割制度、早春松土等。两汉魏晋南北朝时期，苜蓿主要以饲草利用为主，特别是以饲喂马匹为主，在春季苜蓿幼嫩时也可用于蔬食，同时作为观赏植物，皇家园林中也有种植。同时，苜蓿在汉代就作为一种商品在进行交易，并且征收苜蓿草已成为国家大事，设有专门种植苜蓿的苜蓿苑和管理苜蓿生产的机构，以厩律形式固定下来，并设有苜蓿税。研究考证发现，两汉魏晋南北朝时期对苜蓿的种植是非常重视的，并且苜蓿种植技术堪称一流，这对重振我国苜蓿种植具有积极的作用。

参 考 文 献

[1] 孙启忠. 苜蓿经. 北京: 科学出版社, 2015.

[2] 孙启忠, 柳茜, 李峰, 等. 我国古代苜蓿的植物学研究考. 草业学报, 2016, 25(5): 202-213.

[3] 梁家勉. 中国农业科学技术史稿. 北京: 中国农业出版社, 1989.

[4] 劳费尔. 中国伊朗编. 林筠因译. 北京: 商务印书馆, 1964.

[5] 司马迁[汉]. 史记. 北京: 中华书局, 1959.

[6] 班固[汉]. 汉书. 北京: 中华书局, 2007.

[7] 崔寔[汉]. 四民月令. 石声汉校注. 北京: 中华书局, 1965.

[8] 贾思勰[北魏]. 齐民要术. 石声汉今释. 北京: 中华书局, 1961.

[9] 孙启忠, 柳茜, 那亚, 等. 我国汉代苜蓿引入者考. 草业学报, 2016, 25(1): 240-253.

[10] 孙启忠, 柳茜, 陶雅, 等. 张骞与汉代苜蓿引入考述. 草业学报, 2016, 25(10): 180-190.

[11] 孙启忠, 柳茜, 陶雅, 等. 汉代苜蓿传入我国的时间考述. 草业学报, 2016, 25(12): 194-205.

[12] 孙启忠, 柳茜, 陶雅, 等. 我国近代苜蓿种植技术研究考述. 草业学报, 2017, 26(1): 178-186.

[13] 孙启忠, 柳茜, 陶雅, 等. 我国近代苜蓿生物学研究考述. 草业学报, 2017, 26(2): 208-214.

[14] 郭建新, 朱宏斌. 苜蓿在我国的传播历程及渊源考察. 安徽农业科学, 2015, 43(21): 390-392.

[15] 邓启刚, 朱宏斌. 苜蓿的引种及其在农耕地区的本土化. 农业考古, 2014, (3): 20-30.

[16] 范延臣, 朱宏斌. 苜蓿引种及其我国的功能性开放. 家畜生态学报, 2013, 34(4): 86-90.

[17] 许慎[汉]. 说文解字. 徐铉[宋]校定. 北京: 中华书局, 2013.

[18] 杨衒之[北魏]. 洛阳伽蓝记. 上海: 上海古籍出版社, 1978.

[19] 郭璞[晋]注. 尔雅注疏. 宋邢昺疏. 上海: 上海古籍出版社, 2010.

[20] 葛洪[晋]. 西京杂记. 西安: 三秦出版社, 2006.

[21] 陶弘景[南朝]. 本草经集注. 北京: 群联出版社, 1955.

[22] 任昉[南朝]. 述异记. 北京: 中华书局, 1960.

[23] 作者不详. 三辅黄图. 毕沅校. 上海: 商务印书馆, 1936.

[24] 张平真. 中国蔬菜名称考释. 北京: 燕山出版社, 2006.

[25] 于景让. 汗血马于苜蓿. 大陆杂志, 1952, 5(9): 24-25.

[26] 崔寔[汉]. 四民月令. 缪启愉辑释. 北京: 农业出版社, 1981.

[27] 贾思勰[北魏]. 齐民要术. 缪启愉校释. 上海: 上海古籍出版社, 2009.

[28] 作者不详. 夏小正经文. 夏纬瑛校释. 北京: 农业出版社, 1981.

[29]　松田定久. 关于苜蓿的称呼考定及中国产苜蓿属的种类. 植物学杂志, 1907, 21(251): 1-6.

[30]　孙醒东. 重要绿肥作物栽培. 北京: 科学出版社, 1958.

[31]　中国古代农业科技编纂组. 中国古代农业科技. 北京: 中国农业出版社, 1980.

[32]　陕西省畜牧业志编委. 陕西畜牧业志. 西安: 三秦出版社, 1992.

[33]　周国祥. 陕北古代史纪略. 西安: 陕西人民出版社, 2008.

[34]　王毓瑚. 我国自古以来的重要农作物. 农业考古, 1981, (1): 69-79.

[35]　王毓瑚. 我国自古以来的重要农作物(中). 农业考古, 1981, (2): 13-20.

[36]　王毓瑚. 我国自古以来的重要农作物(下). 农业考古, 1982, (1): 42-49.

[37]　唐启宇. 中国农史稿. 北京: 中国农业科技出版社, 1985.

[38]　汪受宽. 甘肃通史·秦汉卷. 兰州: 甘肃人民出版社, 2009.

[39]　班固[汉]. 汉书. 颜师古[唐]注. 北京: 中华书局, 1998.

[40]　汪受宽. 两汉凉州畜牧业述论. 敦煌学辑刊, 2009, (4): 17-32.

[41]　中国历史大辞典历史地理卷编撰委员会. 中国历史大辞典历史地理卷. 上海: 上海辞书出版社, 1996.

[42]　杨文琴, 张宏伟. 酒泉农业史. 兰州: 兰州大学出版社, 2013.

[43]　林梅村. 中国所出佉卢文书·沙海古卷(初集). 北京: 文物出版社, 1988.

[44]　陈跃. 汉晋南北朝时期吐鲁番地区的农业开发. 陕西学前师范学院学报, 2014, 30(5): 79-89.

[45]　李长年. 齐民要术研究. 北京: 中国农业出版社, 1959.

[46]　中国农业科学院, 南京农学院中国农业遗产研究室. 中国农学史(上册). 北京: 科学出版社, 1959.

[47]　李艳玲. 公元5世纪至7世纪前期吐鲁番盆地农业生产探析. 西域研究, 2014, (4): 73-78.

[48]　胡平生. 楼兰木简残纸文书杂考. 新疆社会科学, 1990, (3): 85-93.

[49]　王守春. 楼兰古城兴废的历史教训. 中国历史地理论丛, 2002, (6): 16-18.

[50]　谢成侠. 中国养马史. 北京: 科学出版社, 1959.

[51]　邹介正, 王铭农, 牛家藩, 等. 中国古代畜牧兽医史. 北京: 中国农业科技出版社, 1994.

[52]　王炳华. 新疆农业考古概述. 农业考古, 1983, 102-118.

[53]　柳洪亮. 新出吐鲁番文书及其研究. 乌鲁木齐: 新疆人民出版社, 1997.

[54]　黄楼. 阚氏高昌杂差科帐研究. 敦煌学辑刊, 2015, (2): 55-70.

[55]　荣新江, 李肖, 孟宪实. 新获吐鲁番出土文献. 北京: 中华书局, 2008.

[56]　吕卓民, 陈跃. 两汉南疆农牧业地理. 西域研究, 2010, (2): 53-62.

[57]　韩鹏. 吐鲁番出土供食帐中所见高昌时期饮食情况. 北方文学, 2011, 2: 109-110.

[58]　刘文锁. 尼雅遗址古代植物志. 农业考古, 2002, (3): 63-67.

[59]　王炳华. 精绝春秋——尼雅考古大发现. 杭州: 浙江文艺出版社, 2003.

[60]　王欣, 常婧. 鄯善王国的畜牧业. 中国历史地理论丛, 2007, 22(2): 94-100.

[61]　中国农业百科全书总编辑委员会蔬菜卷编辑委员会. 中国农业百科全书·蔬菜卷. 北京: 中国农业出版社, 1990.

[62]　中国农业科学院蔬菜花卉研究所. 中国蔬菜栽培学(第二版). 北京: 中国农业出版社, 2010.

[63]　范晔[宋]. 后汉书. 陈芳译注. 北京: 中华书局, 2009.

[64]　孙醒东. 重要绿肥作物栽培. 北京: 科学出版社, 1958.

[65]　谢成侠. 二千多年来大宛马(阿哈马)和苜蓿传入中国及其利用考. 中国畜牧兽医杂志, 1955,

(5): 105-109.

[66]　孙星衍[清]. 汉官六种. 周天游点校. 北京: 中华书局, 1990.

[67]　甘肃省文物考古研究所. 敦煌汉简. 北京: 中华书局, 1991.

[68]　吴礽骧, 李永良, 马建华. 敦煌汉简释文. 兰州: 甘肃人民出版社, 1991.

[69]　韦双龙. 敦煌汉简所见几种农作物及其相关问题研究. 金陵科技学院学报(社会科学版), 2012, 26(4): 69-74.

[70]　安忠义, 强生斌. 河西汉简中的蔬菜考释. 鲁东大学学报(哲学社会科学版), 2008, 25(6): 29-33.

[71]　郭文韬. 中国农业科技发展史略. 北京: 中国科学技术出版社, 1988.

[72]　闵宗殿, 彭治富, 王潮生. 中国古代农业科技史图说. 北京: 中国农业出版社, 1989.

[73]　林甘泉. 中国经济通史·秦汉经济卷. 北京: 经济日报出版社, 1999.

[74]　熊铁基. 中国文化通志·秦汉文化志. 上海: 上海人民出版社, 1998.

[75]　陈竺同. 两汉和西域等地的经济文化交流. 上海: 上海人民出版社, 1957.

[76]　范文澜. 中国通史简编. 北京: 商务印书馆, 2010.

[77]　王毓瑚. 中国畜牧史资料. 北京: 科学出版社, 1958.

[78]　王治来. 中亚通史·古代卷(上). 乌鲁木齐: 新疆人民出版社, 2004.

[79]　陈文华. 中国古代农业文明. 南昌: 江西科学技术出版社, 2005.

[80]　胡治志. 人工草地在我国21世纪草业发展和环境治理中的重要意义. 草原与草坪, 2000, (1): 12-15.

[81]　黎东方. 细说秦. 上海: 上海人民出版社, 2002.

十二、隋唐五代时期苜蓿栽培利用

在农业生产上，隋唐是一个大发展时期，也是一个大转变时期。这一时期我国西北地区官营畜牧业甚为发达，其规模在当时的世界上也是空前的。唐太宗时代陇右官营牧场养马达 70 多万匹，唐玄宗初年陇右牧场官马、牛、驼、羊也有 60 多万头（匹）。对畜牧业的重视特别是对养马业的重视，是隋唐畜牧业的特点，也是唐代国势强大的一个重要原因。苜蓿（*Medicago sativa*）因马而入汉[1, 2]，汉唐马业的发展带动了苜蓿的发展，而苜蓿的发展又支撑着马业的发展[3~7]。纵观秦汉以来我国马业发展，以唐马最盛[4, 5, 8, 9]，由于"马嗜苜蓿[1, 2]"，苜蓿在唐马发展中起到了不可替代的作用。与两汉魏晋南北朝相比，隋唐五代时期的苜蓿不论在种植规模还是技术水平乃至管理制度等方面均有大的提升[4, 6, 7, 10]。目前为止，虽然对古代苜蓿有一些考证研究，如汉代苜蓿引入者[11]和引入时间[12]、张骞与汉代苜蓿[13]、古代苜蓿植物学[14]、两汉魏晋南北朝和近代苜蓿栽培利用[15]，苜蓿的引种[16]及其本土化[17]等，但对隋唐五代苜蓿的栽培利用考证研究尚属少见。鉴于此，本文旨在应用植物考据学原理[11]，以记载隋唐五代苜蓿典籍为基础，结合现代研究成果，对隋唐五代苜蓿的种植分布状况以及利用情况作一粗浅的研究，以期挖掘整理隋唐五代苜蓿史料，特别是苜蓿种植技术或管理经验乃至在畜牧业发展中的作用等方面值得我们认真总结和借鉴，以为我国当今苜蓿产业及马产业发展提供参考，为苜蓿史的研究提供一些有价值的信息。

1 文 献 源

以记载隋唐五代时期的苜蓿栽培利用的有关典籍为基础（表 12-1），采用植物考据学原理和方法，对典籍中与苜蓿相关的内容进行查证考实，并结合近现代研究成果，梳理和总结隋唐五代时期的苜蓿种植分布、栽培管理与利用等。

表 12-1　记载隋唐五代苜蓿栽培利用的相关典籍

作者	年代	书名	考查内容
杜台卿[18]	隋	玉烛宝典	卷二，卷七
魏征[19]	唐	随书	志第二十二·百官中
班固撰，颜师古注[20]	唐	汉书	卷九十六·西域传

作者	年代	书名	考查内容
杜佑[21]	唐	通典	卷第二食货二、卷第一百一十六蔗新物
李林甫[22]	唐	唐六典	卷第三、卷第七
薛用弱[23]	唐	集异记	刘禹锡
封演[24]	唐	封氏闻见记	卷七
张说[25]	唐	大唐开元十三年陇右监牧颂德碑	陇右监牧颂德碑
欧阳询[26]	唐	艺文类聚	卷八十七·菜部下
孟诜[27]	唐	食疗本草	苜蓿
韩鄂[28]	唐	四时纂要	七月、八月、十二月
苏敬[29]	唐	新修本草	菜部卷第十八
孙思邈[30]	唐	备急千金要方	卷第二十六
长孙无忌[31]	唐	唐律疏议	卷第十五
李吉甫[32]		元和郡县志	卷四十陇右道下
王定保[33]	五代	唐摭言	卷十五·闽中进士
刘昫[34]	后晋	旧唐书	志第二十·地理三
欧阳修[8]	宋	新唐书	卷四十六志第三十六·百官一、卷一百二十一列传第四十六·王毛仲
欧阳修[35]	宋	新五代史	卷七十四
王溥[36]	宋	唐会要	卷六十五
王钦若[37]	宋	册府元龟（第6册）	卷第四百九十五·田制
李昉[38]	宋	文苑英华	卷第八六九·陇右监牧颂德碑

2 苜蓿种植分布状况

2.1 陇右、关内、河东三道苜蓿

2.1.1 陇右、关内、河东三道辖区

陇右道，《唐六典·户部尚书》[22]亦记载，陇右道辖境："东接秦州，西逾流沙，南连蜀及吐蕃，北界朔漠。"相当于今甘肃陇山六盘山以西，青海省青海湖以东及新疆东部地[39]。据《元和郡县志》[32]记载，陇右道辖境秦州、武州、兰州、河州、廓州、岷州、洮州、鄯州、宕州、宕州、凉州、甘州、肃州、沙州、瓜州、伊州、西州和庭州。唐前期马政最盛，因"马多地狭不能容"，又将牧监向西延至河曲、向东经岐、陇、泾、宁四州（今甘肃宁县、正宁、庆阳及陕西北部一带），延至盐州及河东岚州。东西跨三道，延伸千余里。

关内道，唐贞观元年（627年）置。《唐六典·户部尚书》[22]关内道"东距河，西抵陇坂，南据终南山，北边沙漠。"相当于今陕西秦岭以北，内蒙古阴山以南，宁

夏贺兰山、甘肃六盘山以东地区[39]。

河东道，唐贞观元年（627 年）因山川形便，分黄河以东、太行山以西地区置。辖境相当于今山西全境及河北西北部内、外长城间地[39]。

2.1.2　陇右、关内、河东三道苜蓿种植概况

隋唐五代苜蓿的发展与其养马业的发展息息相关，"秦汉以来，以唐马最盛"[8]。隋唐以来国家经营马有固定的牧马场，称为"牧监"，相当于秦汉的牧师苑。牧监主要集中分布在陇右、关内、河东三道。又以陇右道为集中，唐在陇右置八坊，八坊下置马监四十八所，南自秦、渭二州，北至会州、兰州以东，原州以西，东西 600 里，南北 400 里的广大范围，皆为牧监之地[40]。此外，在关中还置沙苑（唐置，今陕西大荔县东南 40 余里马坊头村），《元和郡县图志》记载：沙苑"今以其处宜六畜，置沙苑监。"以饲养六畜著名，史念海指出，沙苑亦是唐代的牧马地[41]。谢成侠[4, 5]、王毓瑚[6]亦认为，沙苑监可能是牛、马、羊同时经营，但以养马为主。

在古代，苜蓿是马最好的牧草，苜蓿自汉进入我国，对马业的发展具有积极的促进作用。贞观至麟德四十年间（627～665 年），陇右牧监有马达 70.6 万匹，杂以牛、羊、驼等，其数量更大。《唐六典·工部尚书》[22]亦载："凡军州边防镇守，转运不给，则设屯田，以益军储。"军粮尚且如此，战马所需牧草更是就地解决，因此边镇周围屯田区外应有大片土地以供军马牧草。为了保证牧草供给建立了庞大的饲料生产基地[10]，保障了不同牲畜的各类饲料供给，郗昂[42]《岐邠泾宁四州八马坊颂碑》记载："八坊营田一千二百三十馀顷，析置十屯，密迩农家，悦来租垦。"《新唐书·兵志》[8]记载："自贞观至麟德四十年间，马七十万六千，置八坊岐、豳、泾、宁间，地广千里：一曰保乐，二曰甘露，三曰南普闰，四曰北普闰，五曰岐阳，六曰太平，七曰宜禄，八曰安定。八坊之田，千二百三十顷，募民耕之，以给刍秣。八坊之马为四十八监，而马多地狭不能容，又析八监列布河曲丰旷之野。凡马五千为上监，三千为中监，余为下监。监皆有左、右，因地为之名。"谢成侠[4]指出，这些马坊的土地显然只是指耕种的实际面积，绝不是八马坊的全部土地。因"岐、豳、泾、宁间，地广千里，置八坊。"当时在今陕、甘两省的牧马地至少有 10 万顷以上，而这些地只是唐初成立马坊时为了生产牧草而开辟的。所以在八坊的地域内，划出 1230 顷作为田地，募民耕种，以其为牧草。韩茂莉[40]指出，贞观至麟德年间唐代廷岐、豳、径、宁四州设置八马坊，自此四州收坊之地被统称为岐阳岐地。它在唐前期宫马饲养中所占地位甚重。这时坊地内除牧地外；有地 1230 顷为耕种牧草（苜蓿）之用，供给京师附近闲厩所需牧草（苜蓿）。《大唐开元十三年陇右监牧颂德碑》[25]记载：时在陇右牧区，"莳蒿麦、苜蓿一千九百顷，以荄蓄禦冬"。这是张说在《大

唐开元十三年陇右监牧颂德碑》[25]总结陇右监牧的"八政"举措的第五项,是说辟地种植苜蓿等,增加养马的牧草储备以利越冬。在陇右牧监种植莳麦、苜蓿达1900顷。由此可见,陇右一带苜蓿种植规模之大,亦说明唐代苜蓿作为牧草种植的普遍性和重要性。苜蓿基地的建立及其大量积贮,保障了牧草的充足供给,为唐马业的兴盛提供了物质基础。闵宗殿[43]认为,唐代养马业所以能得到如此惊人的发展,是因为建立了强大的牧草(苜蓿)基地,解决了冬季牧草这个大规模发展畜牧业的关键问题。

唐封演[24]《封氏闻见记》记载:"汉代张骞自西域得石榴、苜蓿之种,今海内遍有之。"《汉书·西域传》[2]记载:"天子以天马多,又外国使来众,益种蒲陶、目宿离宫馆旁,极望焉。"天子的离宫馆都在长安以外,包括甘肃诸郡,唐颜师古[20]在《汉书·西域传》注曰:"今北道诸州旧安定、北地之境(两郡毗连,则今宁夏黄河两岸及迤南至甘肃东北等地),往往有目宿者,皆汉时所种也。"(史为乐[39]认为,安定郡辖境相当于今甘肃景泰、靖远、会宁、平凉、泾川、镇原及宁夏中宁、中卫、同心、固原、彭阳等县地;北地郡辖境相当于宁夏贺兰山、山水河以东及甘肃环江、马莲河流域)。芮传明[44]指出,汉代的安定、北道等州,地处今甘肃、宁夏,兼及陕西。颜师古谓这些地区的苜蓿皆汉时所种,未必确实,但在他(颜师古)的时代,那里颇多苜蓿,则是可以肯定的,是为唐苜蓿种植情况一瞥。这说明陕甘宁地区从汉代就开始苜蓿的种植,延续至唐乃至今。

杜甫《沙苑行》[45]曰:"龙媒昔是渥洼生,汗血今称献于此。苑中騋牝三千匹,丰草青青寒不死。"谢成侠[4]指出,杜甫的《沙苑行》是对沙苑监养马的情形的记述,其中饲养的马为汗血马,汗血马嗜苜蓿,"丰草青青寒不死"或指苜蓿,从这里可看出沙苑监中应该种有苜蓿。唐岑参《北庭郊候封大夫受降回献上》诗曰"胡地苜蓿美,轮台征马肥[45]。""轮台"为唐庭州三县之一[8],苜蓿作马的牧草在轮台(即今新疆轮台县)有种植。岑参另一首《题苜蓿烽寄家人》曰:"苜蓿烽边逢立春,胡芦河上泪沾巾。"柴剑虹[46]认为《题苜蓿烽寄家人》一诗当作于天宝十年(751年)立春诗人首次东归途中,诗中的胡芦河即玉门关附近的疏勒河,黄文弼(吐鲁番考古记)指出苜蓿烽为一地名,盖因种苜蓿而得名[47]。陈舜臣[48]指出,乾元二年(759年)杜甫前往秦州(今甘肃省天水市一带)时,作了一首《寓目》诗曰:"一县葡萄熟,秋山苜蓿多。"岑参和杜甫作《题苜蓿烽寄家人》和《寓目》分别距张说《大唐开元十三年陇右监牧颂德碑》[开元十三年(725年)]26年和34年,这也验证了苜蓿已是唐西北普遍种植的牧草了[48]。

2.1.3　伊州苜蓿

黄文弼[49]《吐鲁番考古记》有《伊吾军屯田残籍》,其有"苜蓿烽地五亩近屯"记载。

据《旧唐书·地理志》[34] 记载，"伊吾军，在伊州西北三百里甘露川，管兵三千人，马三百匹。"《元和郡县志》[32] 亦有类似记载，黄文弼 [49] 根据《元和郡县志》记载认为，伊州疑即今哈密西之三堡，伊吾军疑在巴勒库尔一带。史为乐 [39] 根据《旧唐书·地理志》记载亦认为，伊吾军，唐景龙四年置，在伊州（今新疆哈密市），后移至巴里坤哈萨克自治县西北。黄文弼 [49] 指出，文云："首蓿烽地五亩近屯"，唐岑参有诗"首蓿烽边逢立春"之句，是首蓿烽为一地名，盖因种首蓿而得名。这说明在唐代伊州有兵马存在，对首蓿有需求，所有在伊州一带应该有首蓿种植。

2.1.4 西州（交河）首蓿

在大谷 3049 号《唐天宝二年（743 年）交河郡市估案》[50] 有记载，"首蓿春茭壹束，上直钱陆文，次伍文，下肆文。"《新唐书》[8] 记载："西州交河郡，中都督府。"交河郡，北魏时高昌国置，治所在交河城（今新疆吐鲁番市西北二十里亚尔湖西）。唐贞观十四年（640 年）改为交河道 [39]。刘安志和陈国灿 [51] 认为，从吐鲁番所出《唐天宝二年（743 年）交河郡市估案》[50] 云："首蓿春茭壹束，上直钱陆文，次伍文，下肆文"可以看出，首蓿有价，可作为商品出售。在敦煌所出土的张君义两件文书中，其中文书（二）第 2 行末存"蓿薗阵"三字，刘安志 [52] 指出："此'蓿薗'即首蓿园。首蓿乃是一种牧草，可供牛、马等牲口食用，在西州还可作为商品出售，首蓿园就是专门种植首蓿的场所。"

吐鲁番出土《唐开元某年西州蒲昌县上西州户曹状为録申刈得首蓿秋茭数事》[53]，也是典型的县上州状。

状称：收得上件首蓿、秋茭具束数如前，请处分者。秋刈得首蓿、茭数，録。吴丽娱 [53] 指出，这件文书钤有"蒲昌县之印"二处，其前八行是蒲昌县关于送交首蓿、秋茭之事申州户曹的状文，第 9 行是另件牒。由第 2～4 行"状称"以下语得知，这件状文原来是下级关于收首蓿、秋茭的报告，蒲昌县录后上申州户曹请求处分。从这些残缺的文书记录中可以窥视出，唐开元年间西州蒲昌县种有首蓿，并由官方收购。

2.2 安西（龟兹）首蓿

《旧唐书》[34] 记载："安西大都护府贞观十四年（640 年），侯君集平高昌，置西州都护府治在西州。……三年五月，移安西府于龟兹国。旧安西府复为西州。"安西都护府，贞观二十二年（648 年），平龟兹，移治所于龟兹都城（今新疆库车），统龟兹、疏勒、于阗、焉耆四镇。《新唐书》[8] 记载："四月癸卯，吐蕃陷龟兹拨换城。废安西四镇。"史为乐 [39] 指出，龟兹都督府，唐贞观二十二年（648 年）置，属安西都护府，治所在伊逻卢城（今新疆库车县城东郊皮朗旧城）。庆昭蓉[54]认为，古代龟兹地区略相当于今阿克苏地区库车、沙雅、新和、拜城。庆昭蓉[54]根据出土文书《唐支用钱练帐》残片整理，对苜蓿有这样的记载：

支付手段	支付额	事由
铜钱	六文	买苜蓿
铜钱	八文	买四束苜蓿
铜钱	三文	买三束苜蓿

从另一个侧面也可看出，苜蓿作为商品出现在市场上，从而也说明在唐代安西（龟兹）一带有苜蓿种植。《大谷文书集成》[50]中的8074号文书《安西（龟兹）差科簿》对苜蓿有如下记录：张遊艺，窦常清；六人锄苜蓿。

刘安志和陈国灿[51]指出，本件虽缺纪年，但属唐代文书应无疑义，为《安西（龟兹）职田文书》。首行两人不知服何役，第2行"六人锄苜蓿"，按"苜蓿"，乃是一种牧草，可供牛、马等牲口食用。"锄苜蓿"意指锄收苜蓿以供牲口，由吴兵马使两园家人负担，此6名家人均有名无姓，应是吴家的奴仆。欧阳询《艺文类聚》[26]记载，龟兹苜蓿示广地。由此可见，唐代龟兹一带苜蓿种植普遍。

2.3 毗沙（于阗）苜蓿

《旧唐书》[34]记载："丙寅，以于阗为毗沙都督府"。林海村[55]在《唐于阗诸馆人马给粮历》记载了欣衡，他指出，欣衡之名已不见于现代地图，不过伯克撒母之北约45km的突厥语地名"必底列克乌塔哈"意为"有苜蓿的驿站"，欣衡驿馆似在此地。另外，在今墨玉县北喀瓦克乡的麻札塔格古戍堡，考古工作者的考察也证实当地城堡主要使用时期是唐代，且有佛教寺庙遗址和大量苜蓿、麦草、芦苇、糜子杆和骆驼、马、羊的粪便遗迹，可见居民不仅有军人，也有农牧民、僧侣等[56]。

2.4 渭河与黄河下游流域

缪启愉[28]指出："唐韩鄂《四时纂要》采录的内容主要在北方，特别是苜蓿应该介绍渭河及黄河下游流域民间的苜蓿种植管理技术。"缪启愉[28]认为，《四时纂要·十月》曰："买驴马京中"暗示着他的地域性，唐都长安，五代的后梁都开封、洛阳（后唐等亦都此两地），因此韩鄂的地区当在渭河及黄河下游一带。唐薛用弱[23]《集异记》记载："唐连州刺史刘禹锡，贞元中，寓居荥泽（在今郑州西北古荥镇北，史为乐注）。……亭东紫花苜蓿数亩。"这也说明唐郑州一带有苜蓿种植。唐苏敬《新修本草》[29]记载："苜蓿，……长安中乃有苜蓿园。"唐李商隐《茂陵》曰：

"汉家天马出蒲梢，苜蓿榴花遍近郊。"茂陵位于今陕西省兴平市东北，咸阳市区西面，渭河北岸，与周至县隔渭河相望。张波[57]、耿华珠[58]指出，李商隐的《茂陵》诗，赞美了关中苜蓿榴花遍近郊的景象。张波[57]进一步指出，在隋唐苜蓿这种多年生牧草已被纳入农作制中，施行耕耘灌溉等大田栽培措施，使其产量品质不断提高，更加宜牧益人。张仲葛和朱先煌[59]亦指出，因西汉的京都在长安，苜蓿种在"离宫别馆旁"，接近京都的关中群众首先学会了苜蓿种植技术，到唐关中苜蓿种植规模不断扩大、栽培技术不断改进。苜蓿逐渐成为牛、猪等家畜的重要牧草以及人吃的蔬菜。

2.5 郢州苜蓿

郢州，西魏大统十七年（551年）置，治所在长寿县（今湖北钟祥市）。隋大业初改为竟陵郡。唐初复为郢州。贞观元年（627年）废。十七年（643年）复置，移治京山县（今湖北京山县）。天宝初年（742年）改为富水郡。乾元初复为郢州，治所在长寿县（今钟祥市）[39]。

《唐会要》[36]记载："开成四年（839年）正月。闲厩宫苑使柳正元奏。……郢州旧因御马。配给苜蓿丁三十人。每人每月纳资钱二贯文。都计七百二十贯文。今请全放。当管修武马坊田地。……郢州每年送苜蓿丁资钱。并请全放。实利疲甿。宜依。其修武马坊田地。"这说明唐代在郢州就有苜蓿种植。

2.6 驿站苜蓿

2.6.1 驿田苜蓿

自古以来唐驿站是最完备、最发达的，驿田是驿站的重要组成部分之一，他是驿马的饲料田，犹牧监有之牧田也，用于种植驿马所需之苜蓿等草料田[4, 60]。驿田亦叫牧田，《新唐书》[8]记载："贞观中，初税草以给诸闲，而驿马有牧田。"唐杜佑《通典》[21]记载："诸驿封田皆随近给，每马一匹给地四十亩。若驿侧有牧田之处，匹各减五亩。其传送马，每匹给田二十亩。"《册府元龟》[37]亦有同样的记载。《唐六典》[22]记载："每驿皆置驿长一人，量驿之闲要以定其马数：都亭七十五疋，诸道之第一等减都亭之十五，第二、第三皆以十五为差，第四减十二，第五减六，第六减四，其马官给。"据此整理驿站等级如表12-2所示。

《新唐书》[8]记载："凡驿马，给地四顷，莳以苜蓿。"楼祖诒[60]指出："依据《册府元龟》都亭驿应有驿田2880亩，道一等驿应有驿田2400亩，即4等驿田亦应有驿田720亩，驿田之性质与牧田同。"至所谓苜蓿者，《史记·大宛传》记载："马嗜苜蓿，汉使取其实来，于是天子始种苜蓿"是苜蓿为饲马唯一草料，汉时始自大

表 12-2　驿站等级与规模

驿等级	驿马 / 匹	驿丁 / 人
都亭驿	75	25
诸道一等	60	20
诸道二等	45	15
诸道三等	30	10
诸道四等	18	6
诸道五等	12	4
诸道六等	8	3

宛移植来中国，是驿田之苜以苜蓿专供马料，不作他用。楼祖诒[60]又指出："《通典》与《册府元龟》所在相同，按驿田亩数寡多，大概每驿有地 400 亩苜以苜蓿，足敷马食之用。"刘广生和赵梅庄[61]亦持同样的观点。据《册府元龟》[37]记载，唐代上等驿，拥有驿田达 2400 亩，下等驿也有驿田 720 亩。这些驿田，用来种植苜蓿，以解决驿马的饲料问题，其他收益也用作驿站的日常开支[62, 63]。根据《唐六典》[22]记载的驿站马匹数量，最大的都亭驿站有驿马 75 匹，应有种植苜蓿等饲料的驿田 3000 亩，最小的驿站有驿马 8 匹，应有种植苜蓿等饲料的驿田 320 亩。吴淑玲[64]亦持同样的观点。《唐六典》[22]记载，"凡三十里一驿，天下凡一千六百三十有九所。二百六十所，一千二百九十七陆驿，八十六所水陆相兼。"从陆上驿站分布与众寡，足见唐代苜蓿种植的规模之大、分布之广。

2.6.2　《厩牧令》中的苜蓿

唐代的驿站制度高度发达[4, 31]，对驿田与驿马苜蓿的种植与供应有明确的规定[65, 66]。《天圣令·厩牧令》中的唐 27 就规定了驿田苜蓿种植与驿马苜蓿供应制度，现摘录如下：

唐《厩牧令》27 条[66]："诸当路州县置传马处，皆量事分番，于州县承直，以应急速。仍准承直马数，每马一疋，于州县侧近给官地四亩，供种苜蓿。当直之马，依例供饲。其州县跨带山泽，有草可求者，不在此例。其苜蓿，常令县司检校，仰耕耘以时（手力均出养马之家），勿伸蓿税，及有费损，非给传马，不得浪用。若给用不尽，亦任收荏草，拟至冬月，其比界传送使至，必知少乏者，亦即量给。"

3　苜蓿种植管理与利用

3.1　苜蓿种植的政府管理

据《隋书》[19]记载，"司农寺，掌仓市薪菜，园池果实。统平准、太仓、钩盾、典农、导官、梁州水次仓、石济水次仓、藉田等署令、丞。而钩盾又别领大囿、上林、游猎、柴草、池薮、苜蓿等六部丞。"由此看出，在隋朝设有掌管种植苜蓿的部门。《唐会要》[36] 亦记载，"开成四年正月，闲厩宫苑使柳正元奏。……郓州旧因御马，配给苜蓿丁三十人，每人每月纳资钱二贯文 。……郓州每年送苜蓿丁资钱，并请全放。"唐代有苜蓿丁，掌种苜蓿，以饲马等[67]。

3.2　苜蓿种植管理技术

隋杜台卿[18]《玉烛宝典》记载，牧宿子（即苜蓿）可在 2 月和 7 月播种。唐韩鄂[28]《四时纂要》亦云，7 月"种苜蓿：畦种一如韭法，亦剪一遍，加粪，耙起，水浇。"8 月"苜蓿，若不作畦种，即和麦种之不妨。一熟。"《四时纂要》[28] 也指出了苜蓿在 6 月收获，同时也指出了苜蓿地秋冬季管理在 12 月，"烧苜蓿：苜蓿之地，此月烧之，讫，二年一度，耕垄外，根斩，覆土掩之，即不衰。"

3.3　苜蓿利用

3.3.1　饲用

苜蓿自汉始入中原就有多方面的用途，不仅可以作为牧草，可以入药，其嫩枝叶还可以作为蔬菜，花可作香料。《四时纂要》[28] 记载："紫花时，大益马。六月已后，勿用喂马；马喫著蛛網，吐水损马。""紫花时，大益马"这说明唐时人们就掌握了苜蓿的最佳利用时期，这一利用时期与现在苜蓿利用时期不无两样。张说《大唐开元十三年陇右监牧颂德碑》"蒔菵麦、苜蓿一千九百顷，以茭蓄禦冬"。

3.3.2　食用

根据敦煌出土文书《敦煌宝藏（第 122 册）·敦煌俗务名林》[68] 记载，"大约有十几种蔬菜品种被记录在册，主要包括葱、蒜、蔓菁、菾、姜、生菜、萝卜、葫芦、苜蓿等。"唐杜佑[21] 在《通典》中将苜蓿与竹根、黄米、粳米、糯米、蔓菁、胡瓜、冬瓜、瓠子等一起荐为新物，即新的食物。《通典》[21] 记载："荐新物皆以品物时新堪供进者。所司先送太常，令尚食相知拣择，仍以滋味与新物相宜者配之以荐，皆如上仪。"由此可知，苜蓿品物时新与滋味鲜美而被荐为新物。《四时纂要》[28] 记载："凡苜蓿，春食，作干菜，至益人。"唐苏敬《新修本草》[29] 记载："苜蓿，味苦，平，五毒。主安中，利人，可久食。长安中乃有苜蓿园，北人甚重此，江南人不甚是之，以无气味故也。"唐孙思邈《备急千金要方》[30] 亦记载："苜蓿，味苦，涩，无毒。安中，利人四体，可久食。"

《唐摭言》[33] 中讲了一个有关苜蓿的故事:唐代开元年间,长溪(今福建省霞浦)的薛令之很有才气,官至左庶子,入东宫为太子伴读,但是俸禄很低,生活过得很清苦,经常以苜蓿当菜又当饭。盘子里除了苜蓿还是苜蓿,于是他写了一首《自嘲》诗:"盘中何所有,苜蓿长阑干。饭涩匙难绾,羹稀筋易宽。只可谋朝夕,何由度岁寒。"

3.3.3　药用

唐苏敬《新修本草》[29] 记载:"苜蓿茎叶平,根寒。主热病,烦满,目黄赤,小便黄,酒疸。"捣取汁,服一升,令人吐利,即愈。唐孟诜《食疗本草》亦记载,苜蓿"利五脏,轻身健人。洗去脾胃间邪热气,通小肠热毒。"唐王焘[69]《外台秘要》记载:"苜蓿、白蒿、牛蒡、地黄苗甚益人,长吃苜蓿虽微冷,益人,堪久服。"又记载:"此病(骨蒸之病)宜食煮饭、盐豉、豆酱、烧姜、葱韭、枸杞、苜蓿、苦菜、地黄、牛膝叶,并须煮烂食之。"另有记载:"患瘠唯宜煮饭,苜蓿盐酱,又不得多食之。"

3.3.4　香料

敦煌文书《金光明最胜王经卷第七》记载"洗浴之法,当取香药三十二味,所谓:菖蒲、牛黄、苜蓿香、麝香、雄黄、合昏树、白及、芎䓖、枸杞根、松脂、桂皮、香附子、沉香、旃檀、零陵杏、丁子、郁金、婆律膏、苇香、竹香、细豆蔻、甘松、藿香、苇根香、吐脂、艾纳、安息香、芥子、马芹、龙花鬘、白胶、青木皆等分[70]。"晚唐五代时期敦煌香料消费,在《清泰四年(937年)马步都押衙陈某等牒》[71] 中有明确记载,端午节赠送的礼品有香枣花、苜蓿香、菁苜香、艾、酒等,其中苜蓿香可能是苜蓿花,这说明敦煌有大量苜蓿栽培。郑炳林[72] 亦认为,从这篇文书记载中可以看出,香枣花、苜蓿香、菁苜香和艾,实际上艾也是端午节农村经常使用的经济香料。

唐马业乃至邮驿业的发展带动了苜蓿的发展,同时苜蓿大规模的种植又支撑了马业和邮驿业的发展。马既是隋唐五代战时的工具,又是交通运输工具,所以苜蓿不仅促进了当时国防事业的发展,而且也对交通运输做出了贡献。苜蓿至今仍是马不可或缺的牧草,也是马文化的重要组成要素。苜蓿与马的融合,不仅影响过去,而且也影响现在,还会影响将来。纵观隋唐五代苜蓿的发展,苜蓿除主要集中种植分布在8坊48监地域的陇右、关中、河东三道外,于阗(今和田一带)、安西(今阿克苏一带)和渭河与黄河下游流域乃至郓州等均有种植,其影响至今,目前这些地方仍是我国苜蓿主产区和优势区。在隋朝设有掌管种植苜蓿的部门,而到了唐代,为了保障驿田与驿马的发展,以律令制度对苜蓿种植进行了规定,并建立了以苜蓿为主的饲草基地,解决了冬季饲草这个大规模发展畜牧业的关键问题,可见当时官方对种植苜蓿的重视。与前期相比,这些管理措施是先进的,也是有效的,至今建立饲草基地仍是保障畜牧业稳定健康发展的基础性工作。在苜蓿种植管理技术方面，仍沿用两汉魏晋南北朝的苜蓿分期种植技术，以及做畦播种技术，唐代开始重视苜蓿地秋冬季管理，并提出了烧苜蓿与苜蓿覆土技术，从而保障了苜蓿残茬清理和越冬，这与现代苜蓿的管理技术非常相似，说明我国古代就认识到了保护苜蓿越冬的重要性。在唐代我国就掌握了苜蓿最佳利用时期，"紫花时，大益马。"说明苜蓿开花时喂马最好，这与现代苜蓿收获利用理论与技术没有差别，当时这一利用技术堪称世界一流，这也是我国在苜蓿收获利用方面对世界的贡献。隋唐五代苜蓿虽已是往事，但他为我们留下的技术文化遗产，影响至今。因此，我们应重视隋唐五代苜蓿技术文化遗产的收集整理与挖掘利用，为当代苜蓿发展提供技术支撑和文化支持。

参 考 文 献

[1] 司马迁[汉]. 史记. 北京: 中华书局, 1959.

[2] 班固[汉]. 汉书. 北京: 中华书局, 2007.

[3] 谢成侠. 二千多年来大宛马(阿哈马)和苜蓿传入中国及其利用考. 中国畜牧兽医杂志, 1955, (3): 105-109.

[4] 谢成侠. 中国养马史. 北京: 科学出版社, 1959.

[5] 谢成侠. 养马学. 南京: 江苏人民出版社, 1958.

[6] 王毓瑚. 中国畜牧史资料. 北京: 科学出版社, 1958.

[7] 孙启忠. 苜蓿经. 北京: 科学出版社, 2016.

[8] 欧阳修[宋]. 新唐书. 北京: 中华书局, 1975.

[9] 史念海. 唐史论丛(第4辑). 西安: 三秦出版社, 1988.

[10] 乜小红. 唐五代畜牧经济研究. 北京: 中华书局, 2006.

[11] 孙启忠. 我国汉代苜蓿引入者考. 草业学报, 2016, 25(1): 240-253.

[12] 孙启忠, 柳茜, 陶雅, 等. 汉代苜蓿传入我国的时间考述. 草业学报, 2016, 25(12): 194-205.

[13] 孙启忠, 柳茜, 陶雅, 等. 张骞与汉代苜蓿引入考述. 草业学报. 2016, 25(10): 180-190.

[14] 孙启忠, 柳茜, 李峰, 等. 我国古代苜蓿的植物学研究考. 草业学报, 2016, 25(5): 202-213.

[15] 孙启忠, 柳茜, 陶雅, 等. 两汉魏晋南北朝时期苜蓿种植刍考. 草业学报, 2017, 26(11): 185-195.

[16] 范延臣, 朱宏斌. 苜蓿引种及其我国的功能性开放. 家畜生态学报, 2013, 34(4): 86-90.

[17] 邓启刚, 朱宏斌. 苜蓿的引种及其在农耕地区的本土化. 农业考古, 2014, (3): 20-30.

[18] 杜台卿[隋]. 玉烛宝典. 上海: 商务印书馆, 1939.

[19] 魏征[唐]. 隋书. 北京: 中华书局, 1973.

[20] 班固[汉]. 汉书. 颜师古[唐]注. 北京: 中华书局, 1998.

[21] 杜佑[唐]. 通典. 北京: 中华书局, 1982.

[22] 李林甫[唐]. 唐六典. 北京: 中华书局, 1992.

[23] 薛用弱[唐]. 集异记. 北京: 中华书局, 1980.

[24] 封演[唐]. 封氏闻见记. 中国国学网.

[25] 张说[唐]. 大唐开元十三年陇右监牧颂德碑. 张说之文集. 上海: 商务印书馆, 1936.

[26] 欧阳询[唐]. 艺文类聚. 上海: 上海古籍出版社, 1985.

[27] 孟诜[唐]. 食疗本草. 北京: 中国商业出版社, 1992.

[28] 韩鄂[唐]. 四时纂要. 缪启愉校释. 北京: 中国农业出版社, 1981.

[29] 苏敬[唐]. 新修本草. 上海: 上海古籍出版社, 1985.

[30] 孙思邈[唐]. 备急千金要方. 北京: 华夏出版社, 2008.

[31] 长孙无忌[唐]. 唐律疏议. 北京: 中华书局, 1983.

[32] 李吉甫[唐]. 元和郡县志. 北京: 中华书局, 1983.

[33] 王定保[五代]. 唐摭言. 北京: 中华书局, 1959.

[34] 刘昫[后晋]. 旧唐书. 北京: 中华书局, 1975.

[35] 欧阳修[宋]. 新五代史. 上海: 汉语大词典出版社, 2004.

[36] 王溥[宋]. 唐会要. 北京: 中华书局, 1955.

[37] 王钦若[宋]. 册府元龟(第06册). 南京: 凤凰出版社, 2006.

[38] 李昉[宋]. 文苑英华. 北京: 中华书局, 1966.

[39] 史为乐. 中国历史地名大辞典. 北京: 中国社会科学院出版社, 2005.

[40] 韩茂莉. 唐宋牧马业地理分布论析. 中国历史地理论丛, 1987, (2): 55-75.

[41] 史念海. 唐史论丛(第2辑). 西安: 陕西人民出版社, 1987.

[42] 郗昂[唐]. 岐邠泾宁四州八马坊颂碑. 全唐文(卷0361). 北京: 中华书局, 2001.

[43] 闵宗殿, 彭治富, 王潮生. 中国古代农业科技史图说. 北京: 中国农业出版社, 1989.

[44] 芮传明. 中国与中亚文化交流志. 上海: 上海人民出版社, 1998.

[45] 孙启忠. 苜蓿赋. 北京: 科学出版社, 2017.

[46] 柴剑虹. "胡芦河"考——岑参边塞诗地名考辨之一. 新疆师范大学学报(哲学社会科学版), 1981, (1): 90-92.

[47] 李正宇. 新玉门关考. 敦煌研究, 1997, (3): 1-14.

[48] 陈舜臣. 西域余文. 桂林: 广西师范大学出版社, 2009.

[49] 黄文弼. 吐鲁番考古记. 北京: 中国科学院, 1954.

[50] 田义久. 大谷文书集成. 上海: 上海法藏馆, 1984.

[51] 刘安志, 陈国灿. 唐代安西都护府对龟兹的治理. 历史研究, 2006, (1): 34-48.

[52] 刘安志. 敦煌所出张君义文书与唐中宗景龙年间西域政局之变化(A). 魏晋南北朝隋唐史资料(第21辑). 武汉: 武汉大学出版社, 2004.

[53] 吴丽娱. 从敦煌吐鲁番文书看唐代地方机构行用的状. 中华文史论丛, 2010, (2): 53-113.

[54] 庆昭蓉. 唐代安西之帛练——从吐火罗B语世俗文书上的不明语词 Kaum谈起. 敦煌研究, 2004, (4): 102-109.

[55] 林海村, 汉唐西域与中国文明, 北京: 文物出版社, 1998.

[56] 侯灿. 麻札塔格古戍堡及其在丝绸之路上的重要位置. 文物, 1987, (3): 63-75.

[57] 张波. 西北农牧史. 西安: 陕西科学技术出版社, 1989.

[58] 耿华珠. 中国苜蓿. 北京: 中国农业出版社, 1995.

[59] 张仲葛, 朱先煌. 中国畜牧史料集. 北京: 科学出版社, 1986.

[60] 楼祖诒. 中国邮驿发达史. 上海: 中华书局, 1939.

[61] 刘广生, 赵梅庄. 中国古代邮驿史. 北京: 人民邮电出版社, 1999.

[62] 曹伟, 徐阔. 交通视野下中国古代邮驿建筑形制及体系的演变. 中外建筑, 2014, (5): 10-17.

[63] 田新华. 唐诗与邮驿传播之关系. 新闻传, 2012, (1): 87-89.

[64] 吴淑玲. 唐代驿传苛剥百姓之考察. 保定学院学报, 2017, (4): 44-48.

[65] 黄正建. 《天圣令》与唐宋制度研究. 北京: 中国社会科学出版社, 2011.

[66] 侯振兵. 唐《厩牧令》复原研究的再探讨(A). 唐史论丛(第二十辑). 西安: 三秦出版社, 2015.

[67] 贺旭志. 中国历代职官辞典. 吉林: 吉林文史出版社, 1991.

[68] 黄永武. 敦煌宝藏(第122册). 台北: 新文丰出版公司, 1981.

[69] 王焘[唐]. 外台秘要. 北京: 人民卫生出版社, 1955.

[70] 高启安. 唐五代敦煌饮食文化研究. 北京: 民族出版社, 2004.

[71] 唐耕耦, 陆宏基. 敦煌社会经济文献真迹释录(第五辑). 北京: 书目文献出版社, 1986.

[72] 郑炳林. 晚唐五代敦煌寺院香料的科征与消费. 敦煌学辑刊, 2011, (2): 1-12.

十三、宋元时期苜蓿栽培利用

苜蓿（*Medicago sativa*）在隋唐五代马业、驿站等的发展中发挥了重要的作用，亦得到了长足发展[1~10]。到北宋，仍沿用唐制置监以牧国马，宋初牧监既是牧马生存的空间又是其饲料基地[11]；到元代，《元典章》记载：上林署，掌栽花卉、供蔬果、种苜蓿以饲驼马[12, 13]。元政府规定"仍令各社布种苜蓿，以防饥年[12]"。由此可见，宋元时期的苜蓿也得到一定的发展。最近几年，虽然对我国古代苜蓿有一些考证研究，如汉代苜蓿引入者[14]和引入时间[15]、张骞与汉代苜蓿[16]、古代苜蓿植物学[17]、两汉魏晋南北朝和近代苜蓿栽培利用[18]、明清方志中的苜蓿[19]，古代苜蓿引种[20]及其本土化[21]等，但对宋元时期苜蓿的栽培利用考证研究尚属少见。鉴于此，本文应用植物考据学原理[14]，以记载宋元时期苜蓿典籍为基础，结合近现代研究成果，对宋元时期苜蓿的种植情况及其利用作尝试性研究，以期对宋元时期苜蓿栽培利用有个大致的了解，为我国苜蓿史的研究积累一些资料。

1　文　献　源

以记载宋元时期与苜蓿栽培利用相关的 20 本典籍为基础（表 13-1），采用植物考据学的原理与方法，结合近现代研究成果，对宋元时期苜蓿种植情况、植物学特征特性、栽培管理和利用等方面进行尝试性考察。

2　苜蓿种植概况及其相关事宜

宋代在全国建立了 116 所监牧[41]，北宋前期，牧地为 7.53 万～ 9.80 万 hm²[40]。为获得更多的饲料来源，宋政府种植了许多牧草[11, 41, 42]，苜蓿就是其中之一。宋司马光[22]《资治通鉴》记载，人宛周围盛产葡萄，可以造酒；远盛产苜蓿，大宛出的天马最喜欢吃"。寇宗奭[23]《本草衍义》记载，"唐李白诗云：天马常衔苜蓿花，是此。陕西甚多，饲牛马，嫩时人兼食之。"唐慎微[24]《重修政和经史证类备用本草》亦引述该内容。宋罗愿[25]《新安志·物产蔬茹》有苜蓿记载，说明新安这一带当时也有苜蓿种植。宋李石诗曰："君王若问安边策，苜蓿漫山战马肥[43]"。宋程俱亦曰："谁遣生驹玉作鞍，春来苜蓿遍春山[43]。"这些诗句无不反映宋代苜蓿种植情景。为了更有效地保障饲草供给，宋代还置司农寺草料场，宋前期隶提点在京仓场所。元

第三篇　古代与近代苜蓿栽培利用考

丰改制后隶司农寺，共有草场十二。南宋时京师草料场一，建敖十二。掌受纳京内所输送刍秸秆、豆麦等，以供给骐骥院、牧监、良马院与三衙诸府官马饲料。每场设监官与剩员、专知、副知掌、看守[44]。

表 13-1　记载宋元时期苜蓿栽培利用的相关古代典籍

作者	年代	书名	考查内容
宋濂[12]	明	元史	卷一百七十三·列传第六十
司马光[22]	宋	资治通鉴	第二十一卷
寇宗奭[23]	宋	本草衍义	卷之十九
唐慎微[24]	宋	重修政和经史证类备用本草	卷二十七·菜部上品
罗愿[25]	宋	新安志	卷二八·蔬茹
刘郁[26]	元	西使记	/
马端临[27]	元	文献通考	卷四田赋考四·历代田赋之制
王结[28]	元	善俗要义	九月治园圃
罗愿[29]	宋	尔雅翼	卷八·释草
施宿[30]	宋	嘉泰会稽志	卷十七
苏颂[31]	宋	本草图经	草部上品之下·卷第五
陈景沂[32]	宋	全芳备祖	菜部·卷二十七
郑樵[33]	宋	通志昆虫草木略	卷一
沈括[34]	宋	梦溪笔谈	梦溪忘怀录
陈直，邹铉[35]	宋/元	寿亲养老新书	卷之三
俞宗本[36]	元	田家历	六月
王祯[37]	元	王祯农书	桑农通诀集之一·蚕事本起
大司农[38]	元	农桑辑要	卷六·苜蓿
唐慎微，艾晟[39]	宋	大观本草	卷第二十七·菜部
吴怿[40]	宋	种艺必用	第二十一

元刘郁[26]《西使记》记载，"二十六日，过玛勒城，又过诺尔桑城，草皆苜蓿，藩篱以柏。"

另外，据元马端临[27]《文献通考》记载，天禧五年（1021 年），垦田五百二十四万七千五百八十四顷三十二亩。种有"谷之品七：一曰粟，二曰稻，三曰麦，四曰黍，五曰稷，六曰菽，七曰杂子。"其中"杂子之品九：曰脂麻子、稗子、黄麻子、苏子、苜蓿子、莱子、荏子、草子"。

西夏时期，很少有记载牧草的资料，但作为优良牧草的苜蓿西夏也有种植。董立顺等研究指出，西夏种植的苜蓿应该是紫花苜蓿。西夏宫廷类诗歌《月月乐诗》有这样的记载，4 月里，苜蓿开始像一幅幅紫色的绸缎波浪般摇曳；青草戴着黑发帽子，山顶上的草分不清是山羊还是绵羊[45]。虽然诗歌的记载会有一些夸大，但是对于紫花苜蓿、青草、禾谷的生长和收成时间的记载却是可以参考的。由于西夏的畜牧业以官方为主，这些苜蓿很有可能是西夏政府组织种植的。

到元代为了发展苜蓿和防灾，种苜蓿已有政府规定，并设有专人负责。在《元史》记载了［农桑之］十四条里就规定："仍令各社布种苜蓿，以防饥年"。[12]据明宋濂《元史》记载，"上林署，秩从七品，署令、署丞各一员，直长一员，掌宫苑栽植花卉，供进蔬果，种苜蓿以饲驼马，备煤炭以给营缮。……苜蓿园，提领三员，掌种苜蓿，以饲马驼膳羊。"[12]民国柯劭忞[13]《新元史》亦有同样的记载。《元史》[12]和《新元史》[13]都记载，"都城种苜蓿地，分给居民，省臣因取为已有，以一区授绍，绍独不取。"元代中期曾任彰德路（今河南省北部安阳市一带）总管的王结[28]劝导百姓说："今农民虽务耕桑，亦当于近宅隙地种艺蔬菜，省钱转卖。且韭之为物，一种即生，力省味美，尤宜多种。其余瓜、茄、葱、蒜等物，随宜栽种，少则自用，多则货卖。如地亩稍多，人力有余，更宜种芋及蔓菁、苜蓿，此物收数甚多，不惟滋助饮食，又可以救饥馑度凶年也。"张宗法[46]《三农纪校释》记载，"《元史》世祖命民种苜蓿，各社植之，以防年凶。叶与子可以充饥，茎根可以饲牲，大益于农家。"

3　苜蓿植物学特征特性

在宋代，对苜蓿植物学特征特性有了较为详细的研究[7,17]。罗愿[25]《新安志》曰："苜蓿者，汉离宫所殖。其上常有两叶丹红，结穟如稷，率实一斗者，春之为米五升。亦有籼有稬，籼者唯以作饭须熟食之，稍冷则坚凝；稬者可抟以为饵，土人谓之灰粟。"罗愿[29]在《尔雅翼》中亦有类似的记载："苜蓿本西域所产，自汉武时始入中国。"他引述《史记》《汉书》《博物志》《述异记》等对苜蓿的记述后，在按语中曰："今苜蓿其似中国灰藋，但藋苗叶作灰色，而苜蓿苗端，常有数叶，深红可爱，今人谓之鹤顶草，秋后结实，黑房累累如稷，故俗人因谓之木粟。其米可为饭，亦有可以酿酒者。"与之前的史料相比，罗愿对苜蓿植物学特征及其文化的叙述更为详尽。其中"土人谓之灰粟"又表露出苜蓿这一植物的地方文化气息，这说明苜蓿在当地之所以称为灰粟，只是因其形状与灰藋相似[7,17]。在《嘉泰会稽志》[30]中也证明了这一点："灰粟，树叶皆如灰藋，齿头如丹，高丈许，末如贝子，或云灰粟，即苜蓿。"

由于宋代人们对苜蓿形态特性的深入研究和认识准确，常以苜蓿特性为参照进行其他植物的研究与描述。寇宗奭[23]《本草衍义》曰，苜蓿"有宿根，刘讫又生。"苏颂[31]《本草图经》记载，"今人多以苜蓿假根作黄芪，折皮亦似绵，颇能乱真。但苜蓿根坚而脆，黄芪至柔韧，皮微黄褐色，肉中白色，此为异耳。"苏颂[31]《本草图经》亦记载，"决明子，夏初生苗，高三、四尺许，根带紫色；叶似苜蓿而大"。陈景沂[32]《全芳备祖》曰："决明夏初生苗，根带紫色，叶似苜蓿。宋郑樵

《通志昆虫草木略》记载，"雲实曰雲英，……叶如苜蓿[32]。"野决明（*Thermopsis lupinoides*）、云实（雲实，*Caesalpinia decapetala*）、苜蓿都是豆科植物，这3种植物的叶（羽状复叶）、果实（荚果）也极其相似[47]。这些说明宋代人应用比较法对植物学进行了较为系统的研究，并掌握了一定的苜蓿植物学特征特性[17]。

4 苜蓿药用性

宋寇宗奭[23]《本草衍义》记载，"微甘淡，不可多食，利大小肠。"宋唐慎微[39]《大观本草》亦记载，"苜蓿 味苦，平，无毒。主安中，利人，可以食。"唐慎微[39]《大观本草》还记载了唐本注云，"苜蓿茎、叶平，根寒。主热病，烦满，目黄赤，小便黄，酒疸。捣取汁，服一升，令人吐利，即愈。"唐慎微[39]并将臣禹锡等谨按孟诜云记录在册："患疸黄人，取根生捣，绞汁服之，良。又，利五脏，轻身；洗去脾胃间邪气，诸恶热毒。少食好，多食当冷气人筋中，即瘦人。亦能轻身健人，更无诸益。日华子云：凉，去腹脏邪气，脾胃间热气，通小肠。"唐慎微[39]《大观本草》最后指出，苜蓿"【食疗】彼处人采根，作土黄耆也。又，安中，利五脏，煮和酱食之，作羹亦得。"《重修政和经史证类备用本草》亦有类似记载。

5 苜蓿栽培管理

在宋代苜蓿种植已近精耕细作，对苜蓿地的选择、播种和田间管理都十分注重。宋沈括[34]《梦溪笔谈》记载，"苜蓿，择肥地劚令熟，作垅种之，极益人。"吴怿[40]在《种艺必用》中强调了苜蓿的播种时间，曰："正月种葱、芋、蒜、葵、蓼、苜蓿、蔷薇之类。"沈括还强调了苜蓿刈割后的田间管理，苜蓿"还须从一头剪，每剪加粪，锄。"《寿亲养老新书》[35]亦有类似的记载，并指出"锄土壅之"，即通过锄地将土壅到苜蓿根颈处。

元俞宗本[36]《田家历》记载，"六月，收李核[便种]收苜蓿收槐花[曝干]"。元王祯[37]《农书》在《授时指掌活法之图》"烧苜蓿"列为正月的农事操作。这与元大司农[38]《农桑辑要》引述的《四时纂要》"烧苜蓿之地，十二月烧之讫。"略有不同。《农桑辑要》引述了《四民月令》《齐民要术》和《四时纂要》中的苜蓿栽培管理技术[7, 18]。

监牧既是养马的场所也是牧草生产之地，宋代在全国建立了116所监牧。为了获得更多的饲草料来源，宋政府种植了许多包括苜蓿在内的牧草，还设置了饲草料的专门机构，以负责牧草生产。到了元代，苜蓿的种植引起政府的重视，设置上林署掌栽苜蓿以饲驼马，政府并规定"仍令各社布种苜蓿，以防饥年。"在宋代人们积累了不少的苜蓿植物学知识，常常将苜蓿作为研究其他植物的参照植物进行研究或描述。在本草研究与应用方面，苜蓿也得到广泛的应用和提升，同时苜蓿也被用于食疗。在宋元时期苜蓿种植已近精耕细作，无论是苜蓿地的选择，还是苜蓿播种与田间管理都达到了科学合理的程度。有了明确的播种时间，并强调刈割后要施肥和冬季要将苜蓿残茬烧掉的管理措施。

参 考 文 献

[1] 张说[唐]. 大唐开元十三年陇右监牧颂德碑. 张说之文集. 上海: 商务印书馆, 1936.

[2] 谢成侠. 二千多年来大宛马(阿哈马)和苜蓿转入中国及其利用考. 中国畜牧兽医杂志, 1955, (3): 105-109.

[3] 谢成侠. 中国养马史. 北京: 科学出版社, 1959.

[4] 谢成侠. 养马学. 南京: 江苏人民出版社, 1958.

[5] 王毓瑚. 中国畜牧史资料. 北京: 科学出版社, 1958.

[6] 楼祖诒. 中国邮驿发达史. 上海: 中华书局, 1939.

[7] 孙启忠. 苜蓿经. 北京: 科学出版社, 2016.

[8] 欧阳修[宋]. 新唐书. 北京: 中华书局, 1975.

[9] 史念海. 唐史论丛(第4辑). 西安: 三秦山版社, 1988.

[10] 乜小红. 唐五代畜牧经济研究. 北京: 中华书局, 2006.

[11] 韩茂莉. 唐宋牧马业地理分布论析. 中国历史地理论丛, 1987, (2): 55-75.

[12] 宋濂[明]. 元史. 北京: 中华书局, 1973.

[13] 柯劭忞. 新元史. 北京: 云中书城, 1988.

[14] 孙启忠. 汉代苜蓿引入者考略. 草业学报, 2016, 25(1): 240-253.

[15] 孙启忠, 柳茜, 陶雅, 等. 汉代苜蓿传入我国的时间考述. 草业学报, 2016, 25(12): 194-205.

[16] 孙启忠, 柳茜, 陶雅, 等. 张骞与汉代苜蓿引入考述. 草业学报, 2016, 25(10): 180-190.

[17] 孙启忠, 柳茜, 李峰, 等. 我国古代苜蓿的植物学研究考. 草业学报, 2016, 25(5): 202-213.

[18] 孙启忠, 柳茜, 陶雅, 等. 两汉魏晋南北朝时期苜蓿种植刍考. 草业学报, 2017, 26(11): 185-195.

[19] 孙启忠, 柳茜, 李峰, 等. 明清时期方志中的苜蓿考. 草业学报, 2017, 26(9): 176-188.

[20] 范延臣, 朱宏斌. 苜蓿引种及其我国的功能性开放. 家畜生态学报, 2013, 34(4): 86-90.

[21] 邓启刚, 朱宏斌. 苜蓿的引种及其在农耕地区的本土化. 农业考古, 2014, (3): 20-30.

[22] 司马光[宋]. 资治通鉴. 北京: 中华书局, 1956.

[23] 寇宗奭[宋]. 本草衍义. 北京: 人民卫生出版社, 1990.

[24] 唐慎微[宋]. 重修政和经史证类备用本草. 北京: 人民卫生出版社, 1982.

[25] 罗愿[宋]. 新安志. 合肥: 黄山书社, 2008.

[26] 刘郁[元]. 西使记. 北京: 中华书局, 1985.

[27] 马端临[元]. 文献通考. 北京: 中华书局, 1986.

[28] 王结[元]. 善俗要义. 杭州: 浙江古籍出版社, 1988.

[29] 罗愿[宋]. 尔雅翼. 合肥: 黄山书社, 1991.

[30]　施宿[宋] 嘉泰会稽志. 台北: 成文出版社, 1983.

[31]　苏颂[宋]. 本草图经. 合肥: 安徽科学技术出版社, 1994.

[32]　陈景沂[宋]. 全芳备祖. 北京: 中国农业出版社, 1982.

[33]　郑樵[宋]. 通志昆虫草木略. 合肥: 安徽教育出版社, 2006.

[34]　沈括[宋]. 梦溪笔谈. 贵阳: 贵州人民出版社, 1998.

[35]　陈直[宋]. 寿亲养老新书. 邹铉[元]增续, 张成博点校. 天津: 天津科学技术出版社, 2012.

[36]　俞宗本[元]. 田家历. 北京: 北京图书馆, 1991.

[37]　王祯[元]. 王祯农书. 北京: 中国农业出版社, 1982.

[38]　大司农[元]. 农桑辑要校注 . 石声汉校注. 北京: 农业出版社, 1982.

[39]　唐慎微[宋]. 大观本草. 艾晟刊订. 合肥: 安徽科学技术生出版社, 2002.

[40]　吴怿[宋]. 种艺必用. 北京: 中国农业出版社, 1963.

[41]　张显运.试论北宋时期的马监牧地. 兰州学刊, 2012, (8): 55-60.

[42]　韩茂莉. 宋代农业地理. 太原: 山西古籍出版社, 1993.

[43]　孙启忠. 苜蓿赋. 北京: 科学出版社, 2017.

[44]　龚延明. 宋代官制辞典. 北京: 中华书局, 1997.

[45]　董立顺, 侯甬坚. 水草与民族: 环境史视野下的西夏畜牧业. 宁夏社会科学, 2013, 177(2): 91-96.

[46]　张宗法[清]. 三农纪. 北京: 中国农业出版社, 1989.

[47]　中国植物学会. 中国植物学史. 北京: 科学出版社, 1994.

十四、明代苜蓿栽培利用

苜蓿（*Medicago sativa*）自汉代引入中原，在各朝代的农牧业发展，乃至国防事业发展中都发挥过重要的作用[1~4]，到明代苜蓿得到了长足的发展[5~8]，特别是在苜蓿植物学研究方面取得了世界一流的成果[9~11]，这些成果被明代许多典籍所记载，如明朱橚[5]《救荒本草》、李时珍[6]《本草纲目》、王象晋[7]《群芳谱》和徐光启[8]《农政全书》等。胡道静[10]指出，《救荒本草》对植物（含苜蓿）学特征的描述已达到十分精准、科学的程度。此外，《本草纲目》[6]和《群芳谱》[7]对苜蓿的植物生态生物学特性亦有记述，《群芳谱》[7]还记载了苜蓿种植管理乃至利用技术等，徐光启《农政全书》[8]在对明之前的苜蓿研究进行总结的基础上，提出了自己对苜蓿生长习性的认识。不仅如此，苜蓿作为重要的物产资源还被明代许多方志所记载，如《陕西通志》[12]、《山西通志》[13]和《隆庆赵州志》[14]等。近几年，对我国古代苜蓿的研究引起了人们的重视，孙启忠等[15~17]研究考证了我国两汉魏晋南北朝时期的苜蓿种植利用，以及明清、民国时期方志中的苜蓿，同时也研究考证了汉代苜蓿的引入者[18]与引入时间[19]、张骞对汉代苜蓿引入我国的贡献[20]，我国古代和近代苜蓿生物学特性[21, 22]，以及近代苜蓿栽培利用技术[23]等；郭建新和朱宏斌[24]等研究了苜蓿在我国的传播与发展，并考察分析了我国苜蓿渊源；邓启刚和朱宏斌[25]、范延臣和朱宏斌[26]等从农业本土化方面论述了我国古代苜蓿的起源发展、引种传播。本研究在前人研究的基础上，重点对明代苜蓿的种植分布、植物生态生物学特征特性、栽培管理、利用方式等方面进行尝试性研究考证，以期对明代苜蓿发展轨迹有个清晰认识，对研究明代苜蓿史积累一些资料，以便人们从中吸取资源，为今天的苜蓿发展提供借鉴。

1 文 献 源

以记载明代苜蓿栽培利用的农书、本草及史志类等相关典籍为基础（表14-1），采用植物考据学原理和方法[15, 18, 19]，通过文献收集整理、爬梳剔抉和剪裁排比，重点考察典籍文献对苜蓿的记载，并结合近现代研究成果，对明代苜蓿的种植情况、生态生物学特征特性、栽培管理及利用方式等进行研究考证、分析归纳，以求得史实。

表 14-1　记载明代苜蓿栽培利用的相关典籍

作者	年代	书名	考查内容
朱橚 [5]	明	救荒本草	卷八菜部
李时珍 [6]	明	本草纲目	菜部第二十七
王象晋 [7]	明	群芳谱	卷一卉谱
徐光启 [8]	明	农政全书	卷之五十八
陈嘉谟 [27]	明	本草蒙荃	总论·贸易辨真假
刘文泰 [28]	明	本草品汇精要	卷三十八菜部
姚可成 [29]	明	食物本草	卷之六
鲍山 [30]	明	野菜博录	卷二
刘基 [31]	明	多能鄙事	卷之七
戴羲 [32]	明	养余月令	卷七、卷八、卷三十
皇甫嵩 [33]	明	本草发明	卷之五
缪希雍 [34]	明	神农本草经疏	卷二十七
程登吉 [35]	明	幼学琼林	师生
太宗敕撰 [36]	明	大明太祖高皇帝实录	卷之一百四十三、卷之二百八
孝宗敕撰 [37]	明	大明宪宗纯皇帝实录	卷之二百一、卷之二百六十三、卷之二百九十二
不详 [38]	明	大明世宗肃皇帝实录	卷二十五、卷之九十、卷之一百三十九、卷三百六十七
李东阳 [39]	明	大明会典	卷之十七、卷之四十、卷之四十一、卷之四十二、卷之一百三十六、卷之一百五十八
王廷相 [40]	明	浚川奏议集	卷六
张廷玉 [41]	清	明史	志第五十三、志第六十九、列传第八十九
谈迁 [42]	清	枣林杂俎	南京贡船
赵廷瑞等 [12]	明	陕西通志	卷四十三物产
李维祯 [13]	明	山西通志	卷四十七物产
贠佩兰和杨国泰 [43]	明	太原县志	卷之一水利
王克昌和殷梦高 [44]	明	保德州志	卷三土产
蔡懋昭 [14]	明	隆庆赵州志	卷之九杂考·物产
樊深 [45]	明	嘉靖河间府志	卷七风土志·土产
不详 [46]	明	嘉靖尉氏县志	卷之一风土类·物产
李希程 [47]	明	嘉靖兰阳县志	田赋第二·蔬果类
不详 [48]	明	嘉靖夏津县志	物产·草之类
不详 [49]	明	嘉靖太平县志	卷之三食货志·物产
余珊 [50]	明	嘉靖宿州志	卷之三物产·草类
刘节 [51]	明	正德颍州志	卷之三物产·草部
栗永禄 [52]	明	嘉靖寿州志	卷四食货志·物产
汪尚宁 [53]	明	嘉靖徽州府志	卷八物产·蔬茹
彭泽和汪舜民 [54]	明	弘治徽州府志	卷二土产·蔬茹
邹浩 [55]	明	明万历宁远志	舆地卷第二物产

2 苜蓿种植分布及其管理状况

在明代苜蓿种植较为广泛，朱橚[5]《救荒本草》曰："苜蓿，出陕西，今处处有之。"徐光启[8]《农政全书》亦有同样的记载。姚可成[29]《食物本草》记载，"苜蓿，长安中乃有苜蓿园。北人甚重之。江南不甚食之；以无味故也。陕西甚多，用饲牛马，嫩时人兼食之。"除陕西[12]有苜蓿种植外，山西（大同县、天镇县[13]、太原县[43]、宝德州[44]）、河北（赵州[14]、河间府[45]）、河南（尉氏县[46]、兰阳县[47]，乃至开封周围[5]）、山东（夏津县[48]、太平县[49]、新城即今桓山[7]）和安徽（宿州[50]、颍州[51]、寿州[52]、徽州[53, 54]、滁州[36]）等地都有苜蓿种植，此外、甘肃（宁远[55]）、南京[40]、北京[56]也有种植。李时珍[6]《本草纲目》曰：苜蓿原出大宛，汉使张骞带归中国，然今处处田野有之（陕、陇人亦有种者），年年自生。"王象晋[7]《群芳谱》记载，"三晋为盛，秦、鲁次之，燕、赵又次之，江南人不识也。"说明苜蓿在黄河流域广泛种植。

据嘉靖《陕西通志》[12]记载，"宛马嗜苜蓿，汉使取其实，于是天子始种苜蓿，肥饶地，离宫别馆旁，苜蓿极望（史记·大宛列传）。乐游苑多苜蓿，一名怀风，时人或谓之光风，风在其间常萧萧然，日照其花有光采故名，茂陵人谓之连枝草（西京杂记）。陶隐居云，长安中有苜蓿园，北人甚重之，寇宗奭曰，陕西甚多，用饲牛马，嫩时无人食之（本草纲目）。"《陕西通志》[12]还指出，咸宁民间多种苜蓿以饲牛。《山西通志》[13]亦记载："苜蓿，出大同天镇应州。……陶隐居曰，长安中有苜蓿园。"《隆庆赵州志》[14]曰："< 神农本草 > 云，常山郡有草，……种他如芦碑、苜蓿之类在有之，不能尽载。苜蓿可以饲马。"《弘治徽州志》[54]曰："苜蓿汉宫所植，其上常有两叶册红结逐如稞，率实一斗者。春之为米五升，亦有籼有穤，籼者作饭须熟食之，稍冷则坚，穤者可搏以为饵土人谓之灰粟。"据《宁夏通史》[57]记载，明初宁夏军屯、民屯相继发展，洪武十七年（1384年），于灵州故城北7km筑成，从此灵州有了枣园、苜蓿等四里民田和土达自种民田。

明皇帝实录对苜蓿种植，乃至与苜蓿相关的事宜有记载。《大明太祖高皇帝实录》[36]记载，"洪武十五年（1382年，作者注，下同），自今犯者，悉达滁州种苜蓿，答十者十日杖十者二十日满日释之。"洪武二十四年（1391年）还记载了，"乙亥给赐种苜蓿军士钞锭，先是上命户部释，淮南北及江南京畿间旷地，遣军士种苜蓿，饲马至是各以钞锭赐之。"

《大明宪宗纯皇帝实录》记载，"成化十一年（1475年）以前，原收租者仍旧外凡近年投献者悉还本主复蹈前非者逮问谪戍一南京，御马监岁运苜蓿种子至京皆南京，养马军卫有司办纳今北方已种六七十年。"[37]又记载"令南京守备太监，定拟以闻成造军器坐监纳粟买办物料，逮问应议子孙所司看详，以奏造给衣帽，起运苜蓿，俱仍旧守厂军余量留二十人瓷器。"

《大明世宗肃皇帝实录》[38]记载，"嘉靖二年（1523年），户部条上脩省事宜一言救荒之策有二，……申明预备社仓之制令监司，以积谷多寡课守，令殿最一言几辅大旱无麦，请自光禄寺正供外，凡应输内外诸仓场者，顺天全免保定等七府及河南山东本折相半，以宽民力一言御马监，岁派红花子饲马，纳户苦之古者岁凶马不食谷，宜查弘治间免苜蓿种子。"又记载，"嘉靖七年（1528年），九门苜宿地土计一百一十顷有余，旧例分拨东西南北四门，每门把总一员官军一百名，给领御马监银一十七两，赁牛佣耕按月采办苜蓿，以供刍牧。""嘉靖十一年（1532年），户部言，三宫庄田及御马监各草场苜蓿等，地原以类进供修理诸费，以其余济边今且积逋至五十万卒。""嘉靖二十九年（1550年），开兵马钱粮有裨实用者会同该科详定归一务实拟行毋一概题覆，以阜成关外苜蓿园地为操练民兵教场。"

李东阳[39]《大明会典》记载，"成化十六年（1480年）、令种苜蓿旗军、照养牛種菜等例、月支糧一石。""正德十五年（1520年）奏准、于尖哨官军内、定拨精锐四百员名、就委原管尖哨把总千户、添委指挥一员、分为两班、在于城内武艺库驻札。不分寒暑于阜城门外、苜蓿空地、轮日常川操练。""正德十六年（1521年）、令各马房仓场监督主事、不妨原务。提督该房官旗人等，将原马房地土、查明顷亩，设立封堆，开挑濠堑。呈部照验，仍时常踏勘查考。嘉靖八年（1529年）题准、查勘过正阳等九门外苜蓿草场地、共一百三顷七十二亩四分七厘二毫三忽八微七尘。""王府随侍旗军校尉、并养马军人医兽。操练民间子弟、并余丁。……及年十五岁以上矮小军人、在营只身者，各卫烧窑、挑柴、看桐漆树、种苜蓿、及四门厨房做饭。"

王廷相[40]《浚川奏议集》记载，"看得巡视草场御史等官张心等题称，南京守备衙门占收租银荒熟田地并苜蓿地，共计一十一万二千一百七十七亩有余。"

清张廷玉[41]《明史》对苜蓿也有记载，据《明史·志第五十三》记载，"明土田之制，凡二等：曰官田，曰民田。初，官田皆宋、元时入官田地。厥後有還官田，沒官田，斷入官田，學田，皇莊，牧馬草場，城壖苜蓿地，牲地，……通謂之官田，其餘爲民田。"李洵[58]指出，城壖（音ruan，软）苜蓿地为近城或城下地，此等地原来是禁止耕种的，16世纪后准许开垦。《明史·志第六十九》亦有记载，"考洪武朝，官吏军民犯罪听赎者，大抵罚役之令居多，如发凤阳屯种、滁州种苜蓿、代农民力役、运米输边赎罪之类，俱不用钞纳也。"《明史·列传第八十九》还有记载，"核九门苜蓿地，以余地归之民。勘御马监草场，厘地二万余顷，募民以佃。房山民以牧马地献中官韦恒，轧厘归之官。"

李增高[56]研究指出，明代御马监的草场在今北京境内面积较大的主要有：顺义县北草场东上林苑监良牧署，养生地并水田共二千六百四十一顷；东直门并吴家驼牛房草场堪种地四百六十三顷；正阳等九门外苜蓿地一百四十顷；西琉璃厂羊房草场地九顷等。

3 苜蓿生态生物学特性研究

明代在认识研究植物生态生物学特性方面为历代之首，也为当时世界一流[9]，美国植物学家对我国明代的植物学研究赞叹不已，称像《救荒本草》这样对植物形态描述如此准确、植物图绘制精确逼真的书当时在欧洲是没有的[10]。《救荒本草》[5]由朱橚所著。朱橚在开封组织王府人员从民间收集野生可食的植物，得400余种，种在王府植物园中，苜蓿就在其中。育其生长成熟，召画工，将植物绘制成图，并用文字描述其形态特征、记录产地、生态习性及可食部分，开辟了我国近代植物学的研究。朱橚在总结研究成果时，在《救荒本草》[5]中对苜蓿有这样的描述，"苜蓿苗高尺余，细茎，分叉二生，叶似锦鸡儿花叶微长，又似豌豆叶，颇小，每三叶攒生一处，梢间开紫花，结弯角儿，中有子如黍米大，腰子样。"这说明朱橚观察非常细致，对苜蓿的分枝、三出复叶、花色、荚果和种子的形状进行了准确的描述。朱橚[5]采用比较法，将与苜蓿相类似的植物进行比较研究[11]。鲍山[30]《野菜博录》记载"苜蓿苗高尺余，细茎分义，生叶似锦鸡儿，花叶微长，每三叶攒生一处，梢间开紫花，结弯角儿，中有子如黍米大。"

王象晋在山东新城（今山东省桓台县）自家园圃中种植蔬菜、松、果、杂草、野花等，其中就包括苜蓿，对植物学特性、农艺性状和农艺技术进行了研究，这标志着我国传统苜蓿植物学乃至农艺学研究进入了一个新的高度[9]。王象晋[7]在《二如亭群芳谱》（简称《群芳谱》）中对苜蓿有这样的记述，"苗高尺余，细茎分叉而生。叶似豌豆，每三叶攒生一处。梢间开紫花，结弯角，有子黍米大，状如腰子。"此外，王象晋[7]对苜蓿生长习性也有深刻的认识，其研究结果沿用至今，他认为苜蓿生长3年后进入旺盛生长期，每年可刈割3次，6～7年后可以将其耕翻。另外，他将马蹄决明（*Cassia tora*）、黄芪（*Astragalus complanatus*）与苜蓿作比较研究指出，马蹄决明，高三四尺，叶大于苜蓿，苜蓿的根与黄芪的根相类似，并已认识到了苜蓿的轴根性[7]。明陈嘉谟[27]《本草蒙荃》亦认为，苜蓿根谓土黄芪。刘义泰[46]《本草品汇精要》记载，苜蓿丛生，有宿根，刈讫又生，其根酷似黄芪。李时珍[6]在《本草纲目》曰："今人多以苜蓿根假作黄耆，折皮亦似绵，颇能乱真。但苜蓿根坚而脆，黄耆至柔韧，皮微黄褐色，肉中白色，此为异耳。"

徐光启[8]在《农政全书》中对苜蓿植物学生态学特征特性记载与《救荒本草》[5]《群芳谱》[7]记载的相类似。在苜蓿多年生性、再生性方面他指出，苜蓿生长七八年，一年三刈[8]。《陕西通志》[12]有这样的记载，"苜蓿有宿根刈讫复生。"

李时珍[6]在《本草纲目》集解中谓苜蓿开黄花,而并非开紫花的苜蓿。《本草纲目》云:"西京杂记言,苜蓿出大宛,汉使张骞带回中国,然今田野处处有之,陕陇人也有种者,年年自生,刈苗作蔬,一年可三刈,二月苗,一科十茎,茎颇似灰翟。一枝三叶,绿色碧艳,入夏及秋,开细黄花。结小荚圆扁,旋转有刺,数荚累累,老则黑色,内有米如穄,可为饭,又可酿酒。"姚可成[29]《食物本草》对苜蓿亦有相类似的记载,苜蓿开黄花。马爱华等[59]认为李时珍所言苜蓿并不是最早之苜蓿(*M. sativa*),而应为 *M. hispida*,即南苜蓿,主产于江南一带。马爱华[59]进一步研究指出,《中药大辞典》《新华本草纲要》《中医大辞典》中药分册等现代药物学著作均认为 *M. sativa* 和 *M. hispida* 有相同功效,这主要是受《本草纲目》的影响。他指出李时珍可能没见过紫苜蓿,认为南苜蓿即是《名医别录》所言苜蓿,并把其功效移过来,放到《本草纲目》中,南苜蓿即有了紫苜蓿之功效[59]。李时珍是一位划时代的医药学家,《本草纲目》具有广泛而深远的影响,也因为他对南苜蓿与紫苜蓿原植物方面的失误,可能是引起后来的药学书籍把南苜蓿与紫苜蓿并在一起,统称为苜蓿,并说其功效相同的原因。拾录[60]指出,李时珍[6]在《本草纲目》苜蓿项曰:"入夏及秋,开细黄花。"并没有提及开紫花,在这里李时珍应该指的是 *Medicago denticulate*。

4 苜蓿栽培与利用

4.1 苜蓿栽培管理技术

刘基[31]《多能鄙事》种苜蓿项中曰:"七月种之,畦种水浇,悉如韭法,一剪一上粪,耙搂立起,然后下水。每至正月,烧去枯叶,地液,即搂更,斫劚其科土,则不瘦。一年三刈。其留子者一刈即止。此物长生,种不必再尤宜食。"王象晋[7]《群芳谱》"苜蓿【种植】:夏月取子和荞麦种,刈荞时,苜蓿生根,明年自生,止可一刈。"《养余月令》亦有类似的记载,此外,《养余月令》还曰:苜蓿"欲留种子者每年止可一刈,或种二畦,以·畦今年一刈,留为明年地,以一畦三刈,如此更换,可得长生,不须更种。"在苜蓿生长习性、利用年限和无性繁殖方面王象晋有深刻认识,《群芳谱》曰:苜蓿"三年后便盛,每岁三刈,欲留种者止一刈。六七年后垦去根,别用子种。若效两浙种竹法,每一亩今年半去其根,至第三年去另一半,如此更换,可得长生,不烦更种。"说明苜蓿在生长 3 年后便达到生长旺盛期,每年可刈 3 次,生长六七年后便可耕翻另种。这样的认识与现代苜蓿科学原理极其相似。王象晋[7]指出,正月要对苜蓿地进行管理,要烧苜蓿根;6 月采收苜蓿。彭世奖[61]认为,《群芳谱》中的"若效两浙种竹法"讲的不清楚,有待进一步研究。

徐光启[8]《农政全书》曰:"《齐民要术》曰:地宜良热。七月种之。畦种水浇,一如韭法。玄扈先生曰：苜蓿，须先剪，上粪。铁杷掘之，令起，然后下水。早种者，重耧耩地，使垄深阔，窍瓠下子，批契曳之。每至正月，烧去枯叶，地液，辄耕垄，以铁齿镉榛镉榛之；更以鲁斫劚其科土，则滋茂矣。不尔则瘦。一年（则）三刈。留子者，一刈则止。……此物长生，种者一劳永逸，都邑负郭，咸宜种之。"在引述《齐民要术》种苜蓿内容后，徐光启指出，"七月八月，可种苜蓿。"戴羲[32]《养余月令》[32]亦记载了类似的内容。

4.2　苜蓿的利用

饲用　刘文泰[28]《本草品汇精要》指出，唐李白诗"马常衔苜蓿花"是此（苜蓿），陕西甚多，以饲牛马，嫩时人亦食之。王象晋[7]《群芳谱》记载，"开花时，刈取喂马、牛，易肥健，食不尽者，晒乾，冬月剉喂。"这说明当时王象晋就已经认识到苜蓿开花时营养物质最丰富，这时割取苜蓿饲喂马、牛最好。苜蓿调制干草时也应在此时收割。《养余月令》[32]亦有类似的记载，"苜蓿花时，刈取喂马牛，易肥健食，不尽者，晒干，冬月剉喂。"这一主张为苜蓿的利用提供了理论与实践依据，与现代苜蓿利用的理论相一致。徐光启[8]《农政全书》曰：苜蓿"长宜饲马，马尤嗜之。"《山西通志》[13]记载，"苜蓿，史记大宛传马嗜苜蓿，汉张骞使大宛求葡萄、苜蓿归，因产马。……今止用之供以畜刍。"《隆庆赵州志》[14]曰："苜蓿可以饲马。"

轮作（绿肥）　在明代人们已经认识到并开始利用苜蓿根系的固氮作用进行肥田，王象晋[7]《群芳谱》曰：（苜蓿）"若垦后次年种谷，必倍收，为数年积叶坏烂，垦地复深，故三晋人刈草三年即垦作田，亟欲肥地种谷也。"说明苜蓿生长三年后，土壤肥力有明显的提高，可使需氮较多的谷类作物丰产。徐光启[8]《农政全书》曰："苜蓿七、八年后，根满，地亦不旺。宜别种之。"现代苜蓿科学也证实了这一点，即苜蓿一般生长七八年就会衰退，主要是由于丰富氮素的积累，磷、钾相对地逐渐贫乏，也越来越不利于根瘤菌的生长，因而，苜蓿开始出现生长不良。由此可见，在明代，苜蓿出现在轮作制度中是有一定的科学依据和实践的。

苜蓿作为绿肥在明代就应用[62]，徐光启[8]《农政全书》为："江南三月草长，则刈以踏稻田，岁岁如此，地力常盛。"一语作汪时说："江南壅田者，如翘尧、陵苕，皆特种之，非野草也，苜蓿亦可壅稻"。可见徐光启对绿肥轮作的重视。周广西[63]指出，徐光启《粪壅规则》"真定人云，每亩壅二三大车，问其粪，则秋时锄苜蓿楂子载回，与六畜垫脚土积，上田也。"（注：垫脚土是指牲畜圈里经牲畜踩踏过的土与垃圾、粪尿等充分混合而成的一种厩肥）

食用　鲍山[30]《野菜博录》记载，"苜蓿食法，采嫩苗叶，煤熟油盐调食。"即采摘苜蓿嫩苗叶，先漂洗干净，再用油炸熟，用盐调食之。王象晋[7]《群芳谱》曰："苜蓿【制用】叶嫩时煤作菜，可食亦可作羹。忌同蜜食，令人下利。采其叶，依蔷薇露法蒸取馏水，甚芬香。"加水蒸煮，浸淘、漂洗换水、浸去异味、异物然后食用。徐光启[8]《农政全书》曰："春初既中生啖，为羹甚香"。"玄扈先生曰尝过嫩叶恒蔬。救饥：苗叶嫩时，采取炸食。江南人不甚食；多食利大小肠。玄扈先生曰：尝过。嫩叶恒蔬。"《正德颖州志》[51]曰：苜蓿苗可食。明弘治明代《徽州志》曰："苜蓿汉宫所植，其上常有两叶册红结逐如稷，率实一斗者。春之为米五升，亦有籼有穤，籼者作饭须熟食之，稍冷则坚，穤者可搏以为饵土人谓之灰粟。"《本草纲目》[6]说，苜蓿"数荚累累，老则黑色，内有米如稷，可为饭，又可酿酒"。程登吉[35]《幼学琼林》在论"师生"中曰"桃李在公门，称人弟子之多；苜蓿长阑干，奉师饮食之薄。"

药用　刘文泰[28]《本草品汇精要》记载，"苜蓿，无毒。主安中利人，可久食。"姚可成[29]《食物本草》亦记载，"【苜蓿】味苦，平、涩、无毒。主安中利人，可久食，五利藏，轻身健人，洗去脾胃间邪热气，通小肠诸恶热毒。煮和酱食，亦可作羹。利大小肠，干食益人。【根】味苦，寒，无毒。主热病烦满，目黄赤，小便黄，酒疸，捣取汁〈一〉服一升，令人吐利即愈。捣汁煎饮，治沙石淋痛。苜蓿不可同蜜食，令人下利。"皇甫嵩[33]《本草发明》有类似的记载。缪希雍[34]《神农本草经疏》记载，"苜蓿，酒疸非此不愈。疏：苜蓿草也嫩时，可食，处处田野中有之，陕陇人亦有种者。木经云，苦、平、无毒，主安中利人。可食，久食然性颇凉，多食动冷气，不益人。根苦寒，主热病，烦满目黄，赤小便，黄酒疸，捣汁一升服，令人吐利，即愈。其性苦寒，大能泄湿热，故耳以其叶煎汁，多服专治酒疸大效。"

贡品　李东阳[39]《大明会典》记有"御用之物、用响器者治罪、其器入官。十二年（1476）奏准、马快船只柜扛、务要南京内外守备官员、会同看验、酌量数目开报。……香稻五十扛、实用船六只、苗姜等物一百五十五扛、实用船六只、十样果一百一十五扛、实用船五只、俱供用库、苜蓿种四十扛、实用船二只"谈迁[42]《枣林杂俎》亦有类似记载，"南京贡船，内府供应库香稻50扛，船6，……御马苜蓿40扛，船2"。

苜蓿在明代得到了长足的发展，在生产生活中苜蓿发挥着重要作用，其许多农事活动被多部经典要籍和明皇帝实录及方志所记载，充分体现了苜蓿在明代的重要性、研究的普遍性和种植的广泛性。在明代苜蓿主要种植在黄河流域，其中以"三晋为盛，秦、鲁次之，燕、赵又次之。"在苜蓿植物学、生态生物学等方面取得了堪称世界一流的研究成果[9]，苜蓿形态如植株分枝、三出复叶、花、荚果和种子的观察之细微、描述之精准已达到了现代植物学水平，开辟了我国近现代苜蓿植物学研究之先河。在苜蓿栽培管理方面，明代既有继承又有创新，主张苜蓿和荞麦混种，七八月作畦种苜蓿浇水，一年三刈，其留子者一刈即止。在苜蓿生长习性和利用年限方面认识深刻，苜蓿三年后便盛，六七年后垦，其科学性和实用性近乎现代水准。

"苜蓿花时，刈取喂马牛，易肥健食"，这一主张为苜蓿的合理利用提供了理论与实践，与现代苜蓿的科学理论相一致，是我国在苜蓿饲用中的贡献。明代人们已充分利用苜蓿根系的固氮作用进行肥田起到增产的作用，将苜蓿纳入作物的轮作制中，在苜蓿的食蔬和本草利用方面有创新。从史料可以看出，明代苜蓿生产水平和研究水平世界领先，其理论与技术对发展当代苜蓿具有积极的借鉴作用，因此，我们应重视明代乃至古代苜蓿史料的收集整理与挖掘利用，从传统苜蓿文化与技术中吸取资源，以图当代苜蓿之发展。

参 考 文 献

[1]　孙启忠. 苜蓿经. 北京: 科学出版社, 2016.

[2]　王毓瑚. 中国畜牧史资料. 北京: 科学出版社, 1958.

[3]　谢成侠. 养马学. 南京: 江苏人民出版社, 1958.

[4]　谢成侠. 中国养马史. 北京: 科学出版社, 1959.

[5]　朱橚[明]. 救荒本草校释. 王家葵校注. 北京: 中医古籍出版社, 2007.

[6]　李时珍[明]. 本草纲目. 北京: 人民卫生出版社, 1982.

[7]　王象晋[明]. 群芳谱. 见: 任继愈. 中国科学技术典籍通汇(农学卷三). 郑州: 河南教育出版社, 1994.

[8]　徐光启[明]. 农政全书. 上海: 上海古籍出版社, 1979.

[9]　中国植物学会. 中国植物学史. 北京: 科学出版社, 1994.

[10]　胡道静. 胡道静文集. 上海: 上海人民出版社, 2011.

[11]　孙启忠, 柳茜, 李峰, 等. 我国古代苜蓿的植物学研究考. 草业学报, 2016, 25(5): 202-213.

[12]　赵廷瑞[明], 马理[明], 吕柟[明]. 陕西通志. 西安: 三秦出版社, 2006.

[13]　李维祯[明]. 山西通志. 北京: 中华书局, 1996.

[14]　蔡懋昭[明]. 隆庆赵州志. 上海: 上海古籍书店, 1962.

[15]　孙启忠, 柳茜, 陶雅, 等. 两汉魏晋南北朝时期苜蓿种植利用刍考. 草业学报, 2017, 26(11): 185-195.

[16]　孙启忠, 柳茜, 李峰, 等. 明清时期方志中的苜蓿考. 草业学报, 2017, 26(9): 176-188.

[17]　孙启忠, 柳茜, 陶雅, 等. 民国时期方志中的苜蓿考. 草业学报, 2017, 26(10): 219-226.

[18]　孙启忠, 柳茜, 那亚, 等. 我国汉代苜蓿带归者考. 草业学报, 2016, 25(1): 240-253.

[19]　孙启忠, 柳茜, 陶雅, 等. 汉代苜蓿传入我国的时间考述. 草业学报, 2016, 25(12): 194-205.

[20]　孙启忠, 柳茜, 陶雅, 等. 张骞与汉代苜蓿引入考述. 草业学报, 2016, 25(10): 180-190.

[21]　孙启忠, 柳茜, 李峰, 等. 我国古代苜蓿的植物学研究考. 草业学报, 2016, 25(5): 202-213.

[22]　孙启忠, 柳茜, 陶雅, 等. 我国近代苜蓿生物学研究考述. 草业学报, 2017, 26(2): 208-214.

[23]　孙启忠, 柳茜, 陶雅, 等. 我国近代苜蓿种植技术研究考述. 草业学报, 2017, 26(1): 178-186.

[24]　郭建新, 朱宏斌. 苜蓿在我国的传播历程及渊源考察. 安徽农业科学, 2015, 43(21): 390-392.

[25]　邓启刚, 朱宏斌. 苜蓿的引种及其在农耕地区的本土化. 农业考古, 2014, (3): 20-30.

[26]　范延臣, 朱宏斌. 苜蓿引种及其我国的功能性开放. 家畜生态学报, 2013, 34(4): 86-90.

第三篇　古代与近代苜蓿栽培利用考

[27]　陈嘉谟[明]. 本草蒙筌. 王淑民点校. 北京: 人民卫生出版社, 1988.

[28]　刘文泰[明]. 本草品汇精要. 王淑民点校. 北京: 人民卫生出版社, 1988.

[29]　姚可成[明]. 食物本草. 达美君点校. 北京: 人民卫生出版社, 1994.

[30]　鲍山[明]. 野菜博录. 济南: 山东画报出版社, 2007.

[31]　刘基[明]. 多能鄙事. 济南: 齐鲁书社出版, 1997.

[32]　戴羲[明]. 养余月令. 北京: 中华书局, 1956.

[33]　皇甫嵩[明]. 本草发明. 北京: 中国中医药出版社, 2015.

[34]　缪希雍[明]. 神农本草经疏. 上海: 上海人民出版社, 2005.

[35]　程登吉[明]. 幼学琼林. 长沙: 岳麓书社, 2005.

[36]　太宗敕撰[明]. 大明太祖高皇帝实录. 中央研究院历史语言研究所校. 上海: 上海书店, 1982.

[37]　孝宗敕撰[明]. 大明宪宗纯皇帝实录. 中央研究院历史语言研究所校. 上海: 上海书店, 1982.

[38]　不详[明]. 大明世宗肃皇帝实. 中央研究院历史语言研究所校. 上海: 上海书店, 1982.

[39]　李东阳[明]. 大明会典. 北京: 中华书局, 1965.

[40]　王廷相[明]. 浚川奏议集. 台南: 华严文化事业有限公司, 1997.

[41]　张廷玉[清]. 明史. 北京: 中华书局, 1974.

[42]　谈迁[清]. 枣林杂俎. 罗仲辉点校. 北京: 中华书局, 2006.

[43]　负佩兰, 杨国泰[明]. 太原县志. 台北: 成文出版社, 1976.

[44]　王克昌, 殷梦高[明]. 保德州志. 台北: 成文出版社, 1976.

[45]　樊深[明]. 嘉靖河间府志. 上海: 上海古籍书店, 1981.

[46]　不详[明]. 嘉靖尉氏县志. 上海: 上海古籍书店, 1963.

[47]　李希程[明]. 嘉靖兰阳县志. 上海: 中华书局, 1965.

[48]　不详[明]. 嘉靖夏津县志. 上海: 上海古籍书店, 1962.

[49]　不详[明]. 嘉靖太平县志. 上海: 上海古籍出版社, 1963.

[50]　余鉤[明]. 嘉靖宿州志. 上海: 上海古籍书店, 1963.

[51]　刘节[明]. 正德颖州志. 上海: 上海古籍书店, 1963.

[52]　栗永禄[明]. 嘉靖寿州志. 上海: 上海古籍书店, 1963.

[53]　汪尚宁[明]. 嘉靖徽州府志. 台北: 成文出版社, 1981.

[54]　彭泽, 汪舜民[明]. 弘治徽州府志. 上海: 上海古籍书店, 1981.

[55]　邹浩[明]. 明万历宁远志. 兰州: 甘肃人民出版社, 2005.

[56]　李增高. 明代的马政及北京地区的养马业. 古今农业, 2002, (3): 42-56.

[57]　陈玉宁. 宁夏通史(古代卷). 银川: 宁夏人民出版社, 1993.

[58]　李洵. 明史食货志校注. 北京: 中华书局, 1982.

[59]　马爱华, 张俊慧, 赵仲坤. 中药苜蓿的使用考证. 时珍国药研究, 1996, 7(2): 65-66.

[60]　拾録. 苜蓿. 大陆杂志, 1952, 5(10): 9.

[61]　彭世奖. 中国作物栽培简史. 北京: 中国农业出版社, 2012.

[62]　焦彬. 中国绿肥. 北京: 中国农业出版社, 1986.

[63]　周广西. 论徐光启在肥料科技方面的贡献. 中国农史, 2005, (4): 20-28.

十五、清代苜蓿栽培利用

清代（1616～1911 年）是我国最后一个封建王朝，不仅是农业经济比较发达的时期，而且也是变革的时期[1]，还是西学东渐的时期[2]。随着清代农业的发展，苜蓿的栽培利用乃至研究也得到了长足发展，如程瑶田[3]《释草小记》开创了苜蓿试验性比较研究与考证的先河；吴其濬[4]《植物名实图考》对苜蓿植物学的精确研究堪称世界一流，已成为古典植物学中的经典[5~8]；张宗法[9]《三农纪》、蒲松龄[10]《农桑经》、鄂尔泰[11]《授时通考》、郭云升[12]《救荒简易书》、丁宜曾[13]《农圃便览》、杨一臣[14]《农言著实》、杨屾[15]《豳风广义》、黄辅辰[16]《营田辑要》等记述了苜蓿的种植利用、盐碱地改良、轮作倒茬、荞麦混播、绿肥肥田、家畜饲喂等方面的技术乃至作用，其中苜蓿改良盐碱地、苜蓿轮作制度、苜蓿与荞麦混播等早于世界其他国家，居世界领先水平[8, 17]。然而到目前为止，人们对清代苜蓿技术与文化知之甚少。随着我国苜蓿科学和产业的快速发展，人们愈感对苜蓿传统文化和技术的匮乏，渴望了解和掌握我国苜蓿传统文化和技术，特别是清代苜蓿技术与文化，以图苜蓿学科和产业的更好发展。近几年关于我国苜蓿传统文化与技术已有一定的研究，如《苜蓿经》[18]、《苜蓿赋》[19]、两汉魏晋南北朝[20]、隋唐五代[21]、明代[22]、近代苜蓿栽培利用[23]和民国时期西北苜蓿种植利用[24]、古代和近代苜蓿植物学特性[25, 26]、汉代苜蓿引入者[27]、引入时间与物种[28, 29]、张骞与汉代苜蓿[30]、明清、民国时期方志中的苜蓿[31, 32]，苜蓿的引种[33]及其本土化[34]等，但对清代苜蓿的栽培利用考证研究尚属少见。鉴于此，本文旨在应用植物考据学原理[35]，以记载清代苜蓿典籍为基础，结合近现代研究成果，探讨清代苜蓿的种植分布状况、苜蓿生物生态学研究以及栽培利用等，以期挖掘整理清代苜蓿史料，总结和梳理清代苜蓿的发展经验与教训，为当今苜蓿产业发展乃至苜蓿史研究提供一些有益借鉴。

1 文 献 源

通过收集和整理文献，在对其进行甄别与考证的基础上，以精选的记载清代苜蓿相关内容的典籍为考查对象（表 15-1），借鉴植物考据学的原理与方法，结合近现代研究成果，考证清代苜蓿栽培利用状况。

表 15-1　记载清代首蓿栽培利用的相关典籍

作者	年代（成书时间）	典籍	考查内容
徐松[36]	清	汉书西域传补注	卷上
王先谦[37]	清	汉书补注	卷九十六
吴玉搢[38]	清	别雅	卷五
李鸿章[39]	清	畿辅通志	卷之第十三草属
阿桂[40]	清	乾隆盛京通志	卷一百六物产·草类
王樹枏[41]	清	奉天通志	卷一百十物产·草属
长顺和李桂林[42]	清	吉林通志	卷三十三食货志五·草类
王樹枏[43]	清	新疆小正	首蓿灌渝
左宗棠[44]	清	左宗棠全集	札件
傅恒[45]	清	平定准噶尔方略	卷十三
赵尔巽[46]	民国	清史稿	卷第一百·志七十五、列传一百五十五
黄文炜[47]	清	肃州新志	地理·物产
不详[48]	清	新疆四道志	
王树枏[49]	清	新疆图志	卷二十八
谈迁[50]	清	北游录	纪邮下
邵晋涵[51]	清	尔雅正义	卷十四
厉荃[52]	清	事物异名录	卷二十三
圣祖敕[53]	清	广群芳谱	卷十四蔬谱
郭云升[12]	清	救荒简易书	卷一救荒月龄、卷二救荒土宜
丁宜曾[13]	清	农圃便览	夏
杨一臣[14]	清	农言著实	正月、二、三月
严如熤[54]	清	三省边防备览	卷八民食
杨屾[15]	清	豳风广义	卷之下
黄辅辰[16]	清	营田辑要	种蔬第四十二
陈淏子[55]	清	花镜	七月事宜，八月事宜
蒲松龄[56]	清	蒲松龄集	农桑经
张宗法[9]	清	三农纪	卷十七草属
蒲松龄[10]	清	农桑经	二月，六月
鄂尔泰[11]	清	授时通考校注	卷六十二农余·蔬四
罗振玉[57]	清	农事私议	卷之上·僻地粪田说、卷之下·日本农政维新说
杨巩[58]	清	农学合编	卷六农类·蔬菜
陈恢吾[59]	清	农学纂要	卷一轮栽停种
顾景星[60]	清	野菜赞	卷一
龚乃保[61]	清	冶城蔬谱	首蓿
盛百二[62]	清	增订教稼书	卤地
程瑶田[3]	清	程瑶田全集	蓿首蓿纪讹兼图草木樨
吴其濬[4]	清	植物名实图考	卷三菜类·首蓿

作者	年代（成书时间）	典籍	考查内容
吴其濬 [63]	清	植物名实图考长编	卷四菜类·苜蓿
王念孙 [64]	清	广雅疏证	卷十上释草
邹澍 [65]	清	本经疏证	卷十一
闵钺 [66]	清	本草详节	卷之七菜部
叶志诜 [67]	清	神农本草经赞	卷一上经
薛宝辰 [68]	清	素食说略	卷二、卷三
谢树森 [69]	清	镇番遗事历鉴	卷九
方寿畴 [70]	清	抚豫恤灾录	卷五
李春松 [71]	清	世济牛马经	嫩苜蓿

2 苜蓿种植与分布

2.1 苜蓿分布

苜蓿种植分布考查典籍与近现文献调查获知，清代华东、东北、华北和西北都有苜蓿种植，主要分布在江苏、浙江、安徽、辽宁、热河、察哈尔、天津、北京、河北、山东、山西、河南、陕西、绥远、宁夏、甘肃、青海和新疆，另外四川、湖北与湖南也有种植，共计 21 个省，178 个县（府 / 州 / 厅）（表 15-2）；其中以陕西最多，达 28 个县（府 / 州），山东次之，达 27 个县（州），甘肃居第三，达 20 个县（府 / 州），河北第四，达 19 个县，新疆第五，达 16 个县（厅 / 道），河南、山西分别为 15 个县和 14 个县，其余省种苜蓿的县较少（表 15-2）。

由表 15-2 可知，华北地区（热河、天津、北京、察哈尔、山东、河北、山西、绥远）并河南共计 85 个县（府 / 厅 / 州），占所考苜蓿种植县的 47.8%，西北地区（陕西、宁夏、甘肃、青海和新疆）共计 70 个县（府 / 厅 / 州），占所考苜蓿种植县的 39.3%。华东地区（江苏、浙江、上海、安徽）13 个县（州），占所考苜蓿种植县的 7.3%，另外，对东北 32 个方志考证，在《盛京通志》[40] 和《吉林通志》[42] 发现有疑是将羊草（*Leymu chinensis*）作为苜蓿的记载。清代苜蓿主要分布在华北和西北，约占清代苜蓿种植县数的 87.1%。鄂尔泰 [11]《授时通考》指出：苜蓿"三晋为盛，秦、齐、鲁次之，燕赵又次之，江南人不识也。"据不完全考查（表 15-2），晋、秦、齐、鲁和燕赵苜蓿合占清代苜蓿种植的 49.4%。黄辅辰 [16]《营田辑要》指出："西北多种此（苜蓿）以饲畜，以备荒，南人惜不知也。"

苜蓿种植状况由表 15-2 可以看出，我国清代苜蓿主要种植在华东、华北并河南和西北等地区，鄂川陕毗邻地区也有种植。

表 15-2　明清时期方志中的苜蓿种植分布 [18, 31, 54, 72, 73]

地区	县 / 府 / 厅 / 州 /	县 / 府 / 厅 / 州 / 数(个)
辽宁	盛京、昌图县、锦州县 大连、辽阳、铁岭	6
天津	天津县	1
北京	北京南郊	1
热河	承德府	1
察哈尔	怀安县、赤城县、蔚县、宣化府	4
河北	巨鹿县、阳原县、任邱县、乐亭县、晋县乡、束鹿县、深泽县、鸡泽县、邢台县、宁津县、景州 、庆云县、灵寿县、献县、冀州、南宫县、保定、沧州、唐县	19
河南	兰阳县、新郑县、陈留县、郑州、仪封县、知县、河南府、滑县、鹿邑县、祥符县、汲县、扶沟县、开封、洛阳、信阳县	15
山东	无棣县、淄川、日照县、金乡县、长清县、即墨县、利津新县、滨州、朝城县、陵县、泰安县、昌邑县、阳信县、平原县、临邑、掖县、莘县、乐陵、观城县、巨野县、济阳县、齐河、高唐州、汶上县、商河、泰安州	26
山西	河津县、蒲县、隰州、保德州、榆社县、吉县、长治县、大同县、五台县、武乡县、广灵县、荣河县、朔州、辽州	14
绥远	河套、萨拉齐、清水河厅	3
陕西	佳县、米脂县、怀远县、绥德县、子洲、洋县、咸宁县、肤施、靖边县、延长、甘泉、泾阳县、白水县、保安县、安塞县、咸阳县、同州、三原县、澄城县、蒲城、汉中府、兴安府、西安、凤翔、延安、乾州、鄜州、郿州（富县）	28
宁夏	固原、朔方道（朔方道志）、花马池县、中卫县	4
甘肃	肃州、镇番县、肃镇、崆峒山（平凉）、静宁县、泾州、秦州、合水县、敦煌县、靖远县山丹县、伏羌县、高台县、甘州府、五凉、西和县、两当县、狄道州、成县、兰州	20
青海	大通县、循化厅	2
新疆	吐鲁番、孚远县、精河厅、科尔坪县丞、焉耆府、若羌县、皮山县、英吉沙尔厅、四道、哈密厅、伊犁、乌鲁木齐、塔城、叶城、喀什噶尔、博州	16
江苏	涟水县、淮阴县、沭阳县、竹镇	4
浙江	昆山、象山	2
上海	上海县	1
安徽	五河县、徽州、亳州、怀远、当涂县、萧县	6
四川	川西北、保宁府、绥定府	3
湖北	郧阳府、宜昌府	2
湖南	慈利县、安化	2

2.2　苜蓿种植概况

华东地区：据报道 [72]，1900 年前，苏北徐淮地区的涟水、淮阳、沭阳等县种苜蓿较多，每户在 2～3 亩及以上，多的可达 10 余亩，主要作为耕牛和猪的饲草。1909 年，美国土壤学教授富兰克林•金 [74] 在考查我国长三角地区时指出，"在中国浙江省种有油菜、小麦、大麦、四季豆和苜蓿，在仲夏时还能接种棉花或水稻。""在水稻收割的前后，农夫通常在地里种'三叶草'（苜蓿），因为苜蓿可一直种到下一个插秧的时节。"他在《四千年的农民》[74]中记述："苜蓿是被广泛种植的作物，它既可作为人的食物，又可为土壤增加氮素。苜蓿是黄芪属植物，有苜蓿育苗床，在苜蓿成熟前，将茎末梢轻轻摘下来，切断将其煮熟或蒸熟就可食用。苜蓿的茎也可煮熟后晒干，在适当的时候食用。若出售的苜蓿很嫩，就能卖个好的价钱，平均每磅能多卖 20 ～ 28 美分。"《同治上海县志》[75]记有苜蓿种植。

孙醒东[76]指出，一般南方冬季绿肥作物以南苜蓿（*Medicago hispida*）、大巢菜（*Vicia sativa*，北方亦称箭筈豌豆）等为主。北方尚利用苜蓿（*Medicago sativa*）、草木樨（*Melilotus* sp.）等与作物轮作。江苏省农业科学院土壤肥料研究所[76]亦认为，黄花苜蓿（即南苜蓿）主要在长江流域和长江以南栽培，以江苏、浙江、上海等地栽培较多，是南方的主要冬绿肥之一。由此可见，江南一带绿肥作物苜蓿可能指的是南苜蓿，但富兰克林·金[74]在《四千年的农民》中既提到了苜蓿，同时也提到了紫花苜蓿，还提到了中国苜蓿，具体他提到的苜蓿或中国苜蓿是指南苜蓿还是紫花苜蓿，还有待于作进一步的考证研究。但苏北徐淮地区种植的苜蓿多为紫花苜蓿[72]。

华北地区并河南：从表 15-2 可以看出，清代苜蓿已在中原及华北地区广泛种植。《广群芳谱》[53]引《群芳谱》记述苜蓿种植情况曰："张骞自大宛带种归，今处处有之。……三晋为盛，秦、鲁次之，燕、赵又次之，江南人不识也。"这说明苜蓿的栽培区域主要是在黄河流域，并且清代许多农书，如《农桑经》[10]《救荒简易书》[12]《农圃便览》[13]《增订稼教书》[62]等记述了山东、河北、河南、山西等地的苜蓿农事，如苜蓿的种植技术、盐碱地改良、轮作制度、饲喂技术、食用性、救荒性等，《植物名实图考》[4]对生长在山西的苜蓿植物生态学进行了研究。由此可见，清代苜蓿在该区域种植的广泛性和普遍性。有些方志中[79~82]对苜蓿的种植状况还作了记述。山东省种植苜蓿有千年以上的历史，主要产地在鲁西北的德州、聊城、滨州（惠民）和鲁西南的菏泽、聊城南部。无棣县是个种植苜蓿历史悠久的县，《无棣县志》[82]记载，早在 1522 年就有苜蓿种植，迄今已有 470 多年了[72]。河北《巨鹿县志》[83]载，1644 年就有苜蓿种植，《阳原县志》[84]亦记载，1711 年种有苜蓿。说明这些地方种植苜蓿的历史至少在 300 年之上[72]。乾隆四十四年（1779 年）《河南府志》[79]有这样的记载："苜蓿：述异记张骞苜蓿园在洛阳，每始于西域得之。伽蓝记洛阳大夏门东北为光风园，苜蓿出焉。"河南《汲县志》[85]亦说，"苜蓿每家种二三亩"。嘉庆十八年（1813 年）的河南滑县以政令的形式推广苜蓿种植[87]，《抚豫恤灾录》[70]记载了滑县苜蓿种植情况，"沙绩之地，既种苜蓿之后，草根盘结，土性渐坚，数年之间，既成膏夷，于农业洵为有益。"时人黄钊游历开封时目睹了这一变化，并留下了"北去龙沙苜蓿肥，故宫禾黍莽离离"的诗句[88]。这些都反映了当时苜蓿种植地的一些具体情况。俄国化学家门捷列夫（1834 ～ 1907 年）对中国的兴趣也很浓厚，他对古代和近代中国的研究先后达五十年之久，1856 年，他正式申请来设在北京的俄国磁测气象站工作，19 世纪 60 年代，他在自己的园子里，将中国的苜蓿和小麦成功地试种为俄国北方地区的田间农作物 [89]。

东北地区：清代盛京有三牧场，即大凌河牧厂、盘蛇驿牧厂和养息牧牧厂 [90]。大凌河牧厂位于锦州府治南部，大小凌河流域。乾隆十二年（1747 年），大凌河牧厂有骒马 36 群，达 19 700 匹 [91]，如此多的骒马需要大量的饲草。据赵尔巽 [46]《清史稿》记载，乾隆年间，大凌河第十九大凌河，爽垲高明。被春皋，细草敷荣。擢纤柯，苜蓿秋来盛。说明在清代大凌河流域就有苜蓿栽种，并且位于大凌河的苜蓿秋天长势旺盛。清代戴亨诗曰："辽东东北数千里，连峰迭嶂烟云紫。中产苜蓿丰且肥，春夏青葱冬不死。" [19] 乾隆四十四年（1779 年）《盛京通志》[40] 记载："羊草生山原间，户部官莊以时收交，备牛羊之用。西北边谓之羊须草，长尺许，茎末园如松针。黝色油润，饲马肥泽。居人以七八月刈而积之，经冬不变。大宛苜蓿疑即此，今人以苜蓿为菜。"胡先骕和孙醒东 [91] 认为《盛京通志》中的羊草亦叫苜蓿（*Medicago sativa*）。光绪二十七年（1901 年）俄国人将紫花苜蓿引种在大连，以后逐渐北移至辽阳、铁岭 [73]。1907 ～ 1908 年，奉天（沈阳）农业试验场又在昌图分场试种美国苜蓿，生长及适应性良好 [93]。

西北地区：黄辅辰 [16]《营田辑要》曰："苜蓿，西北种此以饲畜，以备荒，南人惜不知也。"《咸阳市科学技术志》[93] 记载，在清代，关中地区不仅普遍种植苜蓿作为家畜的饲草，而且在倒茬作物之中，亦被农民认为是谷类作物，棉花的良好前茬。杨一臣《农言著实》[14] 中有关苜蓿的种、锄、收、挖，成为农民的主要农事活路之一。《秦疆治略》[94] 载：（咸阳县）冬小麦加入苜蓿的长周期轮作，一般是种 5 ～ 6 年的苜蓿后，再连续种 3 ～ 4 年的小麦，以利用苜蓿茬的肥力。《咸阳市志》[95] 又载：杨秀元（即杨一臣）《农言著实》讲到许多饲养经验，其中讲到苜蓿时曰：正月用苜蓿根喂牛，既肯吃，又省料；冬天喂牛，最好能用草。多种草结合，省料又有营养；麦收前后，铡截苜蓿要根据老嫩取长短。清嘉庆七年（1802 年）陕西的《嘉庆重修延安府志》[96] 指出，"肤施、甘川、延长俱有苜蓿。"《子洲县志》[97] 特别提到作为牧草饲料的紫花苜蓿在当地"种植历史悠久, 质量最好。"陕西省佳县、米脂县、绥德县和子洲县方志记载了枣、苜蓿（紫花苜蓿）等。乾隆二十五年（1760 年）十一月二十九日，陕甘总督杨应琚为筹划肃州屯田事奏折 [98]："……除原报熟田、荒田共四万亩外，其近渠左右与附近踏实堡之奔巴儿兔地方，尚有可垦荒田数万亩，土色颇肥，放水亦便。乃现在芦草蔓生，或留养苜蓿货卖，别无报承垦之人。"《安塞县志》[99] 记载苜蓿，"……县境甚多，用饲牛马，嫩时人兼食之。"

乾隆《高台县志》[100] 记有"苜蓿甘、肃种者多，高台种者少。"光绪二十四年

（1898 年）《循化厅志》[101]记载："韭、蒜、苜蓿、山药园中皆有之。"光绪《新疆四道志》[48]记载："三道河在城西四十里，其源出塔勒奇山为大西，沟水南流，五十里有苜蓿。"据《清史稿》记载：道光九年（1829 年），壁昌至官，於奏定事宜复有变通，清出私垦地亩新粮万九千馀石，改徵折色，拨补阿克苏、乌什、喀喇沙尔俸饷，馀留叶城充经费，以存仓二万石定为额贮，岁出陈易新，於是仓库两益。叶尔羌喀拉布札什军台西至英吉沙尔察木伦军台，中隔戈壁百数十里，相地改驿，於黑色热巴特增建军台，开渠水，种苜蓿，士马大便。所属塔塔尔及和沙瓦特两地新垦荒田，皆回户承种，奏免第一年田赋，以恤穷氓。乾隆年间，移驻到新疆的蒙古察哈尔在博尔塔拉两岸屯田，不仅作物产量可观，而且作物种类也丰富，《新疆图志》记载，"厥田宜稻麦、栗、糜、高粱、豌豆、胡麻、苜蓿。"清萧雄在新疆有诗："苜蓿黄芦旧句哀，席其曾借马班才。须知寸草心坚实，堪并琅玕作贡材。"[19]并加注曰："苜蓿，野生者少。各处渠边，暨田园中隙地间有之。余皆专因刍牧，收子播种者。牲畜喜食，易肥壮。史记大宛传，马嗜苜蓿，汉使取其实来，天子命种之。内地之苗相同。嫩时可做菜食，味清爽。"清人方希孟作了一首咏迪化（今乌鲁木齐）一带苜蓿的诗："芍药可怜红，芳菲五月中。花娇犹斗雪，叶冷欲翻风。色丽胭脂并，香残苜蓿同。托根依朔漠，何必怨秋篷。"[19]说明在清代乌鲁木齐有苜蓿种植。

鄂川陕毗邻地区：严如熤[54]《三省边防备览》讨论的区域主要包括四川的保宁府、绥定府、陕西的汉中府、兴安府和湖北的郧阳府、宜昌府，记述了三省之边防事务，分为舆图、民食、山货、策略、史论等，其中"民食"卷曰："苜蓿，苜蓿，李白诗云天马常衔苜蓿花是此。味甘淡，不可多食。"说明三省毗邻地区也有苜蓿种植。

3　苜蓿植物生态学特性

3.1　苜蓿植物学与生长特性

康熙五十五年（1716 年）《康熙字典》[102]收录了苜蓿，【本草】苜蓿，一名荴蓿等 6 个苜蓿异名（表 15-3）。乾隆二十五年（1760 年）张宗法[9]《三农纪》同样对 6 个苜蓿异名进行了考证，陈木粟、牧宿和塞鼻力迦与《康熙字典》[102]不同外，其余 3 个苜蓿异名与其相同。乾隆四十一年（1776 年）厉荃[52]《事物异名录》对《三农纪》[9]记载的 6 个苜蓿异名进行了考证，道光二十八年（1848 年）吴其濬[63]《植物名实图考长编》仅对《西京杂记》中苜蓿的 3 个异名进行了考证（表 15-3）。

《畿辅通志》[39]曰："< 史记 > 大宛国马嗜苜蓿，汉使得之。藤蔓菀，叶丛生，紫花，荚实。"徐松（1781 ～ 1848 年）《汉书西域传补注》曰："< 史记·大宛列传 > 马嗜苜蓿，汉使取其实来。按今中国有之，惟西域紫花为异。"徐松[36]又曰："颜师古曰耆读嗜补曰，俗通嗜酒者种苜蓿，如中国种桑麻，四月以后马噉苜蓿尤易健壮。"王先谦[37]复引了徐松的补注，这些说明清代苜蓿即为紫苜蓿（*Medicago sativa*）。

表 15-3　典籍中的苜蓿别名

典籍	正名	描述	注释
康熙字典[103]	苜蓿	【本草】苜蓿，一名菽蓿。【西京雜記】苜蓿，一名懷風，時人謂之光風，茂陵人謂之連枝草。【漢書】作目宿。又【博雅】水苜，蓿也。	
别雅[38]	目宿	牧蓿、苜蓿也。《汉书·西域传》大宛国马耆（嗜）目宿，《史记·大宛列传》作苜蓿，本艸苜蓿一名牧蓿，谓其宿根自生，可饲牧牛马也	耆：多见嗜。应为：马嗜目宿
三农纪[9]	苜蓿	苜蓿：<尔雅>木粟。葛洪云：怀风。<杂记>云：光风草。郭璞云：牧宿。方志云：连枝草。<光明经>云：塞鼻力迦	
事物异名录[52]	苜蓿	<西京杂记>一名怀风，一名光风；茂陵人谓之连枝草	
	牧宿	木粟、塞毕力遊（迦）。<本草纲目>[苜蓿]郭璞作牧宿，谓其宿根自生，可饲牧牛马也；罗愿<尔雅翼>作木粟，言其米可吹饭也；<金光明经>谓之塞毕力遊（迦）	遊：多见迦。应为：塞毕力迦
植物名实图考长编[63]	苜蓿	<西京杂记>曰：苜蓿一名怀风，时人或谓光风；茂陵人谓之连枝草	

程瑶田[3]（1725～1814年）曰："《说文》：'芸似目宿。'《尔雅》：'蕽，黄華。'郭璞注：'今谓牛芸草为黄華。華黄，叶似菽蓿。'《梦溪笔谈》言：'芸类豌豆。'而《群芳谱》亦言'苜蓿叶似豌豆'。因诸说，乃逐兼考苜蓿焉。"在《释草小记·莳苜蓿纪讹兼图草木樨》[3]中，程瑶田对苜蓿从种子到叶、枝条、花和根等植物学特征进行系统精准研究（表15-4），并与草木樨（*Melilotus officinalis*）进行了比较[25]。叶志诜[67]《神农本草经赞》曰"苜蓿根坚。"

表 15-4　《释草小记·莳苜蓿纪讹兼图草木樨》[3]中苜蓿植物学特性

植物器官	苜蓿植物学特性描述
根	初生根一条独行
枝条	长梗硬如铁线，屈曲横卧于地。间有一二挺出者，则其短者也，体柔而质刚
叶	一枝三出，叶末有微齿
花	淡紫色
荚	旋绕，有叠至二三四五环者
种子	黄色，有薄衣。腰子形似豆，极小仅如粟大

吴其濬[4]（1789～1846年）在《植物名实图考》中记述了3种苜蓿的植物形态学特性，对苜蓿（*Medicago sativa*）植物学特征特性进行了堪称世界一流的研究[5-8, 25]，同时将苜蓿植物学特性与其他植物进行了比较研究（表15-5）。

表 15-5　《植物名实图考》[4]中苜蓿植物学特性与其他植物相似性的比较

植物名	考订植物名	拉丁名	植物学特性相似性描述
山扁豆	含羞草决明 [104, 105]	*Cassia mimosoides*	根叶比苜蓿叶颇长，又似出生豌豆叶
党参	党参 [106]	*Codonopsis pilosula*	细察其状，颇似初生苜蓿，而气味则近黄耆。昔人有以野苜蓿误作黄耆则，得非此物耶
杜衡	杜衡 [107]	*Asarum forbesii*	《山海经》云：杜衡可以走马。……马食杜衡而有力善走，如宛马嗜苜蓿耳
和血丹	胡枝子 [107]	*Lespedeza bicolor*	小叶者茎类薯草，叶似苜蓿叶而长大
辟汗草	草木犀 [105, 107]	*Melilotus officinalis*	《说文》：芸似苜蓿，或谓即此草
铁扫帚	截叶铁扫帚 [103, 107]	*Lespedeza cuneata*	丛生，一本二三十茎，苗高三四尺，叶似苜蓿叶长而细
芸	草木犀 [104, 108]	*Melilotus officinalis*	《注》：今谓牛芸草为黄华。华黄叶似□蓿。《说文解字注》：芸草也，叶似目宿

在对苜蓿植物学特征特性有深刻认识的基础上，研究其他植物时常常以苜蓿为参照。邵晋涵 [51]《尔雅正义》曰："權黄華注：今谓牛芸草，为黄华，花黄，叶似苵蓿。正義：權華芸之类也。夏小正云，正月采云为廟鹰，二月荣月令云仲冬之月，芸始生。郑注芸香草也。权与芸相似，而香气过之。注：今谓至苵蓿。正義：说文云，芸草也，似目宿；是芸木似苵蓿。权一名牛芸草，亦与苵蓿相似，也罗愿云，芸谓之芸蒿，似邪蒿而香可食，其茎干婀娜可爱，世人种之中庭。案牛芸亦种之阶下，王氏谈录所谓草如苜蓿，摘之香烈如芸也。"邹谢 [108]《本经疏证》在研究泽漆（*Euphorbia helioscopia*）时指出："泽漆一名猫儿眼睛草，一名绿叶绿花草，一名五凤草。江湖原泽平陆多有之，春生苗，一科分枝成丛，柔茎如马齿苋，绿叶如苜蓿叶，叶圆而黄绿，颇似猫睛，故名猫儿眼。"《广雅疏证》[64]对决明（*Cassia tora*）有这样的描述："决明，《蜀本图经》芸，叶似苜蓿而阔大。"《花镜》[55]亦曰："决明子，叶似苜蓿。"顾景星 [60]《野菜赞》记载了南苜蓿的形态特征，并指出北方的苜蓿尖叶紫花，"金花本名南苜蓿（*Medicago hispida*），二月繁生，叶如酸浆而五聚。三月开黄花，作子區如螺旋。北产叶尖花紫。"

到了清代人们对苜蓿生长习性的研究与认识更加系统与深刻。乾隆二十五年（1760 年）张宗法《三农纪》[9]记述："苜蓿，《图经》云：春生苗，一稞数十茎，一枝三叶，叶似决明而小，绿色碧艳。……一年可三刈，易茂草也。隔一宿而长盛，起人之目也；隔十宿而援茂，快人之目也。故名苜蓿。芟之不歇，其根深，耐旱。"《三省边防备览》[54]曰："宿根刈讫复生。"程瑶田 [3]在系统准确地研究苜蓿植物学特征的基础上，对苜蓿生长物候特性进行了研究，他指出："苜蓿，春夏两发。初发，雨水后生苗，清明后渐长，立夏之末小满前放勃，后十余日花大放，芒种始结角，夏至后荚渐老，茎叶渐枯黄。生花由近本处始，枯黄则由末渐及于本，故茎叶已枯，而近本之茎犹有绿叶，或犹开花。立秋后，则朽烂尽矣。再发，生苗于芒种夏至，作花于小暑后。处暑、白露间，亦有结角者。其枯黄次弟，与初发同。立冬犹有绿叶未尽萎者。初年结单角，但如小荷包。明年则一荚旋绕，有叠至二三四五环者。"这说明苜蓿在返青后，到清明（阳历 4 月 5 日前后，下同）生长加快，生长 30 天，即到立夏（5 月 5 日前后）开始现蕾，大约 10 天后开花，开花后再生长约 20 天后，即芒种（6 月 6 日前后）开始出现荚角进入结实期，再生长 15 天左右，即到了夏至（6 月 21 日）荚角开始变黑变老，种子开始成熟，植株开始变黄干枯，立秋（8 月 7 日）后，则地上部分枯死腐烂。立秋后再发新枝条，开始第二轮生长。由上述可知，程瑶田对苜蓿生长发育阶段及物候期观察仔细，记载准确，形态特征描述达到了现代科技水准。

3.2　苜蓿生态学特性

在盐碱地改良方面，我国积累了不少传统经验和技术。苜蓿是改良盐碱地的先锋植物，其耐盐改碱肥田特性早已为人们所熟知和利用，但记载其改良盐碱地的技术和效果到清代才出现[110]。史仲文和胡晓林指出，清代（不迟于乾隆四十三年，即 1778 年）已出现种植苜蓿等绿肥，先行暖地，治盐改土的办法。盛百二[62]《增订教稼书》《增订教稼书》（成书于乾隆四十三年）曰："碱地有泉水可引种者，宜种秔稻。否则先种苜蓿，岁夷其苗食之，四年后犁去其根，改种五谷蔬果，无不发矣，苜蓿能暖地也。又碱喜日而避雨，或乘多雨之年耕种，往往有收。有一法：掘地方数尺，深之三、四尺，换好土以接地气，二、三年后，周围方丈之地亦变为好土矣。闻之济阳农家，则志新吾之言不谬。苜蓿方得之沧州老农，甚验。"在之后的许多地方都应用了这一治盐改土技术，如道光《观城县志》[110] 卷十《杂事志·治碱》《中国地方志集成·山东府县志辑（第 91 册）》[111]《巨野县志》[112] 等就有相似记述。在治碱改土方面，郭云升《救荒简易书》[12] 曰："祥符县老农曰：苜蓿性耐碱，宜种碱地，并且性能吃碱。久种苜蓿，能使碱地不碱。"河南《光绪扶沟县志》[113]［清道光十三年（1833 年）］记载"扶沟碱地最多，惟种苜蓿之法最好，苜蓿能暖地，不怕碱，其苗可食，又可放牲畜，三四年后改种五谷。同于膏壤矣。"山东《宁津县志》[114]（光绪时期）[25] 曰："土性之经雨而胶粘者宜种之（苜蓿）。"山东《金乡县志》[80]［清同治元年（1862 年）］记载，"苜蓿能煖地，不畏碱，碱地先种苜蓿，岁刈其苗食之，三四年后犁去，其根改种他谷无不发矣，有云碱地畏雨，岁潦多收。"河北《光绪鹿邑县志》[81] 指出："苜蓿多自生无种者。种三后积叶坏烂肥地，垦种谷必倍，……功用甚大。"这说在清代种植苜蓿改良盐碱地已是常法。众所周知，种植苜蓿能增加地面覆盖，降低土壤水分蒸发，缓解或减少土壤盐分的上升或耕层返碱，由于苜蓿根系发达，并有固氮能力，在改善土壤结构的同时，苜蓿也能增加土壤氮素和有机质，所以这一技术至今仍在沿用。

早在北魏时期我国就知道苜蓿能肥田的特性[18, 20, 116]，特别是苜蓿的绿肥特性早已在我国被利用[76]。明《农政全书•农桑通诀 肥壤篇》[116]曰："江南壅田者，如翘荛、凌苕、皆特种之。恐苜蓿亦可壅稻。"[注：翘荛即紫云英（*Astragalus sinicus*）；凌苕（*Vicia sp.*）] 清代承袭明代仍将苜蓿作为绿肥，广为种植。许多典籍亦有记载，《授时通考》[11]复引明王象晋《群芳谱》曰："苜蓿，若垦去次年种谷，必倍收。为数年积叶壤烂，垦地复深。故今三晋人刈草，三年即垦作田，亟欲肥地种谷也。"《农学合编》[58]亦有同样的引述。

1909 年美国土壤学家 Franklin[74]（富兰克林）专程来我国考查了浙江、江苏和山东等的绿肥种植应用情况，并对苜蓿绿肥作了详尽的考查和记载。他在《四千年农夫》[74]记有："到那时（到水稻插秧时节），苜蓿要么被直接翻到地里，要么被（用）从运河底挖出的泥土浸湿之后堆放在运河的边上，发酵 20～30 天，再将发酵好的苜蓿运到地里。之前我们认为这些农夫很无知，但事实上，这些农夫很早就认识到豆科作物（苜蓿）的重要性，并将苜蓿列入轮作作物之列，作为一种不可或缺的作物。"另外他还观察到江苏、浙江一带的苜蓿堆肥制作过程："先将粪便（如马粪）放在从运河挖出的淤泥之间，让其发酵，然后将这些混合肥放入坑里，几乎将整个坑填满。之后将旁边种植的已开花的苜蓿砍下来填到（装有混合肥）坑里。每个坑堆放的苜蓿 5～8 英尺（152.4～243.8cm）高，中间夹杂着一层层的淤泥，这些淤泥将苜蓿浸湿，最终使这些苜蓿发酵。20～30 天后，苜蓿的汁液完全被下面的混合肥吸收，使混合肥进一步腐熟。苜蓿堆肥直到种植下一季作物时才施入地里。然后这些与淤泥一同发酵形成的有机物质会被人们分三次，每次好几吨运送到田里。"这些粪便收集、装载好之后，通过 15 英里①的水路运送到目的地。船靠岸后，它们就被卸下，然后与淤泥混合在一起。这块地上之前种有苜蓿，现在被挖了几个坑，坑里堆放有冬季的混合肥。砍了一些苜蓿之后，人们会用肩膀将它们扛到坑旁，然后将它们一层苜蓿一层淤泥地堆好。形成肥料之后，它们会被分配在田里，之前坑里挖出来的泥土这时会被填进坑里。在水稻插秧前，将这些绿肥均匀地撒在地里，再进行犁地。在《四千年农夫》[74]还有这样的记载："冬小麦或大麦与一种作绿肥的中国苜蓿并排生长，此种苜蓿翻耕后作为棉花的肥料。棉花播种成行与大麦相对。"另外还记载了稻田垄上种苜蓿绿肥："在稻田的垄上种有作为绿肥的苜蓿，在秋季收割水稻之后播种苜蓿，在稻田被犁耕的时候它们（苜蓿）就成熟了，并且能被割下来埋在地里作为绿肥。这里种植的苜蓿产量每英亩 8～20t（注：每亩 1.34～3.29t)。"

据乾隆年间《镇番遗事历鉴》[69]记载："今农民为养地力，其法有二：一即歇沙，一为换茬种植。歇沙需深翻，或歇一年，或歇二年，夏种时，大水冬灌，冻泡如酥，遂成沃田。换茬最易，甲年种麦，乙年种糜，亦见奇效。若地力过疲，易之苜蓿，阅二三年，遽成上上之地，盖亦农家经验也。"说明清代镇番县在农业活动中多采用歇沙、换茬等轮作方式来保持地力不减退。陈恢吾[59]《农学纂要·轮栽停种》曰："凡轮栽，当先栽深根之物，以吸下层养质，次栽中根浅根。凡豆类为深根，根（菜莱菔甘薯之类）为中根，禾类为浅根。小麦、寒麦、萝生、苜蓿及搢油之菜，皆吸食深土之质，大麦、番薯、莱菔皆吸食浅土之质。深根为浅根者吸淡气，引土脉（刈时必留其根），而浅根者遗其根干于地，亦可为深根植物之助。亦有连种而愈佳者，棉、蓝、甘薯是也。"并制定了苜蓿-麦粟类-萝卜薯等作物的三年轮作制，"豆、苜蓿后，宜麦粟类，后宜萝卜、薯蓣等。谷禾前宜豆，树棉之地，初年种棉，次年禾麦，三年复种棉，皆得益。"陈恢吾总结到，"轮种之法，或三年一周。先停种，次小麦，次雀麦与豆（瘠土宜）。或四五年一周，或七年一周。大率第一年莱菔或各种根菜，次年大麦，次苜蓿，次小麦。或第一年莱菔，次小麦，次大麦，次苜蓿，次小麦。或先芦菔，次大麦，次苜蓿，次雀麦，次番薯，次小麦，均得法。"蒲松龄[10]《农桑经》曰："苜蓿，……六、七年去根另种。若垦后种谷，必大收。"《营田辑要校释》[16]亦有类似记载："苜蓿，六七年后，去其繁根便茂，若以种地必倍收。"

4　苜蓿栽培与利用

4.1　苜蓿的利用

饲蔬两用　　雍正《畿辅通志》[39]曰："苜蓿，牧草也。……春芽时可以採之充蔬。"清代天津常见野菜不少数，如苜蓿，宜饲马，嫩苗亦可食[118]。顾景星[60]《野菜赞》"苜蓿，……宛马总肥，堆盘非奢。"乾隆二十五年（1760年）张宗法《三农纪》记载："苜蓿，农家夏秋刈苗饲畜，冬春锄根制碎，育牛马甚良。叶嫩可蔬。"[43]《三省边防备览》[54]曰："苜蓿，李白诗云天马常衔苜蓿花是此。味甘淡，不可多食。"宣统三年（1911年）陕西的《泾阳县志》[118]记载："苜蓿饲畜胜豆，春苗采之和面蒸食，贫者赖以疗饥。"《安塞县志》[99]曰："苜蓿，大宛国种。乡民饲畜常刍也。初生叶嫩，可作菜。"《重修肃州新志·物产》[47]亦曰："初生嫩芽可采为蔬，蔓延绵长可饲马。"《高台县志》[100]亦记有"苜蓿，春初生芽人亦采食作蔬食。夏月采割，饲牲畜。"

乾隆三十五年（1770年）傅恒《平定准噶尔方略》[45]记载："永贵等奏言，……臣等酌量赏给阿奇木伯克果园三处，伊沙噶以下伯克四处，又希卜察克布鲁特散秩大臣阿奇木、英噶萨尔阿奇木伯克素勒坦和卓、冲噶巴什布鲁特阿瓦勒比等，各给一处，以为来城住宿之地。其余入官，仍交回人看守采取，赏给官兵。再此等果园内，尚有喂马之苜蓿草，每年可得二万余束，定额征收以供饲牧，俱造具印册，永远遵照。"左宗棠[44]指出："尔不谋长，自求膳粥，乃植恶卉，奸利是鹜。我行其野，异华芳郁，五谷美种，仍忧不熟。亦越生菜，家尝野薇。葱韭葵苋，菘芥莱菔，宜食宜饲，如彼苜蓿，锄种壅溉，饔飧可续。胡此不勤，而忘旨蓄？饥与馑臻，天靳尔禄。大命曷延？俱曷卜？尚耽鸦片，槁死荒谷。"

苜蓿饲用　《康熙字典》[102]曰："【本草】苜蓿，……谓其宿根自生，可饲牧牛马也。"《广群芳谱》[53]亦有类似记载。清代近300年，关中得天独厚，渭河南北，村落栉比，种苜蓿喂牛，以图耕种。《豳风广义·畜牧大略》[15]曰："昔陶朱公语人曰：'欲速富，畜五牸。'五牸者，牛、马、猪、羊、驴之牝者也。……惟多种苜蓿，广畜四牝（猪、羊、鸡、鸭），使二人掌管，遵法饲养，谨慎守护，必致蕃息。"夏秋季陕西各地刈青苜蓿草，拌适量麦麸，或谷草和麦秸，冬季苜蓿干草辅以豆，牛壮健。《农言著实》[14]曰："此月（正月）气节若早，苜蓿根可以餧牛。…又省料，又省稭，牛又肥而壮。倘若迟延至苜蓿高了，根就不好了，牛也不肯喫了。"《农言著实》[14]"與牲口喫苜蓿，麦前不论长短，都可以将就，总以刘短为主。惟至麦后，苜蓿不宜长，长则牛马俱不肯喫，赕下殊觉可惜。且要看苜蓿底多少，宁可有余，将头次地挖过，万一不足，牲口正在出力，非餧料不得下来。"谢成侠指出，晋陕300多年的养牛实践经验证明，这些地区所用饲草主要是苜蓿，足以代替豆料的营养，并证明苜蓿是养牛的理想饲草[120]。蒲松龄《农桑经》[10]曰："苜蓿，可种以饲畜，初生嫩苗亦可食。四月结种后，芟以喂马，冬积干者亦可喂牛驢。"《蒲松龄集》[56]亦有同样的记述。《农学合编》[58]曰："苜蓿，长宜饲马，尤嗜此物。"乾隆四十四年（1779年）《甘州府志》[120]曰："苜蓿可饲马。"（表15-6）。

清代用发酵后的苜蓿饲喂猪，堪称世界首创（表15-6）。《豳风广义·收食料法》[15]曰："大凡水陆草叶根皮无毒者，猪皆食之，唯苜蓿最善，采后复生，一岁数剪，以此饲猪，其利甚广，当约量多寡种之。春夏之间，长及尺许，割来细切，以米泔水或酒糟豆粉水，浸入大瓦窖内或大蓝瓮内令酸黄，拌麸杂物饲之。亦可生喂。"同时《豳风广义·收食料法》[15]还记载了用苜蓿草粉喂猪，将晒干的苜蓿"用碌碡碾为细末，密筛筛过收贮。待冬月合糠麸之类，量猪之大小肥瘦，或二八相合，或三七相合，或四六，或悖对，斟酌损益而饲之。且饲牧之人，宜常采杂物以代麸糠，拾得一分遂省一分食。"

我国清代就有牛食多鲜苜蓿会引发臌胀病的明确记载，并有相应的治疗措施。王树枬《新疆图志》云："秋日，苜蓿遍野，饲马则肥，牛误食则病。牛误食青苜蓿必腹胀，大医法灌以胡麻油，半劻折红柳为衔之流涎而愈。"李春松[71]《世济牛马经》记载："高粱苗、嫩苜蓿、菱草喂牛生胀气，要时气闷如似鼓，如不放气命瞬息，饿眼穴，速放气，椿根白皮和乱发，香油炸后灌下宜。"

表 15-6　记载苜蓿饲喂家畜的相关典籍

典籍	家畜	苜蓿形态	饲喂技术
豳风广义 [15]	猪	青苜蓿发酵	（苜蓿）割来细切，以米泔水浸入砖窖内或大蓝瓮内，令酸黄，拌麸杂物饲之
	猪	苜蓿干草粉	待冬月，（苜蓿干草粉）合糠麸之类……而饲之
	鸭与鸡	苜蓿煮熟	饲养鸭与鸡同，用粟豆饲鸭，其利有限，不若细剉苜蓿，煮熟拌糠麸夫饲之，价省功微，亦善法也
	羊	苜蓿青干草	八、九月间，带青色收取晒干，多积苜蓿亦好
农言著实 [14]	牛	苜蓿根	（正月）苜蓿根可以餧牛
	牲口	苜蓿鲜草	與牲口喫苜蓿，……惟至麦后，苜蓿不宜长，长则牛马俱不肯喫
三农纪 [9]	牛与马	苜蓿根	冬春锄根制碎，育牛马甚良
	畜	苜蓿鲜草	夏秋刈苗，饲畜
农桑经 [10]	马	苜蓿鲜草	四月结种後，芟以喂馬
	牛与驴	苜蓿干草	冬积干者，亦可喂牛驴
农圃便览 [13]	马	苜蓿鲜草	开花时刈取喂马，易肥
广群芳谱 [53]	马与牛	苜蓿鲜草	开花时刈取喂马、牛，易肥健，食不尽者，晒乾，冬月剉喂

苜蓿食用　　自汉代苜蓿引入我国就不失为很好的蔬菜，常在人们的餐桌上出现。《回疆通志》[121] 所载南疆二十余种蔬菜，苜蓿在其中。同样《哈密志》[122] 也将苜蓿列入三十余种蔬菜之中。《广群芳谱》[53] 曰："述异记·张骞苜蓿园，今在洛中。苜蓿，本塞外菜也。"《广群芳谱》[53] 还曰："叶嫩时煠作菜，可食，亦可作羹，忌同蜜食，令人下利。采其叶，依蔷薇露法蒸取，馏水甚芬香。"《营田辑要》[16] 曰："苜蓿，言其米可炊饭也。叶似豌豆，……春初可生噉熟食。"薛宝辰 [68]《素食说略》曰："干菜曰菹，亦曰诸。桃诸、梅诸是也。〈说文〉脯干肉，呼菜脯也。如胡豆、刀豆……苜蓿、菠菜之类，皆可作脯。"《素食说略》[68] 又曰："秦人以蔬菜和面加油、盐拌均蒸食，名曰麦饭。……麦饭以朱藤花、楮花、邪蒿、因陈、同蒿、嫩苜蓿，嫩香苜蓿为最上，余可作麦饭者亦多，均不及此数种也。"

何刚德 [123]《客座偶谈》曰："科举时代，儒官以食苜蓿为生涯，俗语谓之食豆腐白菜；秀才训蒙学，资馆谷以终身，卒未闻大家有闹饭者。知吃饭之人必须安分，否则未闻有不乱者也。"龚乃保 [61]《冶城蔬谱》曰"苜蓿，……阑干新绿，秀色照人眉宇。自唐人咏之，遂为广文先生雅馔。"清闵钺 [66]《本草详节》曰："苜蓿生各处，田野刈苗做蔬，……结小荚圆扁，老则黑色，内有米如穄子，可为饭酿酒。"谈迁 [50]《北游录》曰："云飘短麈旐檀屑。林泛绿醑苜蓿香。"

王仁湘 [124]《往古的滋味：中国饮食的历史与文化》记载了咸丰十一年十月初十日，皇太后慈禧所用的一桌早膳："火锅二品羊肉燉豆腐、炉鸭燉白菜；'福寿万年'大碗菜四品燕窝肥鸭丝、溜鲜虾、三鲜鸽蛋、烩鸭腰；碟锅烧鸭子、燕窝'寿'字白鸭丝、燕窝'万'字红白鸭子、燕窝'年'字什锦攒丝；中碗菜四品燕窝炒熏鸡丝、菜六品肉片炒翅子、口蘑炒鸡片、溜野鸭丸子、果子酱、碎溜鸡；片盘二品挂炉鸭子、挂炉猪；饽饽四品福捧寿桃、寿意白糖油糕、寿意苜蓿糕；燕窝鸭条汤；鸡丝面。"看来慈禧太后对苜蓿糕也是情有独钟。

苜蓿救荒　　苜蓿是历朝历代很好的救荒植物。乾隆四十四年（1779年），湖南发生严重的自然灾害，出现了"安化大饥、草木皆尽，道有死者"的惨景，就连生活富裕的陶澍家也出现数日断炊，常采苜蓿以佐食[126]。嘉庆十九年（1814年）2月，巡抚方受畴在巡察河南省时看到多余的闲置地，即提出"豫省农业失勤，生植不广，是以麦秋偶歉，民食无资。现当春泽优沾，亟宜劝耕教植，以收地利。"并提倡在灾区种植苜蓿、油菜，以充饥。派人到陕西购买苜蓿种子，发至郑州、新郑、兰阳、陈留县、祥符等县劝民种植。通过种植苜蓿、油菜等，灾后困难时期，补充了民食，缓解了灾害带来的负面的影响。方受畴[70]《抚豫恤灾录》记载了滑县和仪封县对种苜蓿的反映和效果，其中滑县知县孟纪瞻指出："前奉饬发菜种，现俱播种长大，藉供菜蔬之需。今又奉发苜蓿籽粒，四散布种，以饶物产，从此淹传广布，于民生大有裨益。"还有仪封县通判黄兆枢亦指出："将奉发苜蓿籽粒均匀发给，领回布种，并将物微利薄、大益耕农备细传谕。农民等皆叩头称谢，鼓舞欢欣，地方极为宁贴。"[127]同治四年（1865年）陕西巡抚刘蓉在陕甘办捐时发现，"迨接见委员询悉军营情状，苦不可言。从前每人日给灰面一斤，各军士日食三餐，不得一饱，迨后军粮益匮，每名仅给灰面半斤，搭放榆皮四两、苜蓿四两，且有不继之。"[128]

清末发生过一次罕见的旱灾，始于光绪二年间（1876年），到光绪四年（1878年）才得以缓解，史称"丁戊奇荒"。旱灾从直隶（河北）省开始，其中旱情以山东、河南、直隶、山西、陕西五省为最重。关中地区的蒲城是当时灾情发生最重的地方，"六月以来，民间葱、蒜、莱菔、黄花根皆以作饭，枣、柿甫结子即食，榆不弃粗皮，或造粉饼持卖，桃、杏、柿、桑干叶、油渣、棉子、酸枣、麦、谷、草亦磨为面，槐实、马兰根、干瓜皮即为佳品，苜蓿多冻干且死，乃掘其根并棉花干叶与蓬蒿诸草子及遗根杂煮以食[129~131]。"到1879年直隶省"灾区甚广。即有田顷许者，尚且不能自存，下户疲氓，困苦更难言状。春间犹采苜蓿榆叶榆皮为食，继食槐柳叶，继食谷秕糠屑麦蘖[129]。"

光绪二十二年（1896年）郭云升[12]在《救荒简易书·救荒月令》中总结了黄河中下游地区苜蓿从正月至十月的救荒农事活动（表15-7），由表15-7中可知，为了救荒，河南滑县正月至十月均可种苜蓿食之。

苜蓿本草特性　　张宗法[9]《三农纪》指出：苜蓿"味甘，性平。健脾宽中，清热利水。子可壮目，叶可充饥，忌与蜜同食。"杨巩[58]《农学合编》曰"苜蓿，味苦五毒，安中利五脏，洗脾胃间恶热毒。"丁宜曾[13]《农圃便览》亦曰"苜蓿能洗脾胃诸恶热毒。"

表 15-7 苜蓿救荒月龄 [12]

月份	农事意向	农事措施或效果
正月	正月种二月可食，春霜春雪不畏也	苜蓿若正月种，月月可食，直到大水大雪方止，次年二月，宿根复生。月月可食如前，丰年能肥牛马，欠年能以养人，亦救荒之奇也
二月	二月种三月可食	苜蓿二月三月即可食也
三月	三月种四月可食	苜蓿三月种，据《农政全书》而种之
四月	四月种五月可食	苜蓿四月种，据《农政全书》而种之
五月	五月和黍种，六月可食	闻直隶老农曰，苜蓿五月种，必须和黍种之，使黍为苜蓿遮阴，以免烈日晒杀
六月	六月和荞麦种	闻直隶老农曰，苜蓿六月种，必须和荞麦种之，使荞麦为苜蓿遮阴以免烈日晒杀
七月	七月和荞麦种	闻直隶老农曰，苜蓿七月种，必须和秋荞麦而种之，使秋荞麦为苜蓿遮阴，以免烈日晒杀
八月	八月种九月可食	苜蓿八月种，据《农政全书》而种之
九月	九月种十月可食	苜蓿九月种，据《农政全书》而种之
十月	十月种能在地过冬	苜蓿十月种，为其嫩苗深冬方尽，宿根早春即生也

4.2 苜蓿种植建议及其保护村规

罗振玉 [57] 在《农事私议·卷之上》提议："在僻远之区，人烟稀少，以村落之粪粪其田而不足，又无川流以输入肥粪之来自远方者，于是地方年瘠一年，必成石而后已。然则僻地粪田之述不可不特地请求矣。……一曰种牧草以兴牧业，今试分农地为二，半种牧草，半种谷类，以牧草饲牲而取其粪地为牧场，溲溺所至，肥沃日增，必岁易其处，今年之牧场为明岁之田亩，如是不数年瘠地沃矣。……三曰用绿肥，……取植物枝叶沤腐以供肥壅，一切植物皆可用，而以豆科植物为尤，若豌豆、若紫云英、若苜蓿之类是也。"他在《农事私议·卷之下》 [57] 又指出："为五大林区至七月更增为六大林区至七月，劝农居购买英国小麦、马铃薯、苜蓿等佳种，改驹场农学校试业科"。

陕西是我国历代苜蓿的重要产区，这与当地官宦和百姓对苜蓿的重视和保护分不开，如澄城县各村就有苜蓿保护条例。嘉庆八年（1803 年）澄城县韦家村社为了保护苜蓿，制定了如下村约："盗割苜蓿罚钱一百文。"道光元年（1821 年）澄城县的另一个村社其村规中也有保护苜蓿的内容："一、招场窝赌，罚钱二千文；二、攀折树木，罚钱二千文；三、偷糜掐谷，罚钱一千文；四、偷割草苗，罚钱五百文；五、盗采苜蓿，罚钱一百文；六、纵放六畜，践踏青苗，骡马，罚钱四百文。"

4.3 苜蓿栽培管理

苜蓿适宜地　《康熙字典》 [103] 记载："【史记·大宛列传】马嗜苜蓿，汉使取其实来，于是天子始种苜蓿肥饶地。"此虽为引用【史记•大宛列传】，但说明苜蓿应该种在肥沃的土地上。清张宗法[9]《三农纪》（成书时间乾隆二十五年，1760 年）中亦有类似的记载："苜蓿，盛产于北方高厚之土，卑湿之处不宜其性也。"苜蓿多生长于北方土层深厚之地，不宜在低湿地上生长。《授时通考》[11]曰：《齐民要术》地宜良熟，……此物长生，种者一劳永逸，都邑负郭，所宜种之。"选良好的地种苜蓿，城市郊区都可种植。《农桑经》[10]《蒲松龄集》[56]曰："苜蓿，野外有硗田，可種以飼畜。"说明苜蓿亦宜在土质瘠薄的地上种植。

在清代人们对苜蓿耐瘠薄、耐盐碱、抗风沙等特性有了很深刻的认识，并很好地利用了这些特性。《救荒简易书•救荒土宜》[12]记载了适宜苜蓿种植的碱地、沙地、石地、淤地、虫地、草地和阴地（表 15-8）。

表 15-8　苜蓿救荒土宜[12]

宜土	特性或效果
碱地	祥符县老农曰，苜蓿性耐碱，宜种碱地，并且性能喫碱，久种苜蓿能使碱地不碱
沙地	苜蓿沙地能成，冀州及南宫县有种苜蓿於沙地者
石地	苜蓿性喜唅寒，宜种於又唅又寒石地
淤地	一劳永逸，生生不穷，苜蓿有此力量，种於刚硬淤地，刚硬不能为害也
虫地	苜蓿芽上无餹，虫不愿食也
草地	苜蓿宜於五六月种，假借草之阴凉以免烈日晒杀，使其因祸为福，化害为利
阴地	田地向阴或山所遮或林所蔽，农民辄叹棘手，若种苜蓿必能茂盛

苜蓿种子处理　　对苜蓿种子的硬实性，在清代就有了认识，并提倡苜蓿播种前要对其进行处理。中国科学院自然科学史研究所指出，明清两代的农书记载了在播种前要对苜蓿种子进行碾压搓摩，以提高其发芽率[132]。

苜蓿播种时间　　表 15-9 列出了不同地区苜蓿种植时间及其所采用的农艺措施。张宗法[9]《三农纪》记载：苜蓿"植艺：夏月收子，和荞并种，刈荞苗生。"《农圃便览》[13]亦有同样的记载。《授时通考》[11]引用《齐民要术》和《群芳谱》的苜蓿播种时间曰："七月种之，畦种水浇，一如韭法。"和"夏月取子和荞麦种，刈界时，苜蓿生根，明年自生。"《农桑经》[10]曰：六月"苜蓿，合荍麦种。荍刈，苜蓿生根，明年自生。可一刈三年，盛岁三刈。欲留种，止一刈。"《蒲松龄集》[56]曰："苜蓿，宜於七八月种，一年三刈，留种者一刈。"陈淏子[55]《花镜》曰："七月宜事：下种，苜蓿；八月宜事：下种，苜蓿（宜中秋月夜）。"《营田辑要》[16]亦主张"苜蓿，七八月种。"另外，为了救荒，郭云升[12]《救荒简易书》主张正月至十月均可种苜蓿（表 15-9），并指出曰："田地背阴四时可种苜蓿。"

表 15-9　苜蓿播种时间与措施

典籍	地域	农艺措施
三农纪 [9]	川西北	夏月收子和荞麦并种
农圃便览 [58]	山东日照	夏月取子和荞麦种之
授时通考 [11]	黄河中下游，包括山东、河南和山西东南部	七月种之，畦种水浇；夏月取子和荞麦种
农桑经 [10]	山东淄川及其附近	六月合荗麦种，宜于七八月种
花镜 [55]	江浙一带	宜七八月下种
救荒简易书 [12]	河南滑县	田地背阴四时可种

粮草混种、林草间种　　《农桑经》[10]《农圃便览》[58] 等都记载荞麦和苜蓿混播的经验，苜蓿可于"夏月取子和荞麦种，刈荞时，苜蓿生根。"《救荒简易书》[12] 亦指出，"闻直隶老农曰：苜蓿菜七月种，必须和秋荞麦而种之，使秋荞麦为苜蓿遮阴，以免日晒杀"，"五月中苜蓿和黍混播"。《救荒简易书》[12] 还说"因地向阴，或山所遮，或林所蔽，农民辄叹棘手，若种苜蓿菜必能茂盛"。这说明林间隙地还可种苜蓿，这是林草间作的典范 [133]。

苜蓿刈割　　张宗法 [9]《三农纪》中载：与荞麦混播的苜蓿，当年收割荞麦后苜蓿自生，"来年只可一刈，三年后更茂，每岁二刈，留种者只一刈。"《授时通考》[11] 亦有类似记载。《营田辑要》[16] 曰："苜蓿，……岁可三刈，欲留种者止一刈。此物长生，一种之后，明年自生，可一刈，久则三刈。"王烜 [133]《静宁州志》记载："四月下旬观赏牡丹。这一月鲜花依次开放，小麦开始拔节，苜蓿、苦菜到了收获的季节；六畜开始怀孕；农夫开始播种秋谷。"

苜蓿干草调制　　《农言著实》[14] 曰："苜蓿花开园，教人割苜蓿。先将冬月干苜蓿积下，好餧牲口。但割底晒苜蓿，总要留心。午后以前底苜蓿，经日一晒，就可以捆了。午右以后底苜蓿，水气未干，再到第二日收拾。再者，当日捆，当日就要积，还要积在无雨处方妥，倘一经雨，则瞎矣。且当日积下底苜蓿，到底总是绿底，牲口亦肯吃。如果积在廖野处，风吹日晒雨又淋，将来大半是不好底，岂不可惜！所以然者，以其性不敢经风雨也。"《豳风广义》[15] 记载："须在三、四月间，以羊之多少，预种大豆或小黑豆杂谷，并草留之……八、九月间，带青色收取晒干，多积苜蓿亦好。"《豳风广义》[15] 还提到了苜蓿草粉的制作，"欲积冬月食料，须于春夏之间，待苜蓿长尺许，俟天气晴明，将苜蓿割倒，载入场中摊开，晒极干，用碌碡碾为细末，密筛筛过收贮。"

苜蓿地管理　　《农言著实》[14] 曰："此月（正月）气节若早，苜蓿根可以餧牛。见天日著火计挖苜蓿。咱家地多，年年有种底新苜蓿，年年就有开的陈苜蓿，况苜蓿根餧牛，牛也肯喫。"《农言著实》（二三月：春季）"挖苜蓿根要细心，叫伙计靠镬子挖。有苜蓿处，不待言也。即无苜蓿处，亦要用心挖。有土墼，务必打碎拨平，总似用嬺嬺过底方妥。所以然者，何也？得雨后，就要种秋田禾。不如，日晒风吹，地不收墒；兼之没挖到处，定行不长田禾。牢记！牢记！"《新疆小正》[43]清明风至，宿麦始苏，苜蓿灌渝。《农言著实》[14]还提到了苜蓿地的秋冬季管理，"苜蓿地经冬，先用挖犁在地上下，乱挖几十回，省旁人冬月在地内扫柴火，不大要紧，第二年苜蓿定不旺矣。至於锄，须到来年春暖花开，再教人锄。"是说进入九月（阴历），天气渐冷，苜蓿停止生长后，用齿耙将地面枯枝落叶清理出来，以免冬季别人在地内搂柴火。《三农纪》[9]记载了生长五六年后的苜蓿地管理措施，"苜蓿，……五六年后根结，宜垦去另植。法当用：每亩分三段，今年锄根一段，明年锄一段，至三年锄一段。去一段，长一段，不烦更种。每牲得种一亩，一岁足用。宜捕鼠除虫，其苗可茂。"《授时通考》[11]亦有相似记载。

苜蓿田间管理月龄　　根据《农言著实》[14]《豳风广义》[15]《新疆小正》[43]《静宁州志》[133]等典籍将苜蓿的主要农事月龄总结如表 15-10 所示。

表 15-10　苜蓿农事月龄

典籍	月份/季节	农事活动	农艺措施要点	适宜区域
农言著[14]	正月	挖根喂牛	苜蓿根可以餧牛，见天日著火计挖苜蓿	陕西三原
	二月	锄草	教人锄麦，地内草多者，要细心锄。再锄苜蓿	同上
	三月	收割	苜蓿花开园，教人割苜蓿	同上
	九月	残茬出来	苜蓿地经冬，先用挖犁在地上下，乱挖几十回	同上
新疆小正[43]	清明	灌溉	清明风至，苜蓿灌渝	新疆
静宁州志[134]	四月下	收获	小麦开始拔节，苜蓿到了收获的季节	甘肃静宁
豳风广义[15]	春夏之间	制草粉	将苜蓿割倒，晒极干，用碌碡碾为细末，密筛筛过收贮	陕西
	八九月	干草调制	八九月间带青色获取晒干，多积苜蓿亦好	陕西

清代是我国古代农业的最后一个时期，他的结束标志着我国近现代农业的开始，因此，清代农业既具有古代农业的特征，又具有近代农业的特点，尤其是清代晚期的农业两重性更加明显。其突出特点有如下几个。一是清代苜蓿种植范围比过去任何一个时期（两汉、隋唐、明）都广且大[19~21]，华东、华北、东北、西北及川陕鄂毗邻地区的 21 个省 172 个县（州、府、地区）都有苜蓿种植。二是清代的多典籍都有苜蓿记载，《康熙字典》[102]收录了苜蓿，雍正《畿辅通志》[39]准确记述了苜蓿形态特征，"藤蔓菀，叶丛生，紫花，荚实。"徐松[36]认为，苜蓿"今中国有之，惟西域紫花为异。"并指出，"种苜蓿，如中国种桑麻，四月以后马噉苜蓿尤易健壮"。三是苜蓿植物学与生物学研究更加精准系统，对苜蓿从种子到叶、枝条、花和根等植物学特征进行研究，且将苜蓿与草木犀进行了比较，同时亦研究了苜蓿的生物学特性及物候。苜蓿返青（雨水后）—营养生长期（清明）—现蕾

（立夏）—开花（小满）—结荚（芒种）—荚变黑变老（夏至），这说明清代对苜蓿的生长阶段已有了很深刻的认识。四是明确了苜蓿的适种土壤及其治碱改土特性，碱地、沙地、石地、淤地、虫地、草地和阴地均适宜苜蓿种植，其中苜蓿盛产北方高厚之土，卑湿之处不宜其性也，"苜蓿性耐碱，宜种碱地，并且性能吃碱。久种苜蓿，能使碱地不碱"，由此可知，我国对苜蓿耐盐碱的特性早有认识，并很好地应用于盐碱地的改良中。五是认识到了苜蓿的硬实性，播种前要对苜蓿种子进行碾压搓摩，以提高其发芽率，并提出了苜蓿播种时间和技术，苜蓿播种以夏月收子，和荞并种，七月种之，畦种水浇，七八月宜事，田地背阴四时可种苜蓿。六是制定了苜蓿刈割制度和冬春季管理措施，苜蓿一种之后，明年自生，可一刈，久则三刈，花开即刈，积苜蓿干草越冬，正月挖根以饲牛，进入九月，天气渐冷，用齿耙将地面枯枝落叶清理出来。

综上所述，我国清代对苜蓿的研究已相当深入，种植已非常广泛。到目前为止，清代的一些苜蓿技术现在仍在沿用，有些理论仍在指导现在的苜蓿生产。因此，要加强清代苜蓿科学与技术乃至文化的研究与挖掘，使之古为今用，以振兴苜蓿产业，实现更大发展。

参 考 文 献

[1] 吴量恺. 清代经济史研究. 武汉: 华中师范大学出版社, 1991.

[2] 陈少华. 近代农业科学技术出版物的初步研究. 中国农史, 1999, 18(4): 102-105.

[3] 程瑶田[清]. 程瑶田全集. 合肥: 黄山书社, 2008.

[4] 吴其濬[清]. 植物名实图考. 北京: 商务印书馆, 1957.

[5] 中国植物学会. 中国植物学史. 北京: 科学出版社, 1994.

[6] 董恺忱, 范楚玉. 中国科学技术史(农学卷). 北京: 科学出版社, 2000.

[7] 罗桂环, 汪子春. 中国科学技术史(生物学卷). 北京: 科学出版社, 2005.

[8] 李约瑟. 中国科学技术史(第六卷 生物学及相关技术 · 第一册 植物学). 袁以苇译. 北京: 科学出版社, 2006.

[9] 张宗法[清]. 三农纪. 北京: 中国农业出版社, 1989.

[10] 蒲松龄[清]. 农桑经校注. 李长年校注. 北京: 农业出版社, 1982.

[11] 鄂尔泰[清], 张廷玉[清]. 授时通考. 北京: 农业出版社, 1991.

[12] 郭云升[清]. 救荒简易书. 上海: 上海古籍出版社, 1995.

[13] 丁宜曾[清]. 农圃便览. 王毓瑚校点. 北京: 中华书局, 1957.

[14] 杨一臣[清]. 农言著实评注. 杨允褆整理. 北京: 农业出版社, 1989.

[15] 杨屾[清]. 豳风广义. 郑辟疆, 郑宗元校勘. 北京: 农业出版社, 1962.

[16] 黄辅辰[清]. 营田辑要校释. 马宗申校释. 北京: 中国农业出版社, 1984.

[17] 闵宗殿, 彭治富, 王潮生. 中国古代农业科技史图说. 北京: 中国农业出版社, 1989.

[18] 孙启忠. 苜蓿经. 北京: 科学出版社, 2016.

[19] 孙启忠. 苜蓿赋. 北京: 科学出版社, 2017.

[20] 孙启忠, 柳茜, 陶雅, 等. 两汉魏晋南北朝时期苜蓿种植利用刍考. 草业学报, 2017, 26(11): 185-195.

[21] 孙启忠, 柳茜, 陶雅, 等. 隋唐五代时期苜蓿栽培利用刍考. 草业学报, 2018, 27(9): 183-193.

[22] 孙启忠, 柳茜, 陶雅, 等. 我国明代苜蓿栽培利用刍考. 草业学报, 2018, 27(10): 204-214.

[23] 孙启忠, 柳茜, 陶雅, 等. 我国近代苜蓿种植技术研究考述. 草业学报, 2017, 26(1): 178-186.

[24] 孙启忠, 柳茜, 陶雅, 等. 民国时期西北地区苜蓿栽培利用刍考. 草业学报, 2018, 27(7): 187-195.

[25] 孙启忠, 柳茜, 李峰, 等. 我国古代苜蓿的植物学研究考. 草业学报, 2016, 25(5): 202-213.

[26] 孙启忠, 柳茜, 陶雅, 等. 我国近代苜蓿生物学研究考述. 草业学报, 2017, 26(2): 208-214.

[27] 孙启忠, 柳茜, 那亚, 等. 我国汉代苜蓿引入者考. 草业学报, 2016, 25(1): 240-253.

[28] 孙启忠, 柳茜, 陶雅, 等. 汉代苜蓿传入我国的时间考述. 草业学报, 2016, 25(12): 194-205.

[29] 孙启忠, 柳茜, 李峰, 等. 我国古代苜蓿物种考述. 草业学报, 2018, 27(8): 163-182.

[30] 孙启忠, 柳茜, 陶雅, 等. 张骞与汉代苜蓿引入考述. 草业学报, 2016, 25(10): 180-190.

[31] 孙启忠, 柳茜, 李峰, 等. 明清时期方志中的苜蓿考. 草业学报, 2017, 26(9): 176-188.

[32] 孙启忠, 柳茜, 陶雅, 等. 民国时期方志中的苜蓿考. 草业学报, 2017, 26(10): 219-226.

[33] 范延臣, 朱宏斌. 苜蓿引种及其我国的功能性开放. 家畜生态学报, 2013, 34(4): 86-90.

[34] 邓启刚, 朱宏斌. 苜蓿的引种及其在农耕地区的本土化. 农业考古, 2014, (3): 20-30.

[35] 中国农业科学院, 南京农学院中国农业遗产研究室. 中国农学史(上下册). 北京: 科学出版社, 1984.

[36] 徐松[清]. 汉书西域传补注. 上海: 商务印书馆, 1937.

[37] 王先谦[清]. 汉书补注. 北京: 中华书局, 1983.

[38] 吴玉搢[清]. 别雅. 上海: 商务印书馆, 1939.

[39] 李鸿章[清]. 畿辅通志. 保定: 河北大学出版社, 2010.

[40] 阿桂[清], 董诰[清]. 盛京通志. 沈阳: 辽海出版社, 1997.

[41] 王树枬[清]. 奉天通志. 沈阳: 辽海出版社, 2003.

[42] 长顺[清], 李桂林[清]. 吉林通志. 长春: 吉林文史出版社, 1986.

[43] 王树枬[清]. 新疆小正. 台北: 成文出版社, 1968.

[44] 左宗棠[清]. 左宗棠全集. 长沙: 岳麓书社, 2009.

[45] 傅恒[清]. 平定准噶尔方略. 北京: 全国图书馆文献中心, 1990.

[46] 赵尔巽. 清史稿. 北京: 中华书局, 1977.

[47] 黄文炜[清]. 重修肃州新志. 北京: 学生书局, 1967.

[48] 不详[清]. 新疆四道志. 台北: 成文出版社, 1968.

[49] 王树枬[清]. 新疆图志. 上海: 上海古籍出版社, 2015.

[50] 谈迁[清]. 北游录. 北京: 中华书局出版, 1981.

[51] 邵晋涵[清]. 尔雅正义. 上海: 上海古籍出版社, 2017.

[52] 厉荃[清]. 事物异名录. 厉荃原[清]辑. 长沙: 岳麓书社, 1991.

[53] 清圣祖[清]. 广群芳谱. 上海: 商务印书馆, 1935.

[54] 严如熤[清]. 三省边防备览. 南京: 江苏广陵古籍刻印社, 1991.

[55] 陈淏子[清]. 花镜. 北京: 农业出版社, 1962.

[56] 蒲松龄[清]. 蒲松龄集. 上海: 上海古籍出版社, 1986.

[57] 罗振玉[清]. 农事私议·僻地肥田说(卷之上). 光绪二十六年(1900年).

[58] 杨鞏[清]. 农学合编. 北京: 中华书局, 1956.

[59] 陈恢吾[清]. 农学纂要. 上海: 伏生草堂, 出版时间不详.

[60] 顾景星[清]. 野菜赞. 上海: 吴江沈氏世楷堂, 出版时间不详.

[61] 龚乃保[清]. 冶城蔬谱. 续冶城蔬谱. 南京: 南京出版社, 2014.

[62] 盛百二[清]. 增订教稼书. 上海: 上海古籍出版社, 1980.

[63] 吴其濬[清]. 植物名实图考长编. 上海: 商务印书馆, 1959.

[64] 王念孙[清]. 广雅疏证. 北京: 中华书局. 1983.

[65] 邹澍[清]. 本经疏证. 北京: 中国中医药出版社, 2013.

[66] 闵钺[清]. 历代本草精华丛书——本草详节. 上海: 上海中医药大学出版社, 1994.

[67] 叶志诜[清]. 神农本草经赞. 北京: 世界书局版, 2017.

[68] 薛宝辰[清]. 素食说略. 北京: 中国商业出版社, 1984.

[69] 谢树森[清]. 镇番遗事历鉴. 香港: 香港天马图书有限公司, 2000.

[70] 方受畴[清]. 抚豫恤灾录. 见: 李文海, 夏明方. 中国荒赈全书: 第二辑 第3卷. 北京: 北京古籍出版社, 2003.

[71] 李春松[清]. 世济牛马经. 北京: 农业出版社, 1958.

[72] 耿华珠. 中国苜蓿. 北京: 中国农业出版社, 1995.

[73] 洪绂曾. 中国多年生栽培草种区划. 北京: 中国农业出版社, 1989.

[74] Franklin King. Farmers of Forty Centuries or Permanent Agriculture in China, Korea and Japan. Madison: Macmillan Company, 1911.

[75] 应宝时[清], 俞樾[清]. 同治上海县志. 上海: 松江振华德记印书馆, 1902.

[76] 孙醒东. 重要绿肥作物栽培. 北京: 科学出版社, 1958.

[77] 江苏省农业科学院土壤肥料研究所. 苜蓿. 北京: 中国农业出版社, 1980.

[78] 施诚[清]. 河南府志. 乾隆四十四年(1779年)刻本.

[79] 祝嘉庸[清], 吴浔源[清]. 宁津县志. 台北: 成文出版社, 1976.

[80] 李垒[清]. 金乡县志. 台北: 成文出版社, 1976.

[81] 于沧澜[清]. 光绪鹿邑县志. 清光绪二十二年(1896年)刻本.

[82] 侯荫昌. 无棣县志. 济南: 山东商务印刷所, 1925.

[83] 河北省巨鹿县志编纂委员会. 巨鹿县志. 北京: 文化艺术出版社, 1994.

[84] 刘志鸿, 李泰芬. 阳原县志. 台北: 成文出版社, 1935.

[85] 徐汝瓒[清], 杜昆[清]. 汲县志. 乾隆二十年[1755年]版本.

[86] 熊帝兵, 刘亚中. 清代河南盐地改良及利用探析. 干旱区资源与环境, 2013, 27(6): 14-19.

[87] 吴小伦. 明清时期开封境内的耕作环境与农业发展. 农业考古, 2013, (3): 130-134.

[88] 李中华. 中国文化概论. 北京: 华文出版社出版, 1994.

[89] 王革生. "盛京三大牧场"考. 北方文物. 1986, (4): 93-96.

[90] 谢成侠. 中国养马. 北京: 科学出版社, 1959.

[91] 胡先驌, 孙醒东. 国产牧草植物. 北京: 科学出版社, 1955.

[92] 衣保中. 清末东北农业试验机构的兴办及近代农业技术的引进. 中国农史, 1988, (12): 85-92.

[93] 贾钢涛. 咸阳市科学技术志. 北京: 中国社会科学出版社, 2016.

[94] 盧坤[清]. 秦疆治略. 台北: 成文出版社, 1970.

[95]　咸阳市地方志编纂委员会编. 咸阳市志. 西安: 陕西人民出版社, 1996.

[96]　洪蕙[清]. 嘉庆重修延安府志. 南京: 江苏古籍出版社, 2007.

[97]　子洲县志编纂委员会. 子洲县志. 西安: 陕西人民教育出版社, 1993.

[98]　中国第一历史档案馆. 乾隆朝甘肃屯垦史料. 历史档案, 2002 (3): 9-31.

[99]　倪嘉谦[清]. 安塞县志. 上海: 上海古籍出版社, 2010.

[100]　黄文炜[清]. 高台县辑校. 张志纯校点. 兰州: 甘肃人民出版社, 1998.

[101]　龚景瀚[清]. 循化厅志. 台北: 成文出版社, 1968.

[102]　张玉书[清]. 康熙字典. 上海: 上海大成书局, 1948.

[103]　贾祖璋, 贾祖珊. 中国植物图鉴. 上海: 开明书店, 1937.

[104]　郑勉. 中国种子植物分类学(中册·第一分册). 北京: 科学技术出版社, 1956.

[105]　中国植物志编辑委员会. 中国植物志[第73(2)卷]. 北京: 科学出版社, 1998.

[106]　中国植物志编辑委员会. 中国植物志[第42(2)卷]. 北京: 科学出版社, 1998.

[107]　夏纬瑛. 夏小正经校释. 北京: 中国农业出版社, 1981.

[108]　邹谢. 本经疏证. 海口: 海南出版社, 2009.

[109]　史仲文, 胡晓林. 中国全史. 北京: 中国书籍出版社, 2011.

[110]　孙观[清]. 观城县志. 台北: 成文出版社, 1968.

[111]　凤凰出版社. 中国地方志集成·山东府县志辑(第91册). 南京: 凤凰出版社, 2004.

[112]　巨野县志编纂委员会. 巨野县志. 济南: 齐鲁书社, 1996.

[113]　王德瑛[清]. 光绪扶沟县志. 清光绪十九年(1893年)刻本.

[114]　祝嘉庸[清], 吴浔源. 宁津县志. 台北: 成义出版社, 1976.

[115]　贾思勰[北朝]. 齐民要术今释. 石声汉校释. 北京: 中华书局, 2009.

[116]　徐光启[明]. 农政全书. 上海: 上海古籍出版社, 1979.

[117]　张磊. 天津农业研究(1368—1840). 天津: 南开大学博士研究生学位论文, 2012.

[118]　刘懋宫[清], 周斯億[清]. 泾阳县志. 台北: 成文出版社, 1969.

[119]　谢成侠. 中国养牛羊史. 北京: 农业出版社, 1985.

[120]　钟赓起[清]. 甘州府志. 兰州: 甘肃文化出版社, 1995.

[121]　和瑛. 回疆通志. 台北: 文海出版社, 1966.

[122]　钟方[清]. 哈密志. 台北: 成文出版社, 1968.

[123]　何刚德[清]. 春明梦录·客座偶谈. 上海: 上海古籍书店, 1983.

[124]　王仁湘. 往古的滋味: 中国饮食的历史与文化. 济南: 山东画报出版社, 2006.

[125]　王连桥. 刘长佑经世思想研究. 湘潭: 湘潭大学, 2004.

[126]　闫娜轲. 清代河南灾荒及其社会应对研究. 天津: 南开大学博士研究生学位论文, 2013.

[127]　刘蓉. 刘蓉集. 长沙: 岳麓书社, 2008.

[128]　饶应祺. 同州府续志. 台北: 成文出版社, 1970.

[129]　池子华. 中国近代流民. 杭州: 浙江人民出版社, 1996.

[130]　章有义. 中国近代农业史资料(第一辑). 上海: 生活·读书·新知三联书店, 1957.

[131]　中国科学院自然科学史研究所. 中国古代科技成就. 北京: 中国青年出版社, 1978.

[132]　郭文韬. 中国农业科技发展史略. 北京: 中国科学技术出版社, 1988.

[133]　王烜[清]. 静宁州志. 台北: 成文出版社, 1970.

十六、近代苜蓿栽培利用技术研究

近代（1840～1949 年）是我国农业发展史上的一个重要阶段，亦是农业科学技术在我国产生、传统农业向近代农业转变，由传统农业迈入近代农业的历史时期。但我国近代农业科学技术的发生并不是和近代史的开端同步进行的，它的出现是在"戊戌变法"前后，西方近代农业科学技术才开始进入我国，并促进了我国农业科学技术的变化和发展 [1, 2]。在这一历史时期，我国出现了许多用近代农业的理论与方法进行紫苜蓿（*Medicago sativa*）（简称苜蓿）研究的论文和著作，使我国近代苜蓿栽培利用技术得到快速发展。与此同时，国外近代苜蓿栽培利用技术或知识在我国早期最有影响的《农学报》杂志上得到广泛传播 [3~5]。近代苜蓿栽培利用技术是我们今天开展现代苜蓿产业技术研究的基础，其技术和经验教训对今天的苜蓿产业发展具有积极的参考价值和借鉴意义。然而，与古代苜蓿的考证研究 [6~9] 相比，近代苜蓿的考证研究尚属少见 [1, 10, 11]，对此感觉既遥远亦陌生。鉴于此，本研究以前人的研究为基础，通过资料收集整理和研究分析，试图从苜蓿引种、栽培储藏及饲喂，乃至苜蓿调查研究和苜蓿科技知识的传播等方面对近代苜蓿栽培利用技术进行梳理与考证，以期为我国近代苜蓿史的研究提供依据，为我国现代苜蓿产业发展提供技术基础和有益借鉴。

1　苜蓿品种特性与引种试验

1.1　苜蓿之品种类型与特性

紫苜蓿（*Medicago sativa*）为一杂合体，由于品系或品种不同性状也不同。1947年，汤文通 [12] 研究指出，紫苜蓿有耐寒品系、土耳其斯坦品系、德国品系、美国品系、阿拉伯品系和秘鲁品系及 Baltic 品系等。他认为，耐寒品系（如 Grimm 苜蓿）之有耐寒性，即含有抗寒黄花苜蓿（*Medicago falcata*）之几分血统。Grimm 系耐寒品系，Grimm 苜蓿确具杂种特性，亲本系紫苜蓿及黄花苜蓿。苜蓿抗寒性与根冠（crown，即根颈）之性质密切相关，不耐寒之紫苜蓿有一直立生长之冠部，只有少数之芽及枝条，自地下发育；耐寒性之冠部较展开，从地下发出之芽及枝条甚多，其幼芽及枝条逐为土壤所保护而免于冻害。许多植物学家认为 San Lucerne（*Medicago medio*）系 *M. sativa* 与 *M. falcata* 间之天然杂种，亦有学者认为是一不同物种。San Lucerne 花之颜色自蓝、紫至黄均有，并具各种中间色度，其种子较普通紫苜蓿种子轻，为耐寒形式。

汤文通[12]进一步指出，土耳其斯坦品系于 1898 年得自俄属土耳其斯坦，植物通常较其他普通种为小，叶亦狭而多毛，需水量不多，且能抵抗极低温。德国品系紫苜蓿与土耳其斯坦紫苜蓿相似，但耐寒力较小，且产量逊于美国品系。美国品系为美国西部最普遍之紫苜蓿。阿拉伯品系为不耐寒品种，故其在美国之栽培只限于温暖之各州，如亚利桑那州、新墨西哥州、得克萨斯州及加利福尼亚州等。秘鲁品系生长繁茂，适宜栽培于冬天气候温和，且便于灌溉之美国西部。Brand 建议将秘鲁品系列为一不同品种，即 *Medicago sativa* var. *polia*，植株较高，分枝较少，在种植之后，生长与再生亦较普通栽培之紫苜蓿为快，花稍长，花苞较萼齿和萼管均长。

1.2　东北地区苜蓿引种

我国东北在 1902～1903 年由俄国人首次将苜蓿引进大连中央公园种植。日本人又于 1908 年将苜蓿引进大连民政署广场附近种植。随后苜蓿在民间得到推广[10]。伪满公主岭农事试验场于 1914 年引入苜蓿，之后来在郑家屯、辽阳、铁岭等地进行试验栽培。吴青年[13]指出，通过 1914～1950 年 37 年的苜蓿引种栽培试验，各地得到试验结果表明，除在强酸性与强碱性土壤及低湿地等局部地区外，苜蓿皆能生育繁茂，并具有抗寒耐旱丰产质优的特点。

为了选择适合东北地区生长的牧草，公主岭农事试验场于 1926 年开展了牧草试验栽培研究。先后从外国引进的紫花苜蓿、鸭茅（*Dactylis glomerata*）、猫尾草（*Phleum alpinum*）等牧草 40 种。大部分牧草因干旱和严寒，发芽不良和生长不好。而紫花苜蓿表现出了较好的适应性，生长良好，产量也较高，得到广泛种植。20 余年间，试验场出版发行了《紫花苜蓿的栽培》《紫花苜蓿——栽培法》等一批图书和刊物[14]。

日本人于 1938 年又引进美国格林苜蓿等牧草在公主岭农业试验场试种。1941年川瀬勇[15]总结了苜蓿在东北地区的适应性、物候期、产草量和栽培技术等。

1.3　西北地区苜蓿引种

新疆在 1934～1935 年从苏联引进紫苜蓿、红三叶（*Trifolium pratense*）、猫尾草等，分别在塔城、伊犁、乌鲁木齐南山种羊场和布尔津阿留滩地区试种。在 1942 年甘肃天水水土保持试验站，由美国引来包括紫苜蓿在内的一批牧草种子在天水试种[1, 16]。

美国副总统华莱士在 1944 年 6 月 30 日访问中国时，带来包括紫苜蓿在内的 92种牧草种子赠送甘肃省建设厅张心一，并在天水水土保持试验站进行了试种。是年，河西绵羊改良推广站在永昌农田试播苜蓿 36 668.5m²。经 3 年试验观察，苜蓿不适应高寒地区，但在永昌关东和低洼地带种植较为成功，每公顷收获苜蓿 15 000 ～ 22 500kg，收种子 187.5 ～ 225kg，可以大量推广。但在盐碱地或高寒地不适宜种植。同时，陇南绵羊改良推广站在岷县野人沟试播苜蓿，生长不良[16]。农林部天水水土保持试验站将华莱士带来的牧草种子赠予西北羊毛改进处 88 种，其中就有格林苜蓿。1947 年河西草原改良试验区苜蓿栽培获得成功。试验表明，6 月中旬播种，灌溉水 4 次，生长高度 78cm，8 月中旬开始放花，约在 10 月上旬收割，与其他草料（如秸秆）加工调制后，饲喂家畜效果显著。西北羊毛改进处要求向草原地区推广，农民自行采购苜蓿种子[16]。

1943 年叶培忠[17]先生参加西北水土保持考察团工作结束后，被留在农林部天水水土保持实验区工作，直至 1948 年在天水工作的 5 年多时间里，做了大量水土保持与牧草试验研究。从引种的 300 多种牧草中，筛选出包括苜蓿在内的 60 多种在西北地区有推广价值的优良草种。他指出，来自美国及陕甘各地的苜蓿有 16 份，均分别种植，为多年生草本，根深入土中，为最普通之牧草。1948 年，岷县闾井、野人沟栽培的牧草有燕麦（Avena sativa）、苜蓿等。同年 11 月陇东站在甘盐池草原先后采集野生草标本 98 种，其中有豆科野苜蓿等 16 种。当年向农民贷放苜蓿种子 182.5kg[17]。

20 世纪 40 年代，绥远省先后成立省农事试验场、萨拉齐新农农事试验场、农业改进所等机构，从事农、牧、林等科研和生产，下设农场、苗圃、果园、畜牧试验场、林业试验场，并试种苜蓿、甜菜（Beta vulgaris）成功。

1.4 华东地区苜蓿引种

20 世纪 30 年代至 1949 年，我国曾从美国、日本、苏联引进了一些牧草。在华东地区，前中央农业实验所和中央林业实验所，由美国引进 100 多份豆科和禾本科牧草种子，主要有紫苜蓿、杂三叶（Trifolium hybridum）、百脉根（Lotus corniculatus）、胡枝子（Lespedeza bicolor）、各种野豌豆（Vicia sp.）、多花黑麦草（Lolium multiflorum）、多年生黑麦草（Lolium perenne）和苏丹草（Sorghum sudanense）等，在南京进行引种试验[1]。1945 年金陵大学的胡兴宗亦进行了苜蓿研究[19]。1946 年，联合国救济总署援助中国 21 个牧草种或品种的种子，总重量达 15t，分配给全国 78 个农业试验站、畜牧试验场（站）和教育机构，供其栽培试验用，其中有 2 个苜蓿品种，一是两年生苜蓿（约 900.7kg），另一个是 Grimm 苜蓿（约 908kg）。南京中央农业试验所、中央畜牧实验所、中央农业试验所北平工作站等都进行了苜蓿引种试验[11]。1946 ～ 1947 年我国曾从美国引进苜蓿品种 12 个试种[20]。

1.5 南方苜蓿引种

1955 年谢成侠[21, 22]指出，20 年前旧句容种马牧场牧草实验区及放牧区开始用河北省保定一带出产的苜蓿（紫花）为主，作为较大规模的科学试验和应用，并和其他欧美的牧草作比较，也许这是本国苜蓿在江南有计划移植的第一次。张仲葛于 1942 年在广西某牧场进行包括苜蓿在内的牧草栽培利用试验[23]。其中包括马唐草（*Digitaria dahuricus*）、狗尾草（*Setaria viridis*）、猫尾草、苜蓿等。试验结果表明，紫花苜蓿发芽速度最快，平均 3.7 天。通过这一试验，得出的结论是豆科牧草以紫花苜蓿最优。

2 苜蓿栽培利用与储藏研究

2.1 苜蓿栽培生物学特性

王栋 1942 年从英留学回国后，在陕西国立西北农学院任教期间一直从事牧草的栽培与利用、加工与储藏研究，主要内容如下所述[21, 24, 25]。

（1）苜蓿种子田间及室内发芽试验之比较研究，包括 3 份苜蓿种子，结果表明苜蓿种子室内发芽率较田间发芽率高出 4 倍之多。在苜蓿种子不同储藏期的发芽试验中，苜蓿种子发芽率无论在田间还是在室内，储藏 2 年的要比储藏 1 年的高；并且在发芽速度上亦表现出不同，储藏 1 年的苜蓿种子其发芽速度明显慢于储藏 2 年的苜蓿种子，储藏 2 年的苜蓿种子的发芽速度与储藏 3 年的相当。

（2）苜蓿幼苗时期根茎生长之比较，试验结果为苜蓿苗期根的发育较早较快，而茎的发育则较迟较缓。苜蓿在不同时期表现出不同的生长速度，一般在幼苗期苜蓿植株增长较慢，而在发育期则表现出较快的增长速度；花期后由于种子发育需要养分供应，因此种子成熟期苜蓿植株高增长较为慢，而在种子成熟后植株又表现出较快增长，但此时苜蓿植株纤维含量明显增加并老化。鉴于此，王栋建议苜蓿宜在盛花期收割。此时苜蓿草营养丰富，并且产量高。通过做苜蓿叶、茎、花、荚果等各器官比例的统计发现，苜蓿越老，茎的营养成分亦越低。

（3）苜蓿产量与刈割次数关系：结果表明，春播苜蓿当年的产草量随着刈割次数的不同亦表现出不同的反映。间隔 56 天刈割 1 次，虽然对苜蓿生长发育影响较小，但比间隔 42 天刈割 1 次产量要低，以间隔 42 天刈割 1 次为最高；间隔 14 天收割 1 次，则连割两次引发较多的植物死亡；间隔 28 天刈割 1 次，也影响苜蓿生长，并且产量也较低。

（4）苜蓿产量年际变化：苜蓿播种后，生长 2 年的产量较高，生长 3 ~ 4 年产草量逐渐降低，至生长 5 年则降低甚多。苜蓿在一年中，各月份产量亦表现出不同：其中以 4 月产量为最高，约占全年的 1/3，5 月和 9 月次之，产量在夏季较低，10 月直至翌年 2 月苜蓿停止生长。

2.2　苜蓿干草调制

1943 年夏秋之季，王栋教授在陕西武功进行了苜蓿干草调制试验[16, 17]，试验的主要目的是探讨使苜蓿鲜草含水量降至 20%，同时必须力求营养物质损失减少，保持其高度营养价值及芳香气味，以增进其优美口味，研究表明，湿度、温度、风速，以及草层薄厚、草质老嫩对苜蓿水分蒸发的速度有显著的影响。他建议在调制苜蓿干草时，要将草条铺薄，多次翻转，在天气干燥晴热时，应在上午刈割，当天就可调制成功；如遇阴雨天气，则需数日才可蒸发至适宜含水量；草质老嫩影响其水分散失，草质越嫩水分蒸发越快。

2.3　苜蓿青贮

1943 ~ 1946 年王栋教授在武功进行了 4 次苜蓿与玉米的青贮试验[1, 25, 26]。用长方形（长 × 宽：约 6.0m×1.8m）土窖，1 份苜蓿加 3 份玉米（全株）进行混贮，苜蓿在盛花期刈割，玉米在乳熟期刈割，由于人工切碎较慢，其苜蓿和玉米整株青贮。一般做法为：先在窖底铺一层厚约 2.5 ~ 5.0cm 麦秸，然后开始装填青贮料，两层玉米间铺一层苜蓿，直至青贮窖装填满，窖上盖约 5.0cm 的麦秸，其上再封以厚约 33.0 ~ 35.0cm 的细土，将其踏实密封。青贮时间约 3 个月后开封。王栋教授指出，青贮好的料除窖体接触土壁的部分稍有霉烂外，其他青贮料色味皆俱佳，即窖顶层和底层的料也相当好，尤属难得。制成之青贮料，其成分酸度与各种有机酸之多少因设备不齐、药品缺乏，未能分别加以测定，而观其色味符合青贮料的要求。青贮好的料，味芳香并带酸味，色呈棕黄色，家畜尤为喜食。他进一步指出，青料宜老嫩适宜，玉米与苜蓿并须按照适当比例逐层相间青贮，青料宜铺散均匀而平整，每层铺完后须多践踏以压实之，靠壁及四角处尤须特别注意，窖底和窖顶皆须加秸秆（约 5.0cm 许），窖顶并须堆积尺（33.0 ~ 35cm）许厚之土层，堆成弓形，且踏实以密封之。

2.4　苜蓿饲喂

日伪时期，东北地区在进行引种苜蓿试验外，还进行了苜蓿利用试验研究。在猪的饲养试验中进行了苜蓿草粉的给量试验，以 95% 的高粱及 5% 的豆饼作基础饲料，分别配合 10%、15%、20% 的苜蓿草粉做对比试验，结果表明以 15% 的苜蓿草粉为最适宜，其次为 20% 的苜蓿草粉，10% 的苜蓿草粉最差 [27]。

2.5 影响苜蓿种子产量之因素

苜蓿为异花授粉植物，故授粉昆虫繁多者可增加种子产量，但授粉昆虫较少的地方，也有获得较高产量的。在湿润地区通常种子产量较少，在苜蓿花期时过多的灌水会降低种子产量。汤文通 [12] 指出，苜蓿荚形成视花粉能否发挥正常功能而定，花粉需要一定的水量以发芽，当花粉落于柱头上时，其所获水分与柱头水分的供给及空气湿度有关，唯其发芽所需水分供给量可因土壤水分或附近的空气湿度而改变。

3 苜蓿调查与研究建议

3.1 增强苜蓿生产建议

1945 年 10 月，中国向美国政府提出农业技术合作之建议。1946 年 6 月，中美两国农业专家组成联合考察团，从以下 3 个方面对当时农业现状与全国经济有关之问题进行考察。一是农业教育研究与推广机构及事业。二是农业生产、加工及运销情形。三是与农村生活及水土利用有关的各项经济及技术问题。考察历时 11 周。考察结束后形成了《改进中国农业之途径》的技术报告 [19]。在其"改良绵羊及羊毛之长期计划"内容中指出，改良羊毛之计划除非包含改良草原管理及增产饲草的计划以增进羊群营养，否则将一无价值。报告明确指出，各国草地饲养牲畜经验所示，补充饲草，如苜蓿干草等极为重要。1938 年，沙凤苞在《陕西畜牧初步调查》中亦指出，西北地区牛羊矮小瘦弱的原因之一是牧草质量不佳，他认为应该减少耕地面积以栽培牧草，并推荐以紫花苜蓿等为最佳草类，既可作牧草，又可保持水土，一举多得 [26]。

另外，报告还指出，在甘肃河西走廊，苜蓿、紫云英（*Astragalus sinicus*）均生长较好，放牧或制干草两者皆宜。目前似亟应举行试验，以研究收割野生牧草及豆科牧草干制之法。此等试验应包括牧草的品种、灌溉、种植、收割及储制等事项。在甘肃河西走廊耕作土地常有因人工肥料及水源之不足而休闲者，似可以此项土地之一半用以种植苜蓿。盖栽培苜蓿需要极少之人工与灌溉，而所长苜蓿以之喂养牲畜不仅可生产更多的家畜，也可以其肥料用以肥田。河西农民乐于栽植苜蓿，其所以不能栽植者因限于下列两个原因：一是农民难以得到苜蓿种子，政府所设各场所应代其收购；二是耕地税甚重，荒弃不种可申请免税，而栽植苜蓿其税率与耕种作物相同，但苜蓿之收入极微不足以负此重税。为鼓励充分利用土地种植苜蓿发展畜牧，政府对于以耕地栽培苜蓿似应减免其税率。

3.2　苜蓿等饲草研究计划

中美农业联合考察团其成员之一麦克凯氏，于 1946 年为中央农业实验所北平工作站起草了"饲料作物草地及草地管理研究大纲"，其中主要研究计划[28] 如下。

（1）研究引进禾本科牧草、紫云英、苜蓿及当地品种之适应性。

（2）研究引进之新品种，包括农林部为北方、西北及东北所定购者。

（3）技术方面：①在雨季可移植期前 6 ～ 8 星期，于平坦地及温室开始播种；②移种于小盆内，每盆只种一株；③其在盆内将根部发育完成后，移植于地上；④禾本科行距株距约为 60cm，苜蓿及紫云英各约为 76cm。

（4）试验各种牧草之混合栽培，如禾本科、苜蓿、紫云英等，研究其干草收量及干物质收量，并进行营养成分分析。

3.3　重视苜蓿绿肥与草田轮作

为解决人烟稀少的偏远地区肥料不足的问题，罗振玉[28] 在《农事私议·僻地肥田说》中建议，一曰种牧草以兴牧业，今试分农地为二，半植牧草，半种谷类，以牧草饲牲而取其粪地为牧场溲溺所至，肥沃日增，必岁易其处，今年之牧场为明岁之田亩，如是不数年瘠地沃矣；二曰种豆而兴制油，豆科植物叶多腺管，能吸取空气淡（氮）气培养土膏，故不施肥料亦能生长，但所种之豆，宜就地制油而取豆粕，既可直以肥培，且可饲牲而以畜粪粪田，利尤厚也；三曰用绿肥，……取植物枝叶沤腐以供肥壅，一切植物皆可用，而以豆科植物为尤，若豌豆、若紫云英、若苜蓿之类是也[30]。

美国农业专家 F. H. King 于清末来华考察，1919 年出版了《*Farmers of Forty Centuries*》（《四千年的农民》）一书，在对我国江浙一带的草田轮作进行考察时指出，在这些地区冬小麦（*Triticum aestivum*）或大麦（*Hordeum vulgare*）与一种作绿肥的中国苜蓿并排生长，此种苜蓿翻耕后作为棉花（*Gossypium* spp.）的肥料[31]。1932年绥远省五原农事试验场利用苜蓿试行粮草轮作[32]，1933 年五原农事试验场场长张立范，利用苜蓿试行粮草轮作在绥西得到推广。为了解决苜蓿种子问题，在五原份子地农场、狼山畜牧试验场建立了苜蓿采种基地[33]。据黄宗智[33] 调查，1949 年前松江县的小麦往往主要种在较高的旱地。在薛家埭等村,单季稻之后往往种绿肥（苜蓿），而不是小麦。尹洁[34]指出，据20世纪30年代调查，陕、甘、宁、青各地都有采取轮作倒茬的经营方式，在陕西苜蓿与小麦轮作倒茬，甘肃河西走廊播种豌豆，在开花前用犁深翻沤肥，都是科学的提高肥力、改良土壤的行之有效的措施。1935年，开封改良碱土试验场，引种苜蓿等5种作物进行耐碱性试验，并对改良土壤效果进行试验[35]。

3.4 始用苜蓿改良草地

耿以礼[37]在1944年对青海、甘肃进行了考察。他们重点对甘肃、青海的草地利用改良进行研究后指出：对草地上的有毒有害牧草，如醉马草（*Achnatherum inebrians*）、极恶草等要进行清除，建议用苜蓿和芜香草替代"极恶草"，用"鹅冠草"（*Roegneria kamoji*）替代"羽毛属植物群"，用"粗穗野麦"替代"醉马草"。

4 苜蓿科技知识的传播

4.1 报刊电台对苜蓿科技知识的传播

自1897年《农学报》创刊以来，苜蓿科技知识就得到了广泛的传播，如1900年《农学报》就刊登了"论种苜蓿之利"的文章，在之后的几年中《农学报》也发表了不少有关苜蓿的文章（表16-1）。除《农学报》发表苜蓿文章外，也有不少其他报刊发表了苜蓿文章，如《东方杂志》、《自然界》、《农科季刊》、《农智》、《农事月刊》、农林新报》和《西北农林》及《农学报》、《畜牧兽医月刊》等都对介绍和传播苜蓿科技知识发挥了积极的作用。这些论文有的是翻译文章，有的是试验研究报告，无论哪种文章对今天的苜蓿研究乃至苜蓿生产都有现实指导意义。

表 16-1　近代苜蓿研究论文 [39, 40]

作者	发表年份	题目	报刊
藤田丰八译	1900	论种苜蓿之利	农学报
吉川佑辉和藤田丰八译	1901	苜蓿说	农学报
不详	1902	豆科植物之研究	农学报
不详	1902	论栽培苜蓿之有利	农学报
不详	1903	绿肥植物之一种	农学报
黄以仁	1911	苜蓿考	东方杂志
冯其焯和王廷昌	1922	亚路花花草	农智

续表

作者	发表年份	题目	报刊
纪利巴著，唐鸿基译	1922	法尔法牧草种植简要	农事月刊
霍席卿	1925	苜蓿收割次数的研究	农林新报
凌文	1926	豆科植物之记载	自然界
薛树薰	1927	苜蓿	养蜂报
B. Laufer 著，向达译	1929	苜蓿考	自然界
路仲乾	1929	爱尔华华草（alfalfa）之研究（上）	农科季刊
路仲乾	1930	爱尔华华草（alfalfa）之研究（下）	农科季刊
不详	1930	苜蓿之栽培与农家的利益	农译
秦含章	1931	苜蓿根瘤与苜蓿根瘤杆菌的形态的研究	自然界
孙醒东	1937	苜蓿育种问题	播音教育月刊
沙凤苞	1938	陕西畜牧初步调查	西北农林
顾谦吉	1942	西北畜牧调查报告之设计	西北农林
张仲葛	1942	牧草引种试验	西北农林
王栋	1945	牧草栽培及保藏之初步研究	畜牧兽医月刊
王栋	1945	牧草栽培及保藏之初步研究（续）	畜牧兽医月刊
王栋	1945	牧草栽培及保藏之初步研究（续完）	畜牧兽医月刊
卢德仁	1946	第二年牧草栽培试验报告	畜牧兽医月刊
王栋	1947	牧草栽培与保藏试验之简要报告	畜牧兽医月刊

为了宣传普及苜蓿知识，孙醒东教授于 1937 年 4 月 14 日、16 日、18 日和 19 日在中央人民广播电台作了 4 次苜蓿育种问题[38]的专题讲座，讲稿在《播音教育月刊》上发表。孙先生主要介绍了苜蓿的价值、植株生长发育特点、结荚习性、根部生长特性和苜蓿刈割的最佳时期，以及与苜蓿育种相关的问题。

4.2 记载有苜蓿的相关专著

近代论述苜蓿栽培利用的专著较多，如 1900 年罗振玉[28]在《农事私议·僻地肥田说（卷之上）》倡导苜蓿绿肥的使用。1911 年北洋马医学堂与陆军经理学校合译并出版了《牧草图谱》[41]，对苜蓿进行了介绍。1941 年孙醒东[42]出版《中国食用作物》，将苜蓿纳入其中。

1945 年谢成侠[43]出版了《中国马政史》，对古代苜蓿的栽培利用技术进行了研究，谢先生认为祖先仅就苜蓿一物在栽培和利用方面早就有了不少珍贵的研究传留下来。他对北魏贾思勰的《齐民要术》、明初朱橚的《救荒本草》和王象晋的《群芳谱》中有关苜蓿栽培利用技术进行了研究，指出这些西汉以来论苜蓿栽培利用的古文献中，《齐民要术》虽是写在 1400 年前，但它是一册总结古代农业（包括畜牧）技术的经典著作，其中对苜蓿的栽培法叙述虽很简洁，但这些史料如果农学及畜牧界加以作科学解释的话，那就不是简单的事了。

1947 年中美农业技术合作团将其对中国农业考察结果形成了《改进中国农业之途径》[27] 技术报告，在发展畜牧业章节中提出以发展苜蓿为重点饲料作物种植的建议，同年，汤文通[12] 在台湾出版了《农艺植物学》，在其中介绍了紫苜蓿品种的类型与特性及适应性，苜蓿对环境条件的要求和苜蓿之收割制度与营养物质含量变化，以及苜蓿的用途等。

在近代，我国苜蓿栽培利用技术研究与其他作物一样得到了快速发展，不论是苜蓿引种试验还是草地建植管理乃至加工利用技术都得到广泛的发展和重视，其研究成果为我们今天苜蓿产业的现代化发展奠定了基础。近代苜蓿栽培利用技术的研究发挥着承上启下的重要作用，一方面传承和延续了我国古代苜蓿栽培利用技术，另一方面又与现代苜蓿栽培技术相连接，目前我国东北、华北和西北苜蓿种植优势区的形成，无不与这些地方在近代对苜蓿的引种试验和开展的科学研究有关。因此，应加强我国近代苜蓿的科学研究和栽培利用的考证研究，挖掘其历史史料，使之古为今用，以图我国苜蓿有更大的发展。

参 考 文 献

[1] 白鹤文, 杜富全, 闽宗殿. 中国近代农业科技史稿. 北京: 中国农业科技出版社, 1995.

[2] 郭文韬. 中国农业科技发展史略. 北京: 中国科学技术出版社, 1988.

[3] 强百发. 中国近代农业引智研究. 杨凌: 西北农林科技大学硕士研究生学位论文, 2006: 19-23.

[4] 李群. 近代我国畜牧科技事业发展回顾与思考. 世界科技研究与发展, 2002, 24(3): 63-69.

[5] 魏露苓. 晚清西方农业科技的认识传播与推广(1840-1911). 广州: 暨南大学博士研究生学位论文, 2006.

[6] 孙启忠, 柳西, 那亚, 等. 我国汉代苜蓿引入者考. 草业学报, 2016, 25(1): 240-253.

[7] 孙启忠, 柳茜, 李峰, 等. 我国古代苜蓿的植物学研究考. 草业学报, 2016, 25(5): 202-213.

[8] 孙启忠, 柳茜, 陶雅, 等. 张骞与汉代苜蓿引入考述. 草业学报, 2016, 25(10): 180-190.

[9] 孙启忠. 苜蓿经. 北京: 科学出版社, 2016.

[10] 富象乾. 中国饲用植物研究史. 内蒙古农牧学院学报, 1982, (1): 19-31.

[11] 崇旺生. 近代中国牧草的调查、引进及栽培试验综述. 中国农史, 1998, 17(2): 79-85.

[12] 汤文通. 农艺植物学. 台北: 新农企业股份有限公司, 1947.

[13] 吴青年. 东北优良牧草介绍. 农业技术通讯, 1950, 1(7): 321-329.

[14] 川瀬勇. 實驗牧草講義. 東京: 株式會社養賢堂, 1941.

[15] 彭诚. 新疆通志×畜牧志. 乌鲁木齐: 新疆人民出版社, 1996: 281-286.

[16] 甘肃省地方史志编纂委员会. 甘肃省志·畜牧志. 兰州: 甘肃人民出版社, 1991: 193-196.

[17] 叶培忠. 改进西北牧草之途径. 草业科学, 2009, 26(10): 1-10.

[18] 中国畜牧兽医学会. 中国近代畜牧兽医史料集. 北京: 中国农业出版社, 1992.

第三篇　古代与近代苜蓿栽培利用考

[19] 江苏省农业科学院土壤肥料研究所. 苜蓿. 北京: 农业出版社, 1979.

[20] 谢成侠. 二千多年来大宛马(阿哈马)和苜蓿转入中国及其利用考. 中国畜牧兽医杂志, 1955, (3): 105-109.

[21] 谢成侠. 中国养马史. 北京: 科学出版社, 1959.

[22] 张仲葛. 牧草引种试验. 畜牧兽医月刊, 1942, 2(9): 217-218.

[23] 王栋. 牧草栽培及保藏之初步研究. 畜牧兽医月刊, 1945, 5(1/2): 1-6.

[24] 王栋. 牧草栽培及保藏之初步研究(续). 畜牧兽医月刊, 1945, 5(3/4): 37-41.

[25] 王栋. 牧草栽培及保藏之初步研究(续完). 畜牧兽医月刊, 1945, 5(5/6): 53-57.

[26] 郭文韬, 曹隆慕. 中国近代农业科技史. 北京: 中国农业科技出版社, 1989.

[27] 中美农业技术合作团. 改进中国农业之途径. 上海: 商务印书馆, 1947.

[28] 罗振玉. 农事私议·僻地肥田说(卷之上). 北京: 超星数字图书馆影印本, 光绪二十六年(1900).

[29] 李文治. 中国近代农业史料(第一辑). 北京: 生活·读书·新知三联书店, 1957.

[30] 曹幸穗, 王利华, 张家炎, 等. 民国时期的农业. 南京: 《江苏文史资料》编辑部, 1993.

[31] 内蒙古自治区科学技术志编纂委员会. 内蒙古自治区志. 科学技术志. 呼和浩特: 内蒙古人民出版社, 1997.

[32] 内蒙古自治区畜牧厅修志编史委员会. 内蒙古畜牧业大事记. 呼和浩特: 内蒙古人民出版社, 1997.

[33] 黄宗智. 长江三角洲小农家庭与乡村发展. 北京: 中华书局, 2000.

[34] 尹洁. 西北近代农业科学技术发展研究. 杨凌: 西北农林科技大学博士研究生学位论文, 2003.

[35] 黄正林. 制度创新、技术变革与农业发展(以1927-1937年河南为中心的研究). 史学月刊, 2010, (5): 28-44.

[36] 姚璐, 战涛. 《播音教育月刊》与其复合型科学传播研究. 西北大学学报(自然科学版), 2014, 44(2): 338-344.

[37] 耿以礼. 甘青牧草考察简要报告. 中央畜牧兽医汇报, 1945.

[38] 孙醒东. 苜蓿育种相关的问题. 播音教育月刊, 1937, 1(9): 135-145.

[39] 金陵大学农学院农业经济系农业历史组. 农业论文索引(1858-1931). 北平: 私立金陵大学图书馆发行与国立北平图书馆合作付印, 1933.

[40] 王俊强. 民国时期农业论文索引. 北京: 中国农业出版社, 2011.

[41] 张仲葛, 朱先煌. 中国畜牧史料集. 北京: 科学出版社, 1986.

[12] 孙醒东. 中国食用作物. 上海: 中华书局, 1941.

[43] 谢成侠. 中国马政史. 安顺: 陆军兽医学校印刷, 1945.

十七、东北近代苜蓿栽培利用

我国近代（1840～1949 年）处在一个变革时期，农业生产和农业科技亦发生了深刻变化，农业生产由传统农业向近代的专业化和商品化农业转变，农业科技则进入了传统经验和近代科技相结合的新时期，由经验农学向试验农学转变[1, 2]。随着我国农业的变化发展，我国苜蓿生产与科技也在变化中得到了发展，特别是在东北，苜蓿发展较快[3~5]。东北土地广袤，物产丰富，不仅为我国之宝库，亦实为举世所瞩目，而畜产之盛不亚于农林，故更久为世人所称道[6, 7]。东北畜产既如此重要，离不开牧草的支撑，特别是苜蓿的支撑，我们更应关心它、研究它。在对东北以往特别是近代有关畜产之生产、试验研究等结果及其施策之成败加以研究的基础上，总结其经验教训，以便树立今后之策略，而图更大发展。牧草是畜牧业赖以生存和发展的物质基础，苜蓿则是重要的牧草，特别是在东北尤显突出。唯牧草（苜蓿）与东北近代畜牧业发展关系重大，要了解近代东北畜牧业之发展，唯应先了解其牧草之发展，特别是苜蓿之发展尤为重要。随着我国当代苜蓿产业的快速发展，迫切需要了解和掌握我国近代乃至古代苜蓿发展之成功经验和失败教训，以图东北乃至全国苜蓿产业的更大发展。目前研究和梳理与挖掘我国近代或古代苜蓿的栽培技术和苜蓿生态生物学特性乃至苜蓿文化正悄然兴起，出现了近代苜蓿栽培利用和生物学研究[4, 5]、民国时期西北苜蓿种植利用[8]、明清民国时期方志中的苜蓿[9, 10]、两汉魏晋南北朝和隋唐五代及明代苜蓿栽培[11~13]、汉代苜蓿引入者与引入时间和物种及张骞与汉代苜蓿[14~17]等考证研究，并且对苜蓿文化也有了深入的研究，如《苜蓿经》[18]《苜蓿赋》[19]等。苜蓿是东北的优势牧草，栽培始于清代，赵尔巽[20]曰："大凌河，爽垲高明。被春皋，细草敷荣。擢纤柯，苜蓿秋来盛。"这说明在清代大凌河流域就有苜蓿种植，然而我们对东北苜蓿栽培史却研究不足，特别是对东北近代苜蓿栽培史知之甚少。鉴于此，本文采用植物考据学原理与方法[21]，以前人的研究成果为基础，探讨近代东北苜蓿的栽培利用与研究，试图挖掘和整理东北近代苜蓿史料，总结和梳理东北近代苜蓿的发展轨迹与脉络，为振兴东北乃至全国苜蓿提供有益借鉴。

1 苜蓿引种与种植

1.1 苜蓿引种

我国的苜蓿引种历史虽然很悠久，但东北地区引种时间却较短。1901 年俄国人将紫花苜蓿引入大连中央公园试种，1908 年日本人亦将苜蓿引种在当时的"大连民政署"广场附近种植，之后又在大连星浦公园和熊岳城苗圃栽植[22,23]。1907～1908 年，沈阳农业试验场将美国苜蓿引种在昌图分场，苜蓿生长发育良好[24]。1914 年伪公主岭农事试验场亦将苜蓿引入，栽培至今[25]。1914～1925 年伪公主岭农事试验场对当地引进的牧草品种进行筛选，选出紫花苜蓿、无芒雀麦、披碱草等牧草在生产上推广应用[26]。1922 年伪公主岭农事试验场又将美国"格林"（Grimm）苜蓿引入，经过连续 26 年 10 多次多代大面积的风土驯化，自然淘汰后的群体作为育种材料，于 1948～1955 年通过表型选择抗寒性强、成熟期一致和高产性能稳定的单株，进行连续 4 代的选优去劣，最后形成今天的公农 1 号苜蓿[27, 28]。另外，肇东县 20 世纪 30 年代从外地将紫花苜蓿引种到原肇东种马场，形成了今天的肇东苜蓿[27, 28]。40 年代，内蒙古扎赉特旗图牧吉军马场种有苜蓿[27]。

1.2 苜蓿种植状况与分布

乾隆年间大凌河流域即有苜蓿栽种[20]。1901 年大连将从俄国引进的紫花苜蓿北移至辽阳和铁岭的种畜场进行大面积推广种植，并扩展到锦州、熊岳等地[22, 23]。1931 年伪满洲国在延吉、辉南、图们、佳木斯、克山、肇东、哈尔滨等地的农牧业试验站、畜牧场和"开拓团"，大面积种植苜蓿（表 17-1）。在伪满时期，珲春、和龙、龙井等地种有大面积的苜蓿，辉南县种畜场的一个队为日伪"义和乳牛场"种苜蓿、红三叶和胡子枝等，辽宁省建平县沙海乡四家子村日伪时期种苜蓿 30 亩。公主岭农事试验场畜产系的 3000 亩饲料地，1933～1945 年经常保持 25% 的耕地混合种植苜蓿与无芒雀麦，同大田作物进行轮作，以保持地力。至 1942 年，仅三江地区种植的紫花苜蓿就近万亩。滨州和滨绥铁路沿线两侧的 10km 以内，种有紫花苜蓿、无芒雀麦、白三叶等[23]。1937 年，伪满在大连一带普及果树特别是苹果栽培，奖励烟草、棉花、苜蓿种植[29]。1949 年 4 月东北行政委员会农业部公主岭农事试验场苜蓿种植面积达 87.4hm^2。

表 17-1　近代东北地区苜蓿种植分布

省地	县（道）
辽宁	大连、旅顺、辽阳、铁岭、鞍山、锦州、熊岳、建平、昌图、旅顺、哈达河（岫岩县）、盘山
吉林	公主岭、双辽（郑家屯）、辉南、珲春、图们、龙井、和龙、延吉、吉林、舒兰县、桦甸县、吉林
黑龙江	克山县、佳木斯、拜泉县、海伦、宁安县、肇东县、哈尔滨、安达、昂昂溪、齐齐哈尔、牡丹江（桦林）、桦南县（弥荣村）、通北县（今北安市）、绥棱县（王荣庙）
内蒙古东部	扎兰屯、扎赉特、牙克石、大雁、海拉尔

近代辽宁、吉林、黑龙江和内蒙古东部均有苜蓿种植，据不完全考证统计，约

有 42 个县（道 / 州），其中辽宁 12 个县、吉林 12 个县、黑龙江 14 个县，内蒙古东部 5 个县（表 17-1）。

2　苜蓿发展之策略

2.1　产业开发中的苜蓿行动

民国二十年（1931 年）"九一八"事变后，日本占领全东北，加快了掠夺东北资源的步伐。民国二十六年（1937 年）之前，在实施"家畜之改良"计划中，将苜蓿改良纳入其中，在"民国二十三年之后，开始分配苜蓿种子，使各地种植，用充家畜之饲料。"[6] 民国二十六年，伪满开始实行"第一次产业开发五年计划"（1937～1941 年），制定了马、绵羊、牛和猪的发展目标，为实现其目标，提供和保障充足的饲草是必需的。计划规定"为圆满供应家畜饲料，计划增植苜蓿草，利用荒地及蒙人之垦地，尽量种植。"民国三十一年（1942 年）伪满又开始了"第二次产业开发五年计划"，增加了"牧野及饲料方略"，计划产苜蓿 414.3 万 t，其措施为："第一确保家畜增殖上必要之牧野，并指导牧野之经济管理及改良；第二为确保饲料资源，奖励饲料之增产、培植，奖励种苜蓿草，……将饲料作物（苜蓿）纳入军需饲料，列入'物资动员'计划中，……对种苜蓿者支给奖金，并代为斡旋输入饲料作物（苜蓿）种子，努力於粗饲料作物增产。"[6]

1937 年伪满农政审议委员会的《满洲国经济建设纲要》规定，特殊农产物的增产可牺牲普通农作物，苜蓿、燕麦、棉花、米、大麦、小麦、蓖麻、洋麻、亚麻等属特殊农产物[30,31]。该规定的宗旨就是减少普通作物的种植面积，力求特殊农产物（特别是军需农产品）的种植面积和单位面积产量的增加。同时，又将苜蓿、大麦、荞麦划为增产的补助军需作物[29,32,33]。日本为了满足侵华战争之需，通过制订五年计划加强对我东北地区开发的同时，又要适应日本的"物资动员计划"，于是 1938年 5 月对产业开发五年计划做了较大的改变。将我东北地区的主要农产品全部列为加强生产的对象，特别是有关军需的物资，包括紫花苜蓿、燕麦、大麦、蓖麻、亚麻和水稻等均列为增产对象[34,35]。

2.2　苜蓿轮作制度

伪满时期，日本为了更多地掠夺东北资源，在农业上实施"北满改良农法"，其重要内容就是推行以苜蓿、燕麦为核心的作物轮作制，实现有畜农业，以增加农畜产品。为了推进该计划的实施，民国二十八年（1939 年）伪满"开拓总局"下设成立了"开拓农业 42 实验场"，并分别在"北满"的哈尔滨、桦林、弥荣村、水曲柳、哈达河、通北、北学田、王荣庙和阿什河等实验农场中实施"北满改良农法"[36]。从表 17-2 可看出，日伪为了实现有畜农业很重视苜蓿、燕麦等优良饲草的发展，将其纳入轮作制推广之，以保障家畜的饲草供应和土壤改良[37, 38]。

表 17-2 "北满改良农法"中的作物轮作制

年份	地块					
	第一块	第二块	第三块	第四块	第五块	第六块
第一年	燕麦、苜蓿	小麦		大麦、小麦	大豆	
第二年	苜蓿	大豆	豌豆		燕麦	
第三年	甜菜、马铃薯	甜菜、马铃薯	小麦	大豆	苜蓿	燕麦
第四年	大豆、小豆	燕麦、苜蓿	菜、小豆		燕麦	苜蓿
第五年	亚麻、玉米	苜蓿	燕麦、苜蓿	大豆		大麦、小麦
第六年		玉米	苜蓿		大麦、小麦	大豆

3 苜蓿试验研究

3.1 苜蓿栽培试验

1926 年，伪公主岭农事试验场开展了饲料牧草栽培试验，对包括梯牧草（毛尾草）、鸭茅草等 28 种禾本科牧草和紫花苜蓿等 12 种豆科牧草进行试验，主要研究其生长适应性、生产力和栽培技术等。结果表明，大部分牧草生长不良，表现为因干旱发芽不良、对寒冷适应性差、因春季至夏季的干旱而大部分牧草被淘汰，而紫花苜蓿表现出良好的生长性能和产量，被扩大种植面积。1928 年日伪科研人员根据在公主岭农事试验场进行的实验结果撰写了《满洲紫花苜蓿栽培方法》，并对不同花色（紫花种、杂花种、黄花种）的苜蓿适应性进行了研究，书中指出紫花种除了普通种外又含温暖种和土耳其种，在公主岭试验场表现最好的为 gurimu serecutedde，其次为 montana graon 和 Canada graon，土耳其种表现最差。在黄花系中黄花苜蓿（*Medicago falcate*）的表现最好，春播的话发芽及生长良好，幼苗对干旱的抵抗力较强。在公主岭地区越冬良好，4 月中旬返青（15 日前后），6 月中旬开花，株高可达 75.5cm，干草产量仅为 55.9kg/ 亩。黄花苜蓿具有匍匐性，耐牧性强，可在满洲地区推广种植[39]。1932 ～ 1942 年主岭农事试验场，重点对苜蓿的播种期、播种量、施肥管理、刈割期、刈割次数等栽培技术进行了试验研究（表 17-3）。从表 17-3 看出，公主岭、郑家屯、铁岭、辽阳和大连等苜蓿的返青期大约在 4 月中下旬，返青状况良好，公主岭和郑家屯一年内仅能刈割 2 次，而铁岭和辽阳一年内能刈割 3 次[40]。第一次刈割时间辽阳、铁岭较早，在 6 月初即可进行，郑家屯居中，在 6 月 10 日左右，而公主岭最晚，在 6 月中旬（17 ～ 20 日）；第二次刈割辽阳、铁岭在 7 月中旬（14 ～ 17 日），公主岭在 7 月下旬（18 ～ 22 日），郑家屯较晚，在 9 月 12 日；第三次刈割铁岭在 8 月中下旬（17 ～ 26 日），辽阳在 9 月中旬（19 日）。苜蓿在公主岭、郑家屯、铁岭和辽阳初花期株高分别为 57.0 ～ 65.0cm、72.4cm、81.0cm 和 80.0 ～ 110.0cm。苜蓿干草产量以铁岭和辽阳较高，分别为 109.4kg/ 亩（1 亩约为 666.7m^2，下同）和 105.8kg/ 亩，大连苜蓿干草产量居中，为 87.2kg/ 亩，而公主岭和郑家屯苜蓿干草产量较低，分别为 66.5kg/ 亩和 62.6kg/ 亩（表 17-3）[40]。

表 17-3　伪满时期东北苜蓿刈割试验

| 地区 | 返青期（月 . 日） | 返青状况 | 刈割时期 | | | 初花期株高/cm | 干草产量/（kg/ 亩） |
			第一茬	第二茬	第三茬		
公主岭	4.14 ～ 28	良好	6.17 ～ 20	7.18 ～ 22	—	57.0 ～ 65.0	66.5
郑家屯	4.28	良好	6.10	9.12	—	72.4	62.6
铁岭	4.25	良好	6.1	7.14	8.17-26	81.0	109.4
辽阳	4.20	良好	6.2	7.17	9.19	80.0 ～ 110.0	105.8
大连	—		—	—	—	—	87.2

1937 年 9 月在伪公主岭农事试验场举办的 25 周年纪念业绩展览会和农机实际表演展览会上，进行了苜蓿干草捆包实地表演[41]。1946 年，国民党政府接管公主岭农事试验场，在东北地区对苜蓿、白三叶、红三叶、猫尾草等多种牧草进行了引种适应性试验研究，其中苜蓿以在公主岭、铁岭、辽阳、爱河、大连等地生长良好。

3.2　苜蓿饲养试验

伪满时期，东北地区进行了猪的饲养试验，主要研究高粱、豆饼、苜蓿育肥效果，选用出生 4 个月的杂种猪。试验一：用东北生产最普遍的高粱、豆饼和苜蓿粉。结果表明，在有旱田放牧的情况下，90% 高粱和 10% 豆饼配合效果最好，秋天出生的猪仔配合苜蓿和 90% 高粱、10% 豆饼则最经济；试验二：苜蓿粉的不同添加量，以高粱 95% 和豆饼 5% 作基础饲料，分别添加 20%、15% 和 10% 的苜蓿粉，结果添加 15% 的苜蓿粉效果最佳，添加 20% 的苜蓿粉次之，添加 10% 的苜蓿粉最差[42]。

3.3　苜蓿技术手册

在伪公主岭农事试验场成立期间，出版了包括《紫花苜蓿——栽培法》、《紫花苜蓿的栽培》和《苜蓿简说》等农业实用技术手册。

与我国华北、西北等地区相比，东北地区种植苜蓿较晚，种苜蓿始于乾隆年间，1901 年和 1908 年又分别从俄国和日本引进了紫花苜蓿，1914 ～ 1925 年在伪公主

第三篇　古代与近代苜蓿栽培利用考

201

岭农事试验场进行了包括紫花苜蓿在内的牧草试验，期间苜蓿种植范围不断扩大，1931年伪满洲国在延吉、辉南、图们、佳木斯、克山、肇东、哈尔滨等地的农牧业试验站大面积种植苜蓿，之后在珲春、和龙、龙井等地种有大面积的苜蓿。伪满实行"第一次产业开发五年计划"规定了"为圆满供应家畜饲料，计划增植苜蓿草，利用荒地及蒙人之垦地，尽量种植。""第二次产业开发五年计划"为实现生产苜蓿414.3万t的目标，对种苜蓿者给以奖励，并重点推行以苜蓿、燕麦为核心的作物轮作制，实现有畜农业，以增加农畜产品。伪公主岭农事试验场开展了饲料牧草栽培试验，因干旱和寒冷等大部分牧草被淘汰，而紫花苜蓿表现出良好的生长性能和生产性能，被广为种植，筛选出在公主岭试验场表现最好的紫花苜蓿品种。伪满时期，进行了苜蓿喂猪试验，以添加15%的苜蓿粉效果最佳，添加20%的苜蓿粉次之，添加10%的苜蓿粉最差，同时还出版苜蓿种植指南。这些苜蓿生产经验和研究试验对今天东北苜蓿的发展仍有借鉴作用。

参 考 文 献

[1]　郭文韬. 中国农业科技发展史略. 北京: 中国科学技术出版社, 1988.

[2]　白鹤文, 杜富全, 闽宗殿. 中国近代农业科技史稿. 北京: 中国农业科技出版社, 1995.

[3]　郭文韬. 中国近代农业科技史. 北京: 中国农业科技出版社, 1989.

[4]　孙启忠, 柳茜, 陶雅, 等. 我国近代苜蓿栽培利用研究考述. 草业学报. 2017, 26(1): 178-186.

[5]　孙启忠, 柳茜, 陶雅, 等. 我国近代苜蓿生物学研究考述. 草业学报. 2017, 26(2): 208-214.

[6]　东北物资调节委员会. 东北经济小丛书-畜产. 北京: 京华印书局, 1948.

[7]　东北物资调节委员会. 东北经济小丛书-农产(生产篇). 北京: 京华印书局, 1948.

[8]　孙启忠, 柳茜, 陶雅, 等. 民国时期西北地区苜蓿栽培利用刍考. 草业学报. 2018, 27(7): 187-195.

[9]　孙启忠, 柳茜, 李峰, 等. 明清时期方志中的苜蓿考. 草业学报, 2017, 26(9): 176-188.

[10]　孙启忠, 柳茜, 陶雅, 等. 民国时期方志中的苜蓿考. 草业学报, 2017, 26(10): 219-226.

[11]　孙启忠, 柳茜, 陶雅, 等. 两汉魏晋南北朝时期苜蓿种植利用刍考. 草业学报, 2017, 26(11): 185-195.

[12]　孙启忠, 柳茜, 陶雅, 等. 隋唐五代时期苜蓿栽培利用刍考. 草业学报, 2018, 27(9): 183-193.

[13]　孙启忠, 柳茜, 陶雅, 等. 我国明代苜蓿栽培利用刍考. 草业学报, 2018, 27(10): 204-214.

[14]　孙启忠. 汉代苜蓿引入者考略. 草业学报, 2016, 25(1): 240-253.

[15]　孙启忠, 柳茜, 陶雅, 等. 汉代苜蓿传入我国的时间考述. 草业学报, 2016, 25(12): 194-205.

[16]　孙启忠, 柳茜, 李峰, 等. 我国古代苜蓿物种考述. 草业学报, 2018, 27(8): 163-182.

[17]　孙启忠, 柳茜, 陶雅, 等. 张骞与汉代苜蓿引入考述. 草业学报, 2016, 25(10): 180-190.

[18]　孙启忠. 苜蓿经. 北京: 科学出版社, 2016.

[19]　孙启忠. 苜蓿赋. 北京: 科学出版社, 2017.

[20]　赵尔巽. 清史稿. 北京: 中华书局, 1977.

[21]　中国农业科学院, 南京农学院中国农业遗产研究室. 中国农学史(上下册). 北京: 科学出版社,

1984.

[22] 富象乾. 中国饲用植物研究史. 内蒙古农牧学院学报, 1982, (1): 19-31.

[23] 洪绂曾. 中国多年生栽培草种区划. 北京: 中国农业出版社, 1989.

[24] 衣保中. 清末东北农业试验机构的兴办及近代农业技术的引进. 中国农史. 1988, (12): 85-92.

[25] 吴青年. 东北优良牧草介绍. 农业技术通讯, 1950, 1(7): 321-329.

[26] 徐安凯. 吉林省农业科学院畜牧科学分院志. 2010.

[27] 全国牧草品种审定委员会. 中国牧草登记品种集. 北京: 北京农业大学出版社, 1992.

[28] 耿华珠. 中国苜蓿. 北京: 中国农业出版社, 1995.

[29] 张华飞. 日本在东北的农业科研活动与农业统制. 长春: 东北师范大学硕士研究生学位论文, 2017.

[30] 解学诗. 伪满洲国史新编(修订本). 北京: 人民出版社, 2008.

[31] 李治亭. 东北通史. 郑州: 中州古籍出版社, 2003.

[32] 徐世昌. 东三省纪略. 上海: 商务印书馆. 1915 年.

[33] 何元龙. 伪满时期黑龙江省的农业政策与小麦生产和加工. 古今农业, 2009(3): 71-79.

[34] 李淑娟. 论伪满洲国的畜产政策及其危害. 民国档案, 2015, (2): 78-86.

[35] 满史会[日]. 满洲开发四十年史(上卷). 东北沦陷十四年史辽宁编写组译. 营口: 辽宁省营口县商印厂, 1988.

[36] 孔经纬. 清代东北地区经济史. 哈尔滨: 黑龙江人民出版社, 1990.

[37] 马伟. 近代以来我国东北农耕法的演变与发展. 农业考古, 2016, (3): 38-46.

[38] 东省铁路经济调查局编印. 北满农业. 哈尔滨: 中国印刷局, 1928.

[39] 川瀬勇. 头验牧草讲义. 东京: 株式会社养生堂, 1941.

[40] 蔡志本. 罪证: 日伪公主岭农业试验场. 兰台内外, 2015, (4): 6-7.

[41] 衣保中. 东北农业近代化研究. 长春: 吉林文史出版社, 1990.

[42] 满田隆一. 满洲农业研究三十年. 上海: 建国印书馆, 1945.

十八、华北及毗邻地区近代苜蓿栽培利用

近代（1840～1949 年）是我国社会重要的变革时期，特别是随着农业西学东渐，西方近代农业科学技术传入我国，引起我国农业的变化，从而也引发了我国农业开始从传统农业向近现代农业的转变 [1~3]。自古以来，华北及毗邻地区是我国苜蓿的主要产区 [4, 5]，倘若了解和掌握了近代华北及毗邻地区苜蓿栽培利用的发展历程和其发展规律，就犹如知道了全国其他地区苜蓿的发展状况 [6]。目前我国苜蓿产业正处于快速发展期，在农业种植业结构调整和畜牧业健康持续发展，特别是奶业绿色安全发展中正发挥着越来越重要的作用，这期间人们渴望了解和掌握我国古代苜蓿乃至近代苜蓿发展的成功经验和失败教训，以图华北及毗邻地区乃至全国苜蓿的更好发展。目前关于我国古代苜蓿已有不少研究，如汉代苜蓿引入者 [7]、张骞与汉代苜蓿 [8]、汉代引入时间与物种 [9, 10]、古代近代苜蓿生物学特性 [11, 12]、两汉魏晋南北朝与隋唐五代及明代苜蓿栽培利用 [13~15]、近代苜蓿的种植技术 [16]、明清民国时期方志中的苜蓿 [17, 18]、民国时期西北地区苜蓿栽培利用 [19] 等考证研究，并且传统苜蓿文化亦引起了人们的关注，如《苜蓿经》[20]《苜蓿赋》[21] 等。苜蓿不仅是近代华北及毗邻地区重要的作物之一，也是主要的牧草和救荒植物，与对古代苜蓿的考证研究乃至近代其他地区苜蓿的考证研究相比，华北及毗邻地区近代苜蓿的考证研究还显不足。鉴于此，本文应用植物考据学方法与原理，结合前人的研究成果，探讨近代华北及毗邻地区苜蓿栽培利用的发展历程及其发展规律，以期让人们从中吸取有益的历史经验，促进该地区乃至全国苜蓿产业的发展。

1　华北苜蓿方言及其名释

齐如山 [22] 在《华北农村》中除考述了古代苜蓿名称外，还重点对华北地区人们对苜蓿的读音和文字进行了考释。他指出"《史记·大宛列传》云，马嗜苜蓿，汉使取其实来，于是天子始种苜蓿肥饶地。《西京杂记》云，苜蓿一名怀风，时人谓之光风。《述异记》云，张骞苜蓿，今在洛中。" 他 [22] 认为，像这样的记载，各种书籍中都有很多，如唐宋诗中尤乐言之。总之苜蓿一物，乃汉朝由西域传来，是人人公认，是毫无问题的了。他 [22] 又指出"《本草》云，苜蓿一名牧蓿，谓其宿根自生，可饲牛马也。《汉书》作目宿。《博雅》作苜蓿。"齐如山在考查古人对苜蓿名释的基础上，又考释了华北方

言中的苜蓿。齐如山[22]指出，苜蓿在华北常常被写成"木须"。由于苜蓿由西域传来，名词乃是译音，可以说写哪两字都行，大概原来之音近于木须二字，宿字古音有两种读法，一读修，一读须，所以苜蓿两字，读书人读蓿为肃字音，乡间则都说须字音，其实桂花之木樨两字，与此意义也是一样，只不过译其声，无所谓义，《本草》所云宿根牧马一语，尤为重文生训，不过吾国昔时学者多犯此弊，把古来之双声叠韵的形容词，都造成有意义之间，如狼戾、滑稽、糊涂、潦倒等等皆是[22]。

另外，顾毓章[23]指出，"在民国时期江苏盐垦区将用于绿肥的南苜蓿（金花菜亦称黄花草子）（*Medicago hispida*，笔者注）、黄花苜蓿（*M. falcata*，笔者注）、苜蓿等通称为草头。"孙家山[24]指出，"黄花菜，当即黄花苜蓿亦今日通称的金花菜或草头。"根据《民国静海县志》[25]记载，"苜蓿：……南省菜圃亦有，唯其花紫，名曰草头。"

2 苜蓿种植分布及其状况

2.1 苜蓿种植分布

从所考资料看，近代华北及毗邻地区（河南、苏北）种苜蓿的省主要有察哈尔、北平、天津、河北、河南、山东、山西、绥远和江苏等，共计73个县（厅），其中山东最多，达27个县，其次河北，达19个县，山西次之，达11个县，其余均为1～4个县（表18-1）。

表 18-1　华北及毗邻地区近代苜蓿种植分布

省地	县（道）地区
察哈尔	怀安县、张北县、宣化县
北平	北平南郊、顺义县
天津	静海县
河北	阳原县、景州、深泽县、秦榆市（山海关）、乐亭县、晋县、鹿邑县、威县、广平县、景县、徐水县、新城县、柏乡县、束鹿县、交河县、霸县、蔚县、清苑县、大名县
河南	潼关（河南）、豫西、洛宁县
山东	陵县、齐河、乐陵、临邑、商河、陵县、惠民地区（阳信、惠民、无棣、沾化、博兴县）、聊城、菏泽、宁津县、金乡县、阳信、临清、济南、齐东县、莘县、高密县、昌乐县、德县、夏津县、莱阳县、济阳县、胶澳县
山西	沁源县、晋中地区、晋南盆地、霍山、虞乡县、临晋县、新绛县、襄垣县、介休县、太谷县、翼城县
绥远	萨拉齐县、萨拉齐、清水河厅
苏北地区	沭阳县、涟水县、邳州、淮阴县

2.2 苜蓿种植状况

华北自古以来就是我国紫花苜蓿的主产区，明王象晋[26]《群芳谱》曰：苜蓿"三晋为盛，秦、鲁次之，燕、赵又次之，江南人不识也。"山西晋中地区、晋南谷盆地区，苜蓿已有 2000 多年的历史[27]。从唐以来，山西、豫西、陕西等地区农牧业很发达，多有牧苑畜马之处，广种苜蓿。因此苜蓿在该区域种植历史悠久，在长期的栽培过程中，形成了不少适应该地区自然条件的地方品种，如晋南苜蓿[27]。据河南省考查，该省种苜蓿的历史与其临近的陕西省、山西省一样悠久，可以追溯到千年以上。河北省蔚县有的乡叫"苜蓿乡"，蔚县高家烟村在 29 世纪 50 年代即有生长 40 年以上的苜蓿。据测定，有一主根，分若干根颈，生长繁茂，证明苜蓿生长年限很长了。洪绂曾[27]在《中国多年生栽培草种区划》中明确指出，据蔚县老农说前三辈这里就种苜蓿了，据河北农业大学孙醒东教授生前介绍，在河北蔚县小五台山发现有苜蓿已成野生状，可见历史之悠久。由于蔚县苜蓿种植历史悠久，所以形成了蔚县苜蓿品种[28]。

洪绂曾[27]指出，山东、安徽、江苏等苜蓿栽培已有近 200 年的历史了，江苏省栽培紫花苜蓿的历史较久，并有地方品种淮阴苜蓿。江苏和安徽的淮河地区和灌溉总渠以南的干旱和沿海地区，中华人民共和国成立前群众均有种紫花苜蓿的习惯，主要刈割作牛羊猪的青饲料，幼嫩时也可刈割作家禽的青料。苏北徐淮地区涟水、淮阴、沭阳的农民，在 1900 年前每家种植苜蓿 2 ～ 3 亩，多至 10 余亩，饲喂耕牛和猪。经过较长时间栽培、利用和驯化，逐渐形成一个适应徐淮地区环境条件的苜蓿品种类型，耐寒、耐热，开花结实多，成熟早、抗病力强，俗称淮阴苜蓿或涟水苜蓿[27]。川濑勇[29]指出，"近年紫花苜蓿的栽培在流行，各地可见到试作，尤其山东省北部接近河北省境的各县更多。在惠民、阳信、无棣、沾化等县已经超过了试作阶段，每户都进行栽培，多数用于青割，早晚收割喂养牛。虽然这地方的土质为碱性，但生长良好，年收割 3 ～ 4 次"。据无棣县志记载，苜蓿在 1522 年就有种植，到中华人民共和国成立前仍有种植，无棣苜蓿品种的形成与其长期种植分不开[28]。据民国二十四年（1935 年）山东《陵县续志》[30]各种重要物品生产量之统计：全县面积约为二千五百方里（旧时面积单位，里的平方，1 里 =500m），合官亩一百三十五万亩，除碱潦沙滩河流村落宅基地公共场所庙宇道路所占地段外，可供生产之熟地约有三十万七千五百余亩。每年苜蓿约占地百分之一点五，此数项共合地一万五千三百七十五亩。

3 苜蓿发展条例

1934 年 3 月 26 日，全国经济委员会第七次常务委员会议决定，"为改良牧草并辅助防治黄河冲刷起见，决定沿黄河中游支干，广植苜蓿。现已于绥远萨拉齐、河南潼关、及西北畜牧改良总分场，各设苜蓿采种圃。宁夏陕西两省，亦拟各设一圃。

最近即可成立。一面又与黄河水利委员会会同调查沿黄土质，以为推广种植苜蓿之准备。"[31~33]

冀南解放区，针对畜力短缺问题，1948 年 8 月下旬，冀南行署颁发保护与奖励增殖耕畜的四项办法[34]，其中第四条规定，"保护并提倡大量种植苜蓿，以保证牲畜的饲料。"1949 年 6 月，为解决家畜饲草问题，临清县在大力提倡广种苜蓿的同时，还提出 10 亩以上的地需种 1 亩苜蓿，并规定苜蓿地第一年不纳负担[35, 36]。

日伪 1945 年，华北政务委员会施政纪要（畜牧兽医部分），山西省政府施政纪要[37]畜牧兽医部分第六条记有："奖励牧草之栽培：本年全省预计栽培苜蓿 21 000 亩，并利用之堤防两侧奖励栽培 2000 余亩，预计 7 ～ 8 月可以播种。"同年，河南省政府施政纪要[37]畜牧兽医部分第四条亦记有："推广苜蓿种子事宜。"

4 苜 蓿 利 用

4.1 苜蓿的饲蔬两用性

1840 年，山东《道光济南府志》[38]："苜蓿嫩苗亦可蒸，老饲马。"在静海县，春初"乡人多采食之"的野菜有蕨、马齿苋、苜蓿、醋醋榴、老鹳筋、落藜菜等。苜蓿"农家种以喂牲畜，蒸熟人亦可食"。（白凤文，高毓浵，静海县志 . 台北：成文出版社，1964.）《民国静海县志》[25]记载，"苜蓿：非野生，花黄。农家种以喂牲畜，蒸熟人亦可食。南省菜圃亦有，唯其花紫，名曰草头，炒肉良。"在河北束鹿县，苜蓿也有类似的变化趋势。"本境向多种此饲牲畜，人无食者。后贫人采而为食，毁损根苗，种者遂少"。[39, 40]《光绪鹿邑县志》[41]又曰："苜蓿非止嫩时可入蔬，……苜蓿花开时刈取喂牛马易肥健。"1860 年河北《深泽县志》[42]："苜蓿，……可饲牛马也，嫩时可食。"1900 年山东《宁津县志》[43]："苜蓿……可饲牧牛马。罗愿尔雅翼作木粟，言其荚米可炊饭，可酿酒也。"1910 年河北《晋县乡土志》[44]亦记载："苜蓿早春萌芽，人可食，四月开花时，马食之则肥。叶生罗網食之则吐，种者知之。"

苜蓿饲用 在华北苜蓿饲喂家畜时视其为精饲料，主要将苜蓿与其他粗饲料搭配饲喂。齐如山[22]指出，"苜蓿喂牲畜极好，所谓苜蓿隨于马等等，见了记载者很多，农人知之，但不肖完全喂此，大多数是铡为花草，花草之中共有七八种原料。"所谓花草这个名词，除华北人，大概知者不多，花草主要的原料为白薯蔓、花生蔓、一部分豆秧、高粱之绿叶、滑秸（麦秆之上截）、苜蓿、干野草等等，都铡到一起，以之喂牲畜，是极好的饲料。

苜蓿食用 苜蓿除饲用外，其实人亦可食，且吃得很多，滋养料亦极富，所吃只有两种，一是春初之嫩苜蓿，二是苜蓿花。齐如山[22]在《华北农村》中记载了苜蓿的食用方法。嫩苜蓿可熟吃，亦可生吃。熟吃者即把苜蓿加盐，与谷类之渣合拌，以玉米、小米、高粱等为合宜，拌好蒸食或炒食均可；生食则洗净抹酱夹饼食之，味亦不错。且滋养料极富，这种乡间吃得很多，也可以说是种此者之小小伤耗。每到春天，苜蓿刚发芽，长至二三寸高，则必有妇孺前来摘取。这个名词叫做揪苜蓿，地主还是不能拦，这与高粱擘叶子一样，可以算是不成文法，意思是你喂牲畜的东西，我们人吃些，你还好意思拦阻吗？地主因倘不许揪，则得罪穷人太多，不但于心不忍，且于平日做事诸多不便，于是也就默认了。苜蓿花的吃法与嫩苜蓿一样，唯不能生吃。且摘此花者，只能在熟人家地中摘取，不能随便摘，但有极穷之人来摘，则亦只好佯为没看见，因此尚虽不说是应该，但也不能算是偷也。

4.2 苜蓿治碱改土性

齐如山[22]指出，"苜蓿宜于碱地，凡带卤性之田，都可种此，过十年八年，根太老后，便可铲去另种其他谷类，且一定变成上地，因为该地之碱性，已被苜蓿吸收净尽也。"据1862年山东《金乡县志》[45]记载，"苜蓿能煖地，不畏碱，碱地先种苜蓿，岁刈其苗食之，三四年后犁去，其根改种他谷无不发矣，有云碱地畏雨，岁潦多收。"苏北盐垦区原属淮南盐场旧地，晚清以来，历届中央和地方政府都鼓励民间力量在此围滩垦殖。苜蓿具有耐盐性，冠丛大，具有一定的覆盖面积，繁茂枝叶和发达根系腐烂后又可增加土壤肥力。在苏北盐垦区，种植苜蓿改良盐碱地已有丰富的经验，为了防止盐分上升，冬季种绿肥作物，如苜蓿、蚕豆之类，来年春种棉花时刈之，覆地效果与盖草同[24, 46]。民国年间，当地种植苜蓿既可省去买草的费用和运输草的人力，草租缴纳后，多余部就可出卖，所以垦区"普通冬季均种植苜蓿"[47]。赵伯基[47]指出"在久垦之熟地，虽有种植豆麦者，亦仍保留苜蓿，于五六尺之宽行中，种豆麦一条而已。"来年苜蓿刈割后即可种棉花，往往割苜蓿和种棉同步进行，即先"将苜蓿刈割，用锄翻土，使根部翻散地面。"[47]然后将棉子撒播后覆土。孙家山[24]指出，"种植苜蓿改良盐碱地的经验，在苏北滨海南部，也是广泛地流传着。清朝末年起，盐垦公司，由南而北，次第兴起，这一经验，也就由南通海门一带的农民代着而遍传被部，终之，成为本地区东部亦即盐垦公司垦区的较为普遍的改良盐土的技术措施之一。"

5 苜蓿播种与收获

5.1 苜蓿的播种

苜蓿一物，在农产中，可以说是最省事的一种，种好之后，每年只割三次而已，没有其他的工作，不用耪更不用整理。齐如山[22]指出，"近代华北种苜蓿叫耰苜蓿，读如漫，散种也，不用耧耩，只用手撒散种子于地便妥。如苜蓿之播种，则永远用手撒，通呼为耰苜蓿，不曰耩苜蓿。不过布（播）种时须注意，因籽粒太小，土不能太松，因籽粒倘被土埋上，则虽生芽亦顶不出来；土皮太硬当然更不合式，地皮须平而软，雨后用手撒于地上便妥。"这个名词叫做耰。苜蓿种好之后，可以停留十余年，在此期内不必另种，惟怕水涝，一经水便算完事。

5.2　苜蓿的收获

齐如山[22]指出，苜蓿生苗后，本年固然不能割取，翌年也就只能割一次，此名曰胎苜蓿，意如小儿刚生也。第三年开始便可每年割三次，这个名词叫做钐，用杆六七尺，镰刀长尺余，自春天起，每到开花时即钐，因为倘候结子再钐，则其茎已老如木质，牲畜不愿吃。初夏钐者名曰头磋苜蓿，因该时杂草尚未长高，钐得者是净苜蓿，不杂其他草类，所以最好，也最贵。三磋最次，因为钐时他草已长成，都连带钐来，无法挑拣，价较便宜。所以耰苜蓿时，便要审查该地，平常都是生何种草类，因为各种草固然都可以作饲料，但有优劣之分，所以应须注意。每年除了收割三次之外，确实没有其他的工作。

华北地区是我国当今重要的苜蓿产区，这与其近代种植苜蓿分不开。明王象晋[26]《群芳谱》记载：苜蓿"三晋为盛，秦、鲁次之，燕、赵又次之，江南人不识也。"据不完全考查，华北及毗邻地区近代种苜蓿的县大约有72个，其中山东、河北和山西种苜蓿的县较多，分别为27个县、19个县和10个县。在山东尤以鲁北、鲁西南种植最多，河北以其北部苜蓿种植较多，山西则以晋中、晋南谷盆地区苜蓿种植最盛。此外，江苏则以苏北苜蓿种植较多，由于这些地区苜蓿种植历史悠久，各地都形成了适应本地区的地方苜蓿品种，如无棣苜蓿、蔚县苜蓿、晋中苜蓿和淮阴苜蓿等。为了发展华北地区的苜蓿，全国经济委员会第七次常务委员会议（1934年）和冀南解放区政府（1948年）都出台过鼓励种植苜蓿的政策，1945年山西省政府和河南省政府亦出台鼓励种植苜蓿的政策，这极大地促进了华北及毗邻地区苜蓿的发展。自古以来，苜蓿就是家畜的极好饲草，同时也是人们的食材，近代亦不例外，华北及毗邻地区也将苜蓿用于饲喂家畜，并与几种粗饲料混搭成花草饲喂家畜，近乎现代饲喂方法。同时，苜蓿还是极好的蔬菜，一是春初食其嫩苜蓿，二是食其苜蓿花，嫩苜蓿可熟吃亦可生吃。熟吃者即把苜蓿加盐，熟食与谷类之渣合拌，以玉米、小米、高粱等为合宜，拌好，蒸食或炒食均可。食其苜蓿花记载较少，仅在齐如山《华北农村》见到。本区利用苜蓿耐盐碱特性，在盐垦区广泛种植苜蓿。在华北地区以耰苜蓿的方式来进行苜蓿播种，即相当于当今的撒播，在近代华北地区种苜蓿时，已十分注重土地的整理，如"不过布（播）种时须注意，因籽粒太小，土不能太松，因籽粒倘被土埋上，则虽生芽亦顶不出来；土皮太硬当然更不合式，地皮须平而软，雨后用手撒于地上便妥。"在良好的土壤条件下苜蓿可利用10余年，并认识到了苜蓿不耐积水的特性。苜蓿在开花时刈割，收割时用钐镰进行，一般一年刈割三次。这些技术和经验，与现代苜蓿种植和刈割理论与技术非常接近，因此，华北及毗邻地区近代苜蓿种植、管理乃至利用经验与技术为今后该地区苜蓿发展提供了极好的借鉴。

参 考 文 献

[1] 白鹤文, 杜富全, 闽宗殿. 中国近代农业科技史稿. 北京: 中国农业科技出版社, 1995.

[2] 郭文韬, 曹隆慕. 中国近代农业科技史. 北京: 中国农业科技出版社, 1989.

[3] 李文治. 中国近代农业史料(第一辑). 北京: 生活、读书、新知三联书店, 1957.

[4] 朱橚[明]. 救荒本草校释. 王家葵校注. 北京: 中医古籍出版社, 2007.

[5] 王象晋[明]. 群芳谱. 长春: 吉林人民出版社, 1991.

[6] 中国畜牧兽医学会. 中国近代畜牧兽医史料集. 北京: 中国农业出版社, 1992.

[7] 孙启忠, 柳茜, 那亚, 等. 我国汉代苜蓿引入者考. 草业学报, 2016, 25(1): 240-253.

[8] 孙启忠, 柳茜, 陶雅, 等. 张骞与汉代苜蓿引入考述. 草业学报, 2016, 25(10): 180-190.

[9] 孙启忠, 柳茜, 陶雅, 等. 汉代苜蓿传入我国的时间考述. 草业学报, 2016, 25(12): 194-205.

[10] 孙启忠, 柳茜, 李峰, 等. 我国古代苜蓿物种考. 草业学报, 2018, 27(8): 163-182.

[11] 孙启忠, 柳茜, 李峰, 等. 我国古代苜蓿的植物学研究考. 草业学报, 2016, 25(5): 202-213.

[12] 孙启忠, 柳茜, 陶雅, 等. 我国近代苜蓿生物学研究考述. 草业学报, 2017, 26(2): 208-214.

[13] 孙启忠, 柳茜, 陶雅, 等. 两汉魏晋南北朝时期苜蓿种植利用刍考. 草业学报, 2017, 26(11): 185-195.

[14] 孙启忠, 柳茜, 陶雅, 等. 隋唐五代时期苜蓿栽培利用刍考. 草业学报, 2018, 27(9): 183-193.

[15] 孙启忠, 柳茜, 陶雅, 等. 我国明代苜蓿栽培利用刍考. 草业学报, 2018, 27(10): 204-214.

[16] 孙启忠, 柳茜, 陶雅, 等. 我国近代苜蓿栽培利用研究考述. 草业学报, 2017, 26(1): 178-186.

[17] 孙启忠, 柳茜, 李峰, 等. 明清时期方志中的苜蓿考. 草业学报, 2017, 26(9): 176-188.

[18] 孙启忠, 柳茜, 陶雅, 等. 民国时期方志中的苜蓿考. 草业学报, 2017, 26(10): 219-226.

[19] 孙启忠, 柳茜, 陶雅, 等. 民国时期西北地区苜蓿栽培利用刍考. 草业学报, 2018, 27(7): 187-195.

[20] 孙启忠. 苜蓿经. 北京: 科学出版社, 2016.

[21] 孙启忠. 苜蓿赋. 北京: 科学出版社, 2017.

[22] 齐如山. 华北的农村. 沈阳: 辽宁教育出版社, 2007.

[23] 顾毓章. 江苏盐垦实况. 通州: 通州日报社, 2003.

[24] 孙家山. 苏北盐垦史初稿. 北京: 中国农业出版社, 1984.

[25] 作者不详. 民国静海县志. 上海: 上海书店, 2010.

[26] 王象晋[明]. 群芳谱. 长春: 吉林人民出版社, 1991.

[27] 洪绂曾. 中国多年生栽培草种区划. 北京: 中国农业出版社, 1989.

[28] 全国牧草品种审定委员会.中国牧草登记品种集.北京:中国农业大学出版社,1999.

[29] 川瀬勇.实验牧草讲义.东京:株式会社养生堂,1941.

[30] 刘荫歧.陵县续志.台北:成文出版社,1968.

[31] 全国经济委员会.全国经济委员会一年来之农业建设:向五中全会报告书.农业周报,1935, 4(1): 1-5.

[32] 柴德强.南京国民政府全国经济委员会研究(1931-1938).济南:山东师范大学硕士研究生学位论文,2017.

[33] 中国第二历史档案馆编.全国经济委员会会议录(三).桂林:广西师范大学出版社,2005.

[34] 冀南行署.冀南行署规定办法,繁殖牲畜发展农业.人民日报,1948年8月22日,第1版.

[35] 冀南行署.冀南第二专署上半年生产工作初步总结.人民日报,1949年6月13日,第2版.

[36] 张亚军.1948—1949年冀南解放区农业生产研究.石家庄:河北师范大学硕士研究生学位论文,2017.

[37] 中国畜牧兽医学会.中国近代畜牧兽医史料集.北京:中国农业出版社,1992.

[38] 济南史志办.道光济南府志.北京:中华书局,2013.

[39] 谢道安.束鹿县志.台北:成文出版社,1968.

[40] 河北省卫生厅粮食厅合编.野菜和代食品(第一辑).石家庄:河北省卫生厅粮食厅,1960.

[41] 于沧澜[清].光绪鹿邑县志.清光绪22年(1896)刻本.

[42] 王肇晋[清].深泽县志.台北:成文出版社,1976.

[43] 祝嘉庸[清],吴浔源[清].宁津县志.台北:成文出版社,1976.

[44] 李席.晋县乡土志(民国版).台北:成文出版社,1968.

[45] 李垒[清].金乡县志.台北:成文出版社,1976.

[46] 曹幸穗,王利华,等.民国时期的农业.南京:江苏文史资料编辑部,1993.

[47] 赵伯基.江苏滨海盐垦区之棉作情形.中华棉产改进会月刊,1932, 1(4-5): 10-15.

第三篇 古代与近代苜蓿栽培利用考

十九、民国时期西北地区苜蓿栽培利用

苜蓿（*Medicago sativa*）自汉代传入我国[1~3]，已有2000多年的栽培史[4~9]。由于苜蓿既可饲又可食，而且还能肥地改良土壤增加后作产量[7~13]，因此，为历朝历代所重视[14~17]。在民国时期苜蓿种植和利用得到了新的发展[18~21]，特别是在陕甘宁边区，种植苜蓿成为解决牲畜草料短缺的主要措施，为边区畜牧业稳定发展发挥了重要作用[22~25]。关于我国古代苜蓿的栽培利用史已有不少研究。孙启忠从苜蓿的起源方面，对我国汉代苜蓿的引入者、引入时间及与张骞的关系进行了考证[26~28]，并对我国古代苜蓿植物学研究与两汉魏晋南北朝时期的苜蓿栽培利用进行了考证[29, 30]，同时也对明清与民国时期方志中的苜蓿进行了研究[31, 32]，邓启刚和朱宏斌对我国古代苜蓿的引种及本土化进行了研究[33]。比较而言对我国近代苜蓿特别是民国时期的苜蓿研究较少。孙启忠从苜蓿品种特性与引种、苜蓿栽培利用与储藏技术、苜蓿调查等方面对我国近代苜蓿栽培利用技术研究进行了考证[34]，同时也对我国近代苜蓿生物学研究进行了考证[35]，然而，目前对民国时期的苜蓿种植分布、种植利用状况等考证研究尚少见。为了更好地指导今天苜蓿的发展，以及把控未来苜蓿的发展方向，有必要了解和研究苜蓿的发展史，特别是近代苜蓿的发展史，总结其成功经验和失败教训，以为今天苜蓿产业的发展提供有益借鉴。为此，本文试图采用文献考证法，结合现代研究成果和资料对民国时期我国西北地区有关苜蓿种植利用状况进行梳理归纳，以期为了解民国时期的苜蓿种植利用情况提供信息。

1 苜蓿种植分布及其状况

1.1 苜蓿种植分布

在民国时期，西北地区的陕西、宁夏、甘肃、青海、新疆和绥远（西部）等都有苜蓿种植。据不完全考查，约有50个县（地区）种植苜蓿，其中以陕西最多，达22个县[19, 36~40]，甘肃次之，为14个县[20, 41~44]，新疆为8个县[21, 45]，绥远（西部）为3个县[46,47]，宁夏2个县（道）[19,48]和青海1个县[49]（表19-1）。民国二十五年（1936年）安汉和李自发[50]等在《西北农业考察》指出，苜蓿在甘肃中部、西部和青海的东部均有少量种植。

表 19-1　民国时期西北地区苜蓿种植分布

省地	县（道）
陕西	神木、咸阳、宝鸡、榆林、绥德、延安、安塞、甘泉、保安（志丹）、安定、定边、靖边、延川、澄成、黄陵、洛川、富县、渭南、鄜县、蓝田、武功、鳌厔
甘肃	天水、灵台、永昌、岷县、兰州、安西、镇原、华亭、民勤、张掖、灵台、陇东（庆阳）、环县、曲子
新疆	和田、皮山、于阗、墨玉、乌鲁木齐、伊犁、塔城、布尔津
绥远	五原、狼山、萨拉齐
宁夏	盐池、朔方道
青海	大通

1.2　苜蓿种植状况

陕甘地区　民国时期，西北广种苜蓿，陕甘地区尤为突出，陕甘农家一般都有苜蓿地[18]。民国十四年（1925 年）《安塞县志》[51]记载"苜蓿一名怀风，或谓之光风，茂陵人谓之连枝草（西京杂记），县境甚多……"民国二十三年（1934 年）《续修陕西通志稿》[38]亦记有"此（苜蓿）为饲畜嘉草，……种此数年地可肥，为益其多，故莳者广，陕西甚多。"民国二十四年（1935 年）甘肃的《重修镇原县志》[44]记载："草之属茜草、马蔺、苜蓿其最多也。"

1942 年边区政府建设厅从关中区调运苜蓿种子，发给延安、安塞、甘泉、志丹、定边、靖边等县推广种植，边区政府推广种植苜蓿达 3 万亩（约 2000.0hm²），其中靖边县种苜蓿 2000 多亩[19]（约 133.3hm²）。陇东分区为促进畜牧业生产发展，发动群众种植苜蓿 2.3 万亩[22]（约 1533.3hm²）。1942 年陕甘宁边区颁布"推广苜蓿实施办法"后，延川县种植苜蓿蔚然成风。据统计：1944 年，延川县紫花苜蓿保留面积2.0 万亩[52]。到 1949 年，陕西全省种植苜蓿约 98.49 万亩（约 6.6 万 hm²），占全省耕地面积的 0.017%，役畜头均苜蓿地 0.484 亩（约 0.03hm²），主要分布在咸阳、宝鸡、渭南地区，榆林、绥德、延安地区有零星栽培[25]。

1942 年 10 月 29 日著名民主人士李烛尘[53]在兰州考察农业改进所后指出，苜蓿在兰州亦栽种，此草之根入土较深，今年天旱时，亦枯萎，其后稍下雨，即变为绿色。他还指出，苜蓿随天马、葡萄入汉域，历史上传为美谈，今则甘肃之苜蓿籽，且需由新疆输入，以资播植。

据调查[?]，抗日战争以前，陕西、甘肃两省的一些地方，苜蓿种植面积占耕地面积的 5%～8%。西北农业科学研究所[54]认为，在抗日战争以前，西北苜蓿栽培面积要比中华人民共和国成立初期多。例如，陕西黄陵、洛川县一带，抗战前苜蓿栽培面积占耕地面积的 5%～6%，由于大量的苜蓿地分布在国统区，常被用于放马，农民收不到苜蓿，就被大量翻耕，到中华人民共和国成立初期苜蓿的栽培面积已不及 1%；又如，陕西绥德县在抗战前苜蓿栽培面积有 12 000 亩（约 800hm²），到中华人民共和国成立初期只剩下 2500 亩（约 166.8hm²），即减少了 80% 多；甘肃河西一带（如安西县）在抗日战争前苜蓿栽培面积占耕地面积的 8% 左右，中华人民共和国成立时减少到不及 1%[55]。

新疆地区 在汉代新疆就有苜蓿种植。在民国二十三四年（1934～1935 年），新疆从苏联引进猫尾草、红三叶、紫花苜蓿等草种，在乌鲁木齐南山种羊场、伊犁、塔城农牧场及布尔津阿滩等地试种，到 1949 年新疆苜蓿保留面积达 29 300hm²[56]。

绥远河套地区 1931 年，阎锡山派晋军进驻河套，即开始在河套地区实行屯垦。1933 年，河套垦区开始了农田生产，除进行农作物，如小麦、糜子、豌豆、谷子、扁豆等种植外，还普遍种植了苜蓿，改善了牲畜饲草[57]。绥远五原县在 1932 年进行了苜蓿粮草轮作[46]，1933 年在绥远西部推广了苜蓿粮草轮作技术。另外，还在五原县的份子地农场和狼山县的畜牧试验场建立了苜蓿种子基地[47]。另外，20 世纪40 年代，还在萨拉齐县试种苜蓿获得成功[34]。

2 政策与建议

2.1 边区种草（苜蓿）政策

边区政府在农业生产建设中，在积极组织粮食生产的同时，制定和实施一系列包括推广牧草种植在内的政策和措施，以促进边区畜牧生产的发展。1938 年 9 月，边区建设厅在训令中指出："发展畜牧，特别注意大量养牛、养羊、养驴等，对于防疫工作尤应注意。在秋季多准备冬天遇雪时喂牲畜的草料，冬日好好照护饲料，以免来年春季疫病与疲毙。"1941 年 4 月陕甘宁边区政府主席林伯渠在《陕甘宁边区政府工作报告》中指出："牲畜是边区最重要的富源，贫中富农的分界不决定于土地的多少而决定于有无牲畜。如一个人一年掏地六垧，一牛则可掏地二十垧,羊可剪毛，畜粪可肥地。所以帮助贫农发展牲畜,应该是繁荣农村的要政之一。"[58] 正因为这样，边区采取发展畜牧业的主要措施之一，就是推广牧草种植，主要是种植苜蓿、割秋草等。为了发展畜牧业，边区政府建设厅还会同植物学会的有关同志，进行了边区牧草生产的调查，在此基础上于 1941 年 5 月 26 日发布了大量种储牧草的指示，划定延安、安塞、甘泉、志丹、鄜县、靖边、定边、盐池、曲子、环县、庆阳等县为推广种植牧草的中心区域。推广种植的牧草主要是苜蓿，其次是燕麦[59]。据武衡[24]《抗日战争时期解放区科学技术发展史资料》记载，1941 年 9 月边区政府公布了《陕甘宁边区政府建设厅关于种牧草的指示信》，信中第三条 "关于种植苜蓿的办法" 指出，"（一）山谷地、河滩地、山屹崂等都可种，以及准备要荒芜的熟地，和已荒芜一年者亦可种植。（二）在荞麦地里带种或规定农户在荞麦地里带种一至三亩，在交通要道附近或设运输站区域，更应发动群众多种。（三）增开荒地种植苜蓿更好。……"武衡[24]《抗日战争时期解放区科学技术发展史资料》又记载，1942年边区政府又颁布了《陕甘宁边区卅一年推广苜蓿实施办法》，在边区政府建设厅从关中分区调运苜蓿种子，发给延安、安塞、甘泉、志丹、富县、定边、靖边等县推广种植[5]。1943年将延安、安塞、甘泉、志丹、富县、靖边、定边等县划为苜蓿推广中心[19]。

边区政府还特别号召农民自备种子，并对种植苜蓿成绩优良者给以奖励，增加牧草饲料，使边区畜牧业生产得到了稳步发展[23]，1944年8月7日陕甘宁边区政府为号召广种苜蓿颁布命令，要求边区各机关、部队"皆须大量种植苜蓿"，"并要积极倡导，推动人民"广为种植[25]。陕甘宁边区时常从关中运进苜蓿种子鼓励农民种植。当时边区运盐道上缺草，严重阻碍着盐运业的发展，边区政府组织群众在盐道两旁大量种植苜蓿及其他牧草，既保证盐运业又促进了畜牧业[18]。

2.2 种苜蓿救荒与治水土流失之提议

1931年，即陕西连遇3年大旱之后，李仪祉在任陕西省建设厅厅长时，在向政府提出的《救济陕西旱荒议》中，把广种苜蓿列为议案的第一条措施。他认为："查苜蓿为耐旱之植物，人畜皆可食。故美国经营四方，首先广种苜蓿。不惟可供食料，亦可改良土质。关中农人，向来种苜蓿，亦不少，……宜急由政府督促，令人民广种苜蓿，以备旱荒。……苜蓿为牛马最嗜之品，牛马为农人必具之力，而乃自绝养畜之源，无怪乎一遇旱年，牲畜无食，只得卖掉，以致农耕无力，用事草率，五谷不登。……近年以来，苜蓿减少95%，而养蜂之业亦歇矣。"[60]所以李仪祉提出："宜急由政府督办，令人民广种苜蓿，以备旱荒。"[61]建议：①由县及建设厅负责采购佳种散与人民。②凡家有旱地10亩，即责令以1亩种苜蓿；有50亩必须以4亩种苜蓿；百亩者种8亩，10亩以下，任之。③凡种苜蓿之地，除征粮外，免除一切附加税。④凡不肯种而偷刈别人苜蓿者，处以重罚。

李仪祉[61]对种植苜蓿的好处颇有认识。首先，苜蓿抗旱，不需要灌溉，只需要种植一次以后就可以年年生长，并且苜蓿人畜都可以食用，在干旱年中可以为灾民提供食物，使人不至于因饥饿而死，而且牛马等牲畜酷爱食用苜蓿，广种苜蓿以增加饲料产量，能够使农民不至于在旱年中由于没有饲料喂养进而卖掉牛马而失去耕作的有力工具；其次，种植苜蓿可以改良土壤性质，在贫瘠的土地上种植苜蓿4～5年之后就可以使土质得到改良，之后再种植其他农作物就可以得到好的收成。还有，苜蓿生长快，覆盖地面好，既能有效防冲减沙，又能发展畜牧，而且由于苜蓿的根入土深，还能固定土壤，比树木更能防止河流、雨水的冲刷力[61]。因此，李先生从大农业、生态环境和经济效益的宏观上强调综合治理，他主张广种苜蓿、肥田养畜、发展畜牧。1933 年在他任黄河水利委员会委员长期间，正当国人提倡"森林治黄论"之际，他认为"倡森林，不如倡畜牧。与其提倡种树，不如提倡种苜蓿"，并在委员会上提出《请本会积极提倡西北畜牧以为治理黄河之助敬请公决案》，把在西北黄土地区广种苜蓿作为防止土壤冲刷，减少入黄泥沙的一项重要措施，提到黄河治本大业的日程上来 [24]。他在议案中写到"诚能使西北黄土坡岭，尽种苜蓿，余敢断言黄河之泥至少可减少三分之二"。这个议案曾经得到全国经济委员会的赞成，拟定了《沿黄支干种植苜蓿之初步实施计划》，于 1936 年 5 月 7 日令饬河南、陕西、山西、甘肃、宁夏省政府"积极提倡，以期普及"。陕西潼关苗圃被指定为苜蓿引种繁殖的基地之一。唯值这一计划刚刚起步，筹措种子之际，爆发了抗日战争，计划也因此夭折。

2.3　种苜蓿培植草原之提议

李烛尘 [53] 1942 年 10 月 29 日在兰州考察农业改进所时发现该所种有苜蓿，11 月 2 日在给友人的一封信中提出，西北土地，并不是不能生草木。眼下宜研究何种草木适于耐旱，再将之培植于草木之地。据近来此地农业改进所之研究，谓苜蓿根入土深，且能耐旱，去年（1941 年）试种后，天旱时亦枯黄，旋得秋雨，即转现青色。"苜蓿随天马"，本汉朝移自西域，今连此且须栽培，可见人畜摧残之甚。然茫茫大漠，濯濯之牛山尽是也，夫岂一人一手所能？苟其法之可行。则家喻户晓，其推行之人，又非任劳任怨，视为终生之事业不可。其事故甚难，惟其能如此尽人事，自可变更地利，感召天和，而草木繁茂，牛羊蕃息也。……然假使能培植草原，防治兽疫及冻毙，其数绝不止此，此为救济西北事业之较简单者。

3　苜　蓿　利　用

3.1　苜蓿的饲用和食用

苜蓿既可饲牛马又可人食，民国时期在西北尤为普遍。据民国八年（1919 年）青海的《大通县志》[49] 记载，"苜蓿《群芳谱》一名木粟，一名光风草，一名连枝草，春初芽嫩可食。"民国十四年（1925 年）《安塞县志》[51] 记载，苜蓿"县境甚多，用饲牛马，嫩时人兼食之。"民国十五年（1926 年）陕西的《澄城县志》[39] 记载："苜蓿各处皆有，嫩叶作菜食，长大以喂牲畜，惟种者甚少，乡氏夏秋取。"同年，甘肃的《民勤县志》[43] 亦记有"苜蓿可饲牛马。"宁夏的《朔方道志》[48] 记有"苜蓿一名怀风，一名连枝草，嫩时可食。"民国二十二年（1933 年）甘肃的《华亭县志》[41]

指出："苜蓿亦张骞西域得种，嫩叶作蔬，长苗饲畜。"民国二十三年（1934年）《续修陕西通志稿》[38] 称苜蓿"此为饲畜嘉草，……故莳者以广。"民国二十四年（1935年）甘肃《重修灵台县志》[62] 曰："苜蓿春初芽可食及夏干老花开俱喂牲畜。"民国三十四年（1945年）春，西北役畜改良繁殖场在武功杨陵地区调查[63]，农民饲养牲畜均为舍饲。厩舍形式，房厩占20%，窑洞草棚占80%。槽多为木或石制一字形。牛、马、驴混饲一槽。粗饲料有麦草、谷草、玉米秆、麦糠及野草，其中以麦草、谷草最多，以苜蓿之效果为最优，对于改良土壤效果良好的豆类作物农民乐于种植。精饲料有豌豆、大麦、玉米、麸皮、油饼等。驮鞍和套具粗糙者居多，马、骡、驴患鞍疮者十之八九，牛肩伤甚众。同年，西北役畜改良繁殖场饬令各配种站派员到农村利用乡间集会展览本场优良种畜，宣传役畜改良繁殖选优汰劣标准、饲养管理、家畜卫生、使役限度、苜蓿增产、玉米秆青贮以及厩舍、役具、牧具之改进方法，举行种畜、役畜评品奖励，收效甚宏。1949年甘肃《新修张掖县志》[42] 记有"苜蓿可饲马"。

新疆在用苜蓿饲喂牛、马过程中发现，青绿苜蓿饲喂牛后会发生膨胀病。民国十九年（1930年）的《新疆志稿》[64] 记录："（伊犁）秋日苜蓿遍野，饲马则肥。牛误食则病。牛误食青苜蓿必腹胀，医法灌以胡麻油半斤，折红柳为枚卫之流涎。"另外，在民国二十九年（1940年）于阗县政府对当年苜蓿收获情况进行了记录[65]。

3.2 苜蓿灾年的救荒

在民国时期，苜蓿除用于家畜外，幼嫩时可当蔬菜食用，在灾荒年也是百姓很好的救荒食物。1929年6月26日《申报》报道，甘肃"全省78县至少有四成田地，未能下种子"，"遭旱荒者至40余县"，灾民"食油渣、豆渣、苜蓿、棉籽、秕糠、杏叶、地衣、槐豆、草根、树皮、牛筋等物，尤有以雁粪作食者。"1934年的《续修陕西通志稿》[38] 就说苜蓿"嫩时可作蔬，凶年贫民抎食以代粮，种此数年地可肥，为益甚多，故莳者以广"，而"陕西甚多"，其他地区地方志的记载也莫不如此，说明其受重视的程度[13]。据民国三十年（1941年）《续修蓝田县志》[40] 记载"苜蓿种出西域，农家多种以为刍秣之用，春初嫩苗可为蔬菜，饥年贫民藉以充腹尤可贵也。"

民国时期西北多旱灾，大旱年赤地千里，寸草不生，百姓常靠挖苜蓿根救济牲口，也不失为一种应急保畜措施。苜蓿根系发达，营养丰富，后来发展成一种肥育方法。农民专用老苜蓿根"追肥"牲畜，挖过苜蓿的田地又是下茬作物增产的理想前茬，因此苜蓿在西北地区农区粮草轮作中占有极其重要的地位[18]。

3.3 苜蓿的水土保持试验

1947年天水在黄土陡坡地带的试验表明，种植作物每年每亩地上流失水分

18.54t，冲去土壤 2.78t；种植苜蓿的同样坡地，每年每亩仅流失水分 1.16t，冲去土壤 0.32t。两者相比，种作物的地，水的流失比苜蓿地大 16 倍，土壤流失大 9 倍，由此可见苜蓿对保存水土流失的作用要大于作物 [54]。

3.4　苜蓿的商品意义

民国十九年（1930 年）程先甲 [66] 在《游陇丛记》记述了兰州市场上的苜蓿，曰"苜蓿：其肥过于江南，兰州买卖佣呼为莳菜，犹之江南呼之木莳菜也。"由此可见，苜蓿作为农产品在民国时期就进入了兰州市场。

西北地区既是我国苜蓿的发源地，也是我国历朝历代苜蓿的主产区，民国时期也不例外，苜蓿种植较为普遍。民国时期陕西西部、甘肃、新疆、绥远（西部）、宁夏和青海等都有种植，据不完全考查，种苜蓿的县有 50 个，为了鼓励苜蓿种植，陕甘宁边区政府颁布了不少有关种植苜蓿的政策，极大地促进了苜蓿的种植。在西北很好地诠释了苜蓿饲蔬两用的意义，苜蓿在畜牧业稳定发展和灾年救济中发挥了重要作用。同时，苜蓿的耐旱性和治理水土流失的功能也引起社会各界人士的关注，如李仪祉、李烛尘等提出了西北地区宜种苜蓿的建议，这些政策或建议至今对发展我国西北地区苜蓿种植业乃至生态建设具有积极的借鉴作用。

参 考 文 献

[1]　司马迁[汉]. 史记. 北京: 中华书局, 1959.

[2]　班固[汉]. 汉书. 北京: 中华书局, 2007.

[3]　司马光[北宋]. 资治通鉴. 北京: 中华书局, 1956.

[4]　孙醒东. 重要牧草栽培. 北京: 中国科学院, 1954.

[5]　王栋. 牧草学各论. 南京: 畜牧兽医图书出版社, 1956.

[6]　谢成侠. 二千多年来大宛马(阿哈马)和苜蓿转入中国及其利用考. 中国畜牧兽医杂志, 1955, (3): 105-109.

[7]　耿华珠. 中国苜蓿. 北京: 中国农业出版社, 1995.

[8]　孙启忠, 王宗礼, 徐丽君. 旱区苜蓿. 北京: 科学出版社, 2014.

[9]　孙启忠. 苜蓿经. 北京: 科学出版社, 2016.

[10]　吴仁润, 张志学. 黄土高原苜蓿科研工作的回顾与前景, 中国草业科学, 1988, 5(2): 1-6.

[11]　任继周. 草业大辞典. 北京: 中国农业出版社, 2008.

[12]　焦彬. 中国绿肥. 北京: 中国农业出版社, 1986.

[13]　中国农业科学院, 南京农业大学中国农业遗产研究室. 北方旱地农业. 北京: 中国农业科技出版社, 1986.

[14]　梁家勉. 中国农业科学技术史稿. 北京: 农业出版社, 1989.

[15] 董恺忱, 范楚玉. 中国科学技术史(农学卷). 北京: 科学出版社, 2000.

[16] 陈文华. 中国古代农业文明. 南昌: 江西科学技术出版社, 2005.

[17] 翦伯赞. 秦汉史. 北京: 北京大学出版社, 1995.

[18] 张波. 西北农牧史. 西安: 陕西科学技术出版社, 1989.

[19] 陕西省地方志编纂委员会. 陕西省志·农牧志. 西安: 陕西省人民出版社, 1993.

[20] 甘肃省地方史志编纂委员会, 甘肃省志·畜牧志. 兰州: 甘肃人民出版社, 1991: 193-196.

[21] 彭诚. 新疆通志·畜牧志. 乌鲁木齐: 新疆人民出版社, 1996: 281-286.

[22] 甘肃省社会科学院. 陕甘宁革命根据地史料选辑(第一辑). 兰州: 甘肃人民出版社, 1983.

[23] 王晋林. 论边区政府发展畜牧业生产的政策与实践. 传承, 2013, (11): 30-31.

[24] 武衡. 抗日战争时期解放区科学技术发展史资料. 北京: 中国学术出版社, 1984.

[25] 陕西省畜牧业志编委. 陕西畜牧志. 西安: 三秦出版社, 1992.

[26] 孙启忠, 柳茜, 那亚, 等. 我国汉代苜蓿引入者考. 草业学报, 2016, 25(1): 240-253.

[27] 孙启忠, 柳茜, 陶雅, 徐丽君. 汉代苜蓿传入我国的时间考述. 草业学报, 2016, 25(12): 194-205.

[28] 孙启忠, 柳茜, 陶雅, 等. 张骞与汉代苜蓿引入考述. 草业学报, 2016, 25(10): 180-190.

[29] 孙启忠, 柳茜, 李峰, 等. 我国古代苜蓿的植物学研究考. 草业学报, 2016, 25(5): 202-213.

[30] 孙启忠, 柳茜, 陶雅, 等. 两汉魏晋南北朝时期苜蓿种植刍考. 草业学报, 2017, 26(11): 185-195.

[31] 孙启忠, 柳茜, 李峰, 等. 明清时期方志中的苜蓿考. 草业学报, 2017, 26(9): 176-188.

[32] 孙启忠, 柳茜, 陶雅, 等. 民国时期方志中的苜蓿考. 草业学报, 2017, 26(10): 219-226.

[33] 邓启刚, 朱宏斌. 苜蓿的引种及其在农耕地区的本土化. 农业考古, 2014, (3): 26-30.

[34] 孙启忠, 柳茜, 陶雅, 等. 我国近代苜蓿栽培利用研究考述 草业学报, 2017, 26(1): 178-186.

[35] 孙启忠, 柳茜, 陶雅, 等. 我国近代苜蓿生物学研究考述. 草业学报, 2017, 26(2): 208-214.

[36] 作者不详. 神木乡土志. 台北: 成文出版社, 1970.

[37] 刘安国, 吴廷锡. 重修咸阳县志. 1932年影印本.

[38] 宋伯鲁. 续修陕西通志稿. 民国23年(1934) 铅印本.

[39] 王怀斌, 赵邦楹. 澄城县志. 台北: 成文出版, 1968.

[40] 郝兆先, 牛兆濂. 续修蓝田县志. 台北: 成文出版社, 1970.

[41] 郑震谷, 幸邦隆. 华亭县志. 台北: 成文出版社, 1976.

[42] 白册侯, 余炳元. 新修张掖县志. 1912—1949年抄本.

[43] 马福祥, 王之臣. 民勤县志. 台北: 成文出版社, 1970.

[44] 焦国理. 重修镇原县志. 台北: 成文出版社, 1970.

[45] 张献廷. 新疆地理志. 台北: 成文出版社, 1968.

[46] 内蒙古自治区科学技术志编纂委员会. 内蒙古自治区志·科学技术志. 呼和浩特: 内蒙古人民出版社, 1997.

[47] 内蒙古自治区畜牧厅修志编史委员会. 内蒙古畜牧业大事记. 呼和浩特: 内蒙古人民出版社, 1997.

[48] 王臣之. 朔方道志. 天津: 天津华泰印书馆, 1926.

[49] 刘运新, 廖偈苏. 大通县志. 台北: 成文出版社, 1970.

[50] 安汉, 李自发. 西北农业考察. 南京: 正中书局, 1936.

[51] 倪嘉谦[清], 郭超群[民国]. 安塞县志. 上海: 上海古籍出版社, 2010.

[52] 张小平. 延川县志·畜牧志. 西安: 陕西人民出版社, 2010.

[53] 李烛尘. 西北的历程. 见: 蒋经国. 伟大的西北. 银川: 宁夏人民出版社, 2001.

[54] 西北农业科学研究所. 西北紫花苜蓿的调查与研究. 西安: 陕西人民出版社, 1958.

[55] 中国农业科学院陕西分院. 西北的紫花苜蓿. 西安: 陕西人民出版社, 1959.

[56] 彭诚. 新疆通志·畜牧志. 乌鲁木齐: 新疆人民出版社, 1996.

[57] 燕红忠, 刘亚丽. 试论阎锡山的河套屯垦与农业经济开发. 河套大学学报, 2010, 7(1): 5-11.

[58] 闫庆生, 黄正林. 抗战时期陕甘宁边区的农村经济研究. 近代史研究, 2001, (3): 132-171.

[59] 郭文韬. 中国农业科技发展史略. 北京: 中国农业科技出版社, 1988.

[60] 张骅. 我国近代治黄和水土保持工作的先驱李仪祉. 人民黄河, 1999, 21(11): 23-27.

[61] 王美艳. 李仪祉治理黄河理论及实践述评. 杨凌: 西北农林科技大学硕士研究生学位论文, 2013.

[62] 杨渠, 王朝俊. 重修灵台县志. 台北: 成文出版社, 1976.

[63] 谢丽. 清代至民国时期塔里木盆地南缘绿洲生态环境变迁的社会与环境诱因. 上海: 复旦大学博士后研究论文, 2003.

[64] 钟广生. 新疆志稿. 台北: 成文出版社, 1968.

[65] 衡阳谢彬. 新疆游记. 上海: 中华书局, 1923.

[66] 程先甲. 游陇丛记. 见: 顾颉刚. 西北考察日记. 兰州: 甘肃人民出版社, 2002.

方志中的苜蓿考

方志就是记述地方情况的史志。著名史学家李泰棻指出，在中央者谓之史，在地方者谓之志。苜蓿作为物产资源，不仅出现在史书中，而且在许多方志中亦有记载。这说明了我国古代或近代苜蓿研究的普遍性、种植的广泛性、作用的重要性和记载的完整性。

二十、明清时期方志中的苜蓿

方志之名始见于《周礼》，盖亦四方志、地方志之简称[1]。在明清时期方志得到官府的重视，明朝开国之初即着手纂修方志，永乐十六年（1418年）诏修天下郡县志书。清代随着经济、文化繁荣与发展，方志的编纂与研究达到了盛期，光绪三十一年（1905年），清政府颁布了乡土志条例，号召全国府、厅、州、县按照条例纂写方志，许多地区依照该条例进行了方志的纂写。李泰棻[2]指出，我国方志普遍起于明而盛于清，为各省府州县史实乃至自然的真实反映，方志成为地方官参照施政的要览。研读方志能有助于了解一个地方的过去情况，是提供历史专题研究的详实资料，倘若能从多种方志中探求同一研究内容，实乃效果会更佳[3]。苜蓿（*Medicago sativa*）作为重要的草类或蔬菜资源，在不同时期被许多方志作为重要的物产对其进行了记载和描述，如明代《陕西通志》[4]、清代《光绪束鹿县志》[5]、《深泽县志》[6]和《河南府志》[7]等方志中对苜蓿都有记载，通过考查这些方志也可从中窥视到一些明清时期的苜蓿历史信息。然而到目前为止，对明清方志中的苜蓿考查研究还尚属少见。本文试图在收集明清方志的基础上，应用考据学原理与技术[8-11]，对我国明清时期方志中记载的苜蓿种植分布及其状况、苜蓿生态生物学特性，乃至栽培利用等进行考查，以期对我国明清时期的苜蓿状况有个大致的梳理与了解，为苜蓿史研究积累一些资料。

1 方 志 源

以华东、华北、西北、东北等地诸省明清时期的方志为基础，应用植物考据学原理，通过方志收集整理、爬梳剔抉和排比剪裁，查证方志记载等手段，进行分析判断，重点对103个方志中的苜蓿进行了考证，其中明代方志15个，清代方志88个（表20-1）。

2 苜蓿分布与种植状况

2.1 苜蓿种植分布

从所考方志看，明清时期我国华东、华北和西北都有苜蓿种植，主要分布在安徽、

表 20-1　记载有苜蓿的明清方志

作者	成书年代	书名	主要内容
海忠修和林从炯 [12]	清	承德府志	卷二十八·物产
孟思谊 [13]	清	赤城县	卷之三·食货志物产
吴廷华 [14]	清	宣化府志	卷之三十二·风俗物产
陈垣 [15]	清	宣化乡土志	草术
不详 [16]	清	怀安县志	卷五植物·牧类
王育榑 [17]	清	蔚县志	卷之十五·方产
蔡懋昭 [18]	明	隆庆赵州志	卷之九杂考·物产
樊深 [19]	明	嘉靖河间府志	卷七风土志·土
王锦林 [20]	清	鸡泽县志	卷八风俗·物产
史梦澜 [21]	清	乐亭县志	卷十三·食货志
李席 [22]	清	晋县乡土志	第一章物产·第十课草品
李中桂 [5]	清	光绪束鹿县志	卷十二物产
王肇晋 [6]	清	深泽县志	卷之五物产
戚朝卿 [23]	清	邢台县志	卷之一舆地·物产
刘广年 [24]	清	灵寿县志	卷之三物产
祝嘉庸和吴浔源 [25]	清	宁津县志	卷二舆地志下·物产
戴绹孙 [26]	清	庆云县志	卷三风土·物产
刘统和刘炳忠 [27]	清	任邱县志	卷三食货·物产
屈成霖 [28]	清	景州志	卷之三物产
不详 [29]	明	嘉靖尉氏县志	卷之一风土类·物产
李希程 [30]	明	嘉靖兰阳县志	田赋第二·蔬果类
于沧澜 [31]	清	光绪鹿邑县志	卷九风俗物产
施诚 [7]	清	河南府志	卷之二十七物产志
王德瑛 [32]	清	光绪扶沟县志	卷七风土志
方寿畴 [33]	清	抚豫恤灾录	卷五
沈传义 [34]	清	祥符县志	卷一物产
徐汝瓒和杜昆 [35]	清	汲县志	卷四风土志
不详 [36]	明	嘉靖夏津县志	物产·草之类
岳之岭 [37]	清	长清县志	卷一物产
林薄和周翁镛 [38]	清	即墨县志	卷一方舆·物产
韩文焜 [39]	清	利津新县志	卷一舆地志·土产
李垄 [40]	清	金乡县志	卷三食货·物产
吴式基 [41]	清	朝城县乡土志	卷一植物产
不详 [42]	清	陵县乡土志	卷一物产
周来邰 [43]	清	昌邑县志	卷二风俗·物产
黄怀祖 [44]	清	平原县志	卷之三食货·物产
李熙龄 [45]	清	滨州志	卷六物产

作者	成书年代	书名	主要内容
张思勉和于始瞻 [46]	清	掖县志	卷之一土产
方学成和梁大鲲 [47]	清	夏津县志新编	卷之四食货志·物产
不详 [48]	明	嘉靖太平县志	卷之三食货志·物产
周郑表 [49]	清	莘县乡土志	物产·植物
孙观 [50]	清	观城县志	卷十杂事志·治碱
王道亨 [51]	清	济宁直隶州志	卷二物产·附治碱法
胡德琳 [52]	清	济阳县志	卷一舆地·物产
周家齐 [53]	清	高唐州乡土志	物产·植物
负佩兰和杨国泰 [54]	明	太原县志	卷之一水利
巫慧和王居正 [55]	清	蒲县志	卷之一地理·物产
王克昌和殷梦高 [56]	明	保德州志	卷三土产
钱以垲 [57]	清	隰州志	卷之十五物产
吴葵之和裴国苞 [58]	清	吉县志	卷六物产
王家坊 [59]	清	榆社县志	卷之一舆地志·物产
陈泽霖和杨笃 [60]	清	长治县志	卷之八风土记
王秉韬 [61]	清	五台县志	卷之四物产
白鹤和史传远 [62]	清	武乡县志	卷之二贡赋·物
黎中辅 [63]	清	大同县志	卷八风土
郭磊 [64]	清	广灵县志	卷四风土·物产
马鑑 [65]	清	荣河县志	卷之二物产·草属
徐三俊 [66]	清	辽州志	卷之三物产·草属
王嗣圣 [67]	清	朔州志	卷之七赋役志·物产
赵廷瑞等 [4]	明	陕西通志	卷四十三物产
丁锡奎和白翰章 [68]	清	靖边县志稿	卷一天赋志·物产
洪蕙 [69]	清	延安府志	卷三十三物产
刘懋宫和周斯億 [70]	清	泾阳县志	卷二地理下·物产
阿克达春 [71]	清	清水河厅志	卷之十九物产·草之属
黄恩锡 [72]	清	中卫县志	卷一地理·物产
高弥高和李德奎 [73]	清	肃镇志	卷之一物产
王烜 [74]	清	静宁州志	第三卷赋役志·风俗
张延福 [75]	清	泾州志	物产
张伯魁 [76]	清	崆峒山志	上卷物产
陶会 [77]	清	合水县志	下卷物产
费廷珍 [78]	清	直隶秦州新志	卷之四食货·物产
苏履吉和曾诚 [79]	清	敦煌县志	卷七杂类志·物产
陈之骥 [80]	清	靖远县志	卷五物产
周铣修和叶之 [81]	清	伏羌县志	卷五天赋·物产

作者	成书年代	书名	主要内容
黄璟和朱逊志[82]	清	山丹县志	卷之九物产
黄文炜[83]	清	高台县辑校	卷一物产
钟赓起[84]	清	甘州府志校注	卷一物产
邹浩[85]	明	明万历宁远志	舆地卷第二物产
张珩美和曾钧[86]	清	甘肃五凉全志	卷一物产·草类
德俊[87]	清	两当县志	卷之四食货·草之属
邱大英[88]	清	西和县志	卷二物产·草类
黄泳第[89]	清	成县新志	卷之三物产
呼延华[90]	清	狄道州志	卷十一物产
龚景瀚[91]	清	循化厅志	卷七物产
王树枏[92]	清	新疆小正	
袁大化和王树枏[93]	清	新疆图志	卷六十五土壤
不详[94]	清	新疆四道志	驿站
钟方[95]	清	哈密志	卷之二十三食货六·物产
格琫额[96]	清	伊江汇览	土产
李敬[97]	清	竹镇纪略	第九章物产·饲料类
余鍧[98]	明	嘉靖宿州志	卷之三物产·草类
刘节[99]	明	正德颍州志	卷之三物产·草部
栗永禄[100]	明	嘉靖寿州志	卷四食货志·物产
汪尚宁[101]	明	嘉靖徽州府志	卷八物产·蔬茄
彭泽和汪舜民[102]	明	弘治徽州府志	卷二土产·蔬茄
丁廷楗和赵吉士[103]	清	康熙徽州府志	第六卷食货志·物产
李兆洛[104]	清	嘉庆怀远县志 光绪重修五河县志	卷二赋税志·草类、卷十食货四·物产
钟泰和宗能征[105]	清	光绪亳州志	卷六食货志·物产
潘镕[106]	清	萧县志	卷之五物产
张海[107]	清	当涂县志	卷之一舆地志·物产
稽有庆和魏湘[108]	清	续修慈利县志	卷之九物产
阿桂和董诰[109]	清	盛京通志	卷一百六物产·草类
长顺和李桂林[110]	清	吉林通志	卷三十三食货志五·草类

江苏、热河、察哈尔、河北、山东、山西、陕西、绥远、宁夏、甘肃、青海和新疆，另外湖南也有种植，共计 15 个省，98 个县（府／州／厅）（表 20-2）；其中安徽 9 个县（州）、江苏 1 个县、热河 1 个府、察哈尔 4 个县（府）、河北 13 个县（府／州）、河南 8 个县（府）、山东 17 个县（州）、山西 14 个县（州）、陕西 6 个县、绥远 1 个厅、宁夏 1 个县、甘肃 18 个县（州）、青海 1 个厅、新疆 3 个厅（道）、湖南 1 个县。由表 20-2 可知，华东地区（安徽、江苏）10 个县（州），华北地区（热河、察哈尔、

河北、河南、山东和山西）共计 57 个县（府 / 厅 / 州），西北地区（陕西、绥远、宁夏、甘肃、青海和新疆）共计 30 个县（府 / 厅 / 州）。另外，对东北 42 个方志考证，在《盛京通志》[109] 和《吉林通志》[110] 发现有疑是羊草为苜蓿的记载。

表 20-2   明清时期方志中的苜蓿种植分布 [4~7, 12~108]

地区	县 / 府 / 厅 / 州
热河	承德府
察哈尔	赤城县、宣化府、怀安县、蔚县
河北	赵州、河间府、鸡泽县、乐亭县、晋县乡、束鹿县、深泽县、邢台县、灵寿县、宁津县、庆云县、任邱县、景州
河南	尉氏县、兰阳县、鹿邑县、河南府、扶沟县、滑县、祥符县、汲县
山东	夏津县、长清县、即墨县、利津新县、金乡县、朝城县、陵县、滨州、昌邑县、平原县、掖县、夏津县、太平县、莘县、观城县、济阳县、高唐州
山西	太原县、蒲县、保德州、隰州、吉县、榆社县、长治县、五台县、武乡县、大同县、广灵县、荣河县、辽州、朔州
陕西	咸宁县、靖边县、肤施、甘泉、延长、泾阳县
绥远	清水河厅
宁夏	中卫县
甘肃	肃镇、静宁州、泾州、崆峒山（平凉）、合水县、秦州、敦煌县、靖远县、伏羌县、山丹县、高台县、甘州府、宁远、五凉、两当县、西和县、成县、狄道州
青海	循化厅
新疆	哈密厅、四道、伊犁
江苏	竹镇
安徽	宿州、颍州、寿州、徽州、怀远、五河县、亳州、萧县、当涂县
湖南	慈利县

2.2   苜蓿种植状况

在有些方志中，对苜蓿的种植状况还作了记述。明嘉靖二十一年（1542 年）《陕西通志》[4] 中对苜蓿有这样的记载，"宛马嗜苜蓿，汉使取其实，于是天子始种苜蓿，肥饶地，离宫别馆旁，苜蓿极望（《史记·大宛列传》）。乐游苑多苜蓿，一名怀风，时人或谓之光风，风在其间常萧萧然，日照其花有光采故名，茂陵人谓之连枝草（《西京杂记》）。陶隐居云，长安中有苜蓿园，北人甚重之，寇宗奭曰，陕西甚多，用饲牛马，嫩时无人食之（《本草纲目》）"。《陕西通志》[4] 还指出，民间多种以饲牛。清嘉庆七年（1802 年）陕西的《延安府志》[69] 指出，"肤施、甘川、延长俱有苜蓿。"清乾隆时期甘肃的《高台县志》[83] 记载："苜蓿甘（甘州，今张掖，笔者注）、肃（肃州，今酒泉，笔者注）种者多，高台种者少。"光绪二十四年（1898 年）青海的《循化厅志》[91] 记载："韭、蒜、苜蓿、山药园中皆有之。"光绪《新疆四道志》[94] 记载：

"三道河在城西四十里，其源出塔勒奇山为大西，沟水南流，五十里有苜蓿。"乾隆四十四年（1779年）《河南府志》[7]有这样的记载："苜蓿：述异记张骞苜蓿园在洛阳，骞始于西国得之。伽蓝记洛阳大夏门东北为光风园，苜蓿出焉。"这些都反映了当时苜蓿种植地的一些具体情况。

3 苜蓿生态生物学特性

3.1 苜蓿生物学特性

明清时期，人们对苜蓿的生物学特性有了较清晰的认识，明《陕西通志》[4]记载，"苜蓿有宿根刈讫复生。"清咸丰十一年（1861年）河北的《深泽县志》[6]亦认为："苜蓿草本，一名牧蓿，其宿根自生。"清同治八年（1869年）湖南的《续修慈利县志》[108]对苜蓿的生物学特性描述更细致："二月生苗。一科数十茎，一枝三叶，叶似决明，小如指。秋后结实，黑黄米如穄。"清光绪二十六年（1900年）山东的《宁津县志》[25]记载："苜蓿郭璞作牧宿，谓其宿根自生。"宣统三年（1911年）陕西的《泾阳县志》[70]中对苜蓿的生长利用年限有记载："苜蓿宿根刈后复生，三四年不更种。"另外，河北的《晋县乡土志》[22]还记载了苜蓿的播种时间，"苜蓿来自大宛，小暑后细雨濛濛播种于地。"

根据方志记载可知，在清代河北种植的苜蓿可能有两种，一是紫花苜蓿（*Medicago sativa*），二是黄花苜蓿（*Medicago falcata*）。据清光绪三年（1877年）河北的《乐亭县志》[21]记载，苜蓿《广群芳谱》云，叶似豌豆，紫花，三晋为盛，齐鲁次之，燕赵又次之。苜蓿二月生苗，一科十茎，一枝三叶，叶似决明子，小如指，顶可茹。秋后结实，黑房，米如穄，俗呼木粟。乾隆四年（1739年）察哈尔的《怀安县志》[16]亦记载："苜蓿茎长叶小花黄，生于山野，亦有成亩播种者，以饲牛马。"查证《河北植物志》[111]可知，《乐亭县志》[21]记载的应该是紫花苜蓿，而《怀安县志》[16]所记载的开黄花的苜蓿应该是《植物名实图考》[112]中的野苜蓿（*Medicago falcata*）[9]，即现在的黄花苜蓿。

另外，据清乾隆四十四年（1779年）《盛京通志》[109]记载："羊草生山原间，户部官庄以时收交，备牛羊之用。西北边谓之羊须草，长尺许，茎末园如松针。黝色油润，饲马肥泽。居人以七八月刈而积之，经冬不变。大宛苜蓿疑即此，今人以苜蓿为菜。"光绪十七年（1891年）《吉林通志》[110]引用了《盛京通志》疑是羊草为苜蓿的记载。植物学家胡先骕和孙醒东[113]亦根据《盛京通志》指出，苜蓿（*Medicago sativa*）亦称羊草，对此还有待于进一步考证。

3.2 苜蓿治碱改良土壤特性

对苜蓿改良盐碱地肥沃土壤的作用我国古人早有认识，并已应用于农业生产中获得良好的效果。乾隆二十年（1755 年）河南的《汲县志》[35] 记载："苜蓿每家种二三亩，沃壤多。"嘉庆十八年（1813 年）河南滑县颁布了推广苜蓿种植的政令，据《抚豫恤灾录》[33] 记载，滑县"沙绩之地，既种苜蓿之后，草根盘结，土性渐坚，数年之间，既成膏夷，于农业洵为有益。"清道光十三年（1833 年）河南的《光绪扶沟县志》[32] 指出，"扶沟碱地最多，惟种苜蓿之法最好，苜蓿能暖地，不怕碱，其苗可食，又可放牲畜，三四年后改种五谷。同于膏壤矣。"光绪时期山东的《宁津县志》[25] 说，在"土性之经雨而胶粘者宜种之（苜蓿）。"同是光绪时期河北的《光绪鹿邑县志》[31] 记载："苜蓿多自生无种者。种三后积叶坏烂肥地，垦种谷必倍，……功用甚大。"清同治元年（1862 年）的山东《金乡县志》[40] 指出，"苜蓿能燠地，不畏碱，碱地先种苜蓿，岁刈其苗食之，三四年后犁去，其根改种他谷无不发矣，有云碱地畏雨，岁潦多收。"

3.3 苜蓿可食可饲性

早在汉代苜蓿传入我国初期，苜蓿的饲用性和食用性就得到人们的普遍利用，到明清苜蓿的饲用性与食用性得到了更广泛的利用和发展。明《陕西通志》[4] 中对苜蓿可食可饲性有这样的记载："李白诗云天马常街苜蓿花是此，（苜蓿）味甘淡，不可多食。"明《弘治徽州府志》[102] 指出："苜蓿汉宫所植，其上常有两叶册红结穟如稷，率实一斗者。舂之为米五升，亦有秈有穬，秈者作饭须熟食之，稍冷则坚，穬者可搏以为饵土人谓之灰粟。"

清乾隆四十四年（1779 年）甘肃的《甘州府志》[84] 记载："苜蓿可饲马，汉史外国采回，武帝益种于离宫馆旁。"清乾隆时期甘肃的《高台县志》[83] 记载："苜蓿，春初生芽人亦采食作蔬食。夏月采割，饲牲畜。"宣统三年（1911 年）陕西的《泾阳县志》[70] 记载："苜蓿饲畜胜豆，春苗采之和面蒸食，贫者赖以疗饥。"

清康熙四十九年（1681 年）山西的《保德州志》[56] 亦指出，"苜蓿可饲马。"清道光二十年（1840 年）山东的《道光济南府志》："苜蓿嫩苗亦可蒸，老饲马。"咸丰十年（1860 年）河北的《深泽县志》[6]："苜蓿草本，一名牧蓿，其宿根自生，可饲牛马也。嫩时可食。"清光绪二十六年（1900 年）山东的《宁津县志》[25]："苜蓿郭璞作牧宿，谓其宿根自生，可饲牧牛马。罗愿尔雅翼作木粟，言其荚米可炊饭，可酿酒也。"清光绪三十一年（1905 年）河北的《光绪束鹿县志》[5]："苜蓿：陶云，北人甚重此，南人不甚食之，以无味故也。本境向多种此，饲牲畜，人无食者。后以贫人采而为食，毁损根苗种者逐少。"光绪时期河北的《光绪鹿邑县志》[31]记载："苜蓿非止嫩时可入蔬，可防饥年……苜蓿花开时刈取喂牛马易肥健。"宣统二年（1910年）河北的《晋县乡土志》[22]："苜蓿早春萌芽，人可食，四月开花时，马食之则肥。叶生罗网食之则吐，种者知之。"

华北、西北、华东等地诸省明清方志表明，在明清时期苜蓿是这些地方的重要物产资源，特别是在华北和西北苜蓿得到了广泛种植，山东、河南、河北、山西、陕西、甘肃和新疆尤为突出，其中华北地区57个县（府 / 厅 / 州）种有苜蓿，西北地区30个县（府 / 厅 / 州）种有苜蓿，两者合计占所考县（府 / 厅 / 州）的88.8%，这说明在明清时期我国苜蓿主要种植在华北和西北地区。华东地区以安徽最多，苜蓿种植达9个县（州）。在苜蓿种植过程中人们对其生态生物学特性有了较为明确的认识，并应用在生产中，如苜蓿的多年生长性、耐碱改良土壤性、沃土肥田使后作增产性等。在清代河北省既种紫花苜蓿亦种黄花苜蓿，如怀安县。明清时期苜蓿不仅用于饲喂牛马等，而且亦用于人食，特别是在饥年更是人们赈灾的重要食材。通过考查发现，方志中蕴含着丰富的苜蓿历史信息，到目前为止，对方志中的苜蓿历史信息挖掘研究还显薄弱。因此，今后应加强这方面的研究，以了解明清时期的苜蓿生产状况，对指导今天苜蓿生产具有重要意义。

参 考 文 献

[1] 傅振伦.方志学通论.上海:商务印书馆,1935.

[2] 李泰棻.方志学.上海:商务印书馆,1935.

[3] 来新夏.方志学概论.福州:福建人民出版社,1983.

[4] 赵廷瑞,马理,吕柟[明].陕西通志.西安:三秦出版社,2006.

[5] 李中桂[清].光绪束鹿县志.台北:成文出版社,1968.

[6] 王肇晋[清].深泽县志.台北:成文出版社,1976.

[7] 施诚[清].河南府志.乾隆四十四年(1779)刻本.

[8] 孙启忠,柳茜,那亚,等.我国汉代苜蓿引入者考.草业学报,2016,25(1):240-253.

[9] 孙启忠,柳茜,李峰,等.我国古代苜蓿的植物学研究考.草业学报,2016,25(3):202-213.

[10] 孙启忠,柳茜,陶雅,等.张骞与汉代苜蓿引入考述.草业学报,2016,25(10):180-190.

[11] 孙启忠,柳茜,陶雅,等.汉代苜蓿传入我国的时间考述.草业学报,2016,25(12):194-205.

[12] 海忠修,林从炯[清].承德府志.台北:成文出版社,1968.

[13] 孟思谊[清].赤城县志.台北:成文出版社,1968.

[14] 吴廷华[清].宣化府志.台北:成文出版社,1968.

[15] 陈垣[清].宣化乡土志.台北:成文出版社,1968.

[16] 不详[清].怀安县志.台北:成文出版社,1968.

[17]　王育榞[清]. 蔚县志. 台北: 成文出版社, 1968.

[18]　蔡懋昭[明]. 隆庆赵州志. 上海: 上海古籍书店, 1962.

[19]　樊深[明]. 嘉靖河间府志. 上海: 上海古籍书店, 1981.

[20]　王锦林[清]. 鸡泽县志. 台北: 成文出版社, 1969.

[21]　史梦澜[清]. 乐亭县志. 台北: 成文出版社, 1969.

[22]　李席[清]. 晋县乡土志. 台北: 成文出版社, 1968.

[23]　戚朝卿[清]. 邢台县志. 台北: 成文出版社, 1969.

[24]　刘广年[清]. 灵寿县志. 台北: 成文出版社, 1976.

[25]　祝嘉庸[清], 吴浔源[清]. 宁津县志. 台北: 成文出版社, 1976.

[26]　戴絅孙[清]. 庆云县志. 台北: 成文出版社, 1969.

[27]　刘统, 刘炳忠[清]. 任邱县志. 台北: 成文出版社, 1976.

[28]　屈成霖[清]. 景州志. 台北: 成文出版社, 1968.

[29]　不详[明]. 嘉靖尉氏县志. 上海: 上海古籍书店, 1963.

[30]　李希程[明]. 嘉靖兰阳县志. 上海: 中华书局上海编辑所, 1965.

[31]　于沧澜[清]. 光绪鹿邑县志. 清光绪22年(1896) 刻本.

[32]　王德瑛[清]. 光绪扶沟县志. 清光绪十九年(1893) 刻本.

[33]　方寿畴[清]. 抚豫恤灾录. 嘉庆十九年(1814)刻本.

[34]　沈传义[清]. 祥符县志. 清光绪二十四年(1898)刻本.

[35]　徐汝瓒[清], 杜昆[清]. 汲县志. 乾隆20年(1755)版本.

[36]　不详[明]. 嘉靖夏津县志. 上海: 上海古籍书店, 1962.

[37]　岳之岭[清]. 长清县志. 雍正5年(1727)刻本.

[38]　林薄[清], 周翁镶[清]. 即墨县志. 同治十二年(1873)刻本.

[39]　韩文焜[清]. 利津新县志. 台北: 成文出版社, 1976.

[40]　李垒[清]. 金乡县志. 台北: 成文出版社, 1976.

[41]　吴式基[清]. 朝城县乡土志. 台北: 成文出版社, 1968.

[42]　不详[清]. 陵县乡土志. 台北: 成文出版社, 1968.

[43]　周来邰[清]. 昌邑县志. 台北: 成文出版社, 1976.

[44]　黄怀祖[清]. 平原县志. 台北: 成文出版社, 1976.

[45]　李熙龄[清]. 滨州志. 咸丰十年(1860 年)刻本.

[46]　张思勉[清], 于始瞻[清]. 掖县志. 台北: 成文出版社, 1976.

[47]　方学成[清], 梁大鲲[清]. 夏津县志新编. 台北: 成文出版社, 1968.

[48]　不详[明]. 嘉靖太平县志. 上海: 上海古籍出版社, 1963.

[49]　周郑表[清]. 莘县乡土志. 台北: 成文出版社, 1968.

[50]　孙观[清]. 观城县志. 台北: 成文出版社, 1968.

[51]　王道亨[清]. 济宁直隶州志. 乾隆50年(1785).

[52]　胡德琳[清]. 济阳县志. 台北: 成文出版社, 1976.

[53]　周家齐[清]. 高唐州乡土志. 台北: 成文出版社, 1968.

[54]　负佩蘭[明], 杨国泰[明]. 太原县志. 台北: 成文出版社, 1976.

[55]　巫慧[清], 王居正[清]. 蒲县志. 台北: 成文出版社, 1976.

[56]　王克昌[明], 殷梦高[明]. 保德州志. 台北: 成文出版社, 1976.

[57] 钱以塏[清]. 隰州志. 台北: 成文出版社, 1976.

[58] 吴葵之[清], 裴国苞[清]. 吉县志. 台北: 成文出版社, 1976.

[59] 王家坊[清]. 榆社县志. 台北: 成文出版社, 1976.

[60] 陈泽霖[清], 杨笃[清]. 长治县志. 台北: 成文出版社, 1976.

[61] 王秉韬[清]. 五台县志. 乾隆年刊印本.

[62] 白鹤[清], 史传远[清]. 武乡县志. 台北: 成文出版社, 1968.

[63] 黎中辅[清]. 大同县志. 太原: 山西人民出版社, 1992.

[64] 郭磊[清]. 广灵县志. 台北: 成文出版社, 1976.

[65] 马鑑[清]. 荣河县志. 台北: 成文出版社, 1976.

[66] 徐三俊[清]. 辽州志. 台北: 成文出版社, 1976.

[67] 王嗣圣[清]. 朔州志. 台北: 成文出版社, 1976.

[68] 丁锡奎[清], 白翰章[清]. 靖边县志稿. 台北: 成文出版社, 1970.

[69] 洪蕙[清]. 延安府志. 清嘉庆7年(1802)刻本.

[70] 刘懋宫[清], 周斯億[清]. 泾阳县志. 台北: 成文出版社, 1969.

[71] 阿克达春[清]. 清水河厅志. 台北: 成文出版社, 1968.

[72] 黄恩锡[清]. 中卫县志. 台北: 成文出版社, 1968.

[73] 高弥高[清], 李德奎[清]. 肃镇志. 台北: 成文出版社, 1970.

[74] 王烜[清]. 静宁州志. 台北: 成文出版社, 1970.

[75] 张延福[清]. 泾州志. 台北: 成文出版社, 1970.

[76] 张伯魁[清]. 崆峒山志. 台北: 成文出版社, 1970.

[77] 陶会[清]. 合水县志. 台北: 成文出版社, 1970.

[78] 费廷珍[清]. 直隶秦州新志. 台北: 成文出版社, 1970.

[79] 苏履吉[清], 曾诚[清]. 敦煌县志. 台北: 成文出版社, 1970.

[80] 陈之骥[清]. 靖远县志. 台北: 成文出版社, 1976.

[81] 周铣修[清], 叶之[清]. 伏羌县志. 台北: 成文出版社, 1976.

[82] 黄璟[清], 朱逊志[清]. 山丹县志. 台北: 成文出版社, 1970.

[83] 黄文炜[清]. 高台县辑校. 张志纯点校. 兰州: 甘肃人民出版社, 1998.

[84] 钟赓起[清]. 甘州府志校注. 张志纯校注. 兰州: 甘肃人民出版社, 2008.

[85] 邹浩[明]. 明万历宁远志. 兰州: 甘肃人民出版社, 2005.

[86] 张珮美[清], 曾钧[清]. 甘肃五凉全志. 台北: 成文出版社, 1976.

[87] 德俊[清]. 两当县志. 台北: 成文出版社, 1970.

[88] 邱大英[清]. 西和县志. 台北: 成文出版社, 1970.

[89] 黄泳第[清]. 成县新志. 台北: 成文出版社, 1970.

[90] 呼延华[清]. 狄道州志. 台北: 成文出版社, 1970.

[91] 龚景瀚[清]. 循化厅志. 台北: 成文出版社, 1968.

[92] 王树枏[清]. 新疆小正. 台北: 成文出版社, 1968.

[93] 袁大化[清], 王树枏[清]. 新疆图志. 台北: 成文出版社, 1965.

[94] 不详[清]. 新疆四道志. 台北: 成文出版社, 1968.

[95] 钟方[清]. 哈密志. 台北: 成文出版社, 1968.

[96] 格琫额[清]. 清代新疆稀见史料汇辑·伊江汇览. 北京: 全国图书馆缩微文献复制中心, 1990.

[97] 李敬[清]. 竹镇纪略. 南京: 江苏古籍出版社, 1992.

[98] 余鉤[明]. 嘉靖宿州志. 上海: 上海古籍书店, 1963.

[99] 刘节[明]. 正德颖州志. 上海: 上海古籍书店, 1963.

[100] 栗永禄[明]. 嘉靖寿州志. 上海: 上海古籍书店, 1963.

[101] 汪尚宁[明]. 嘉靖徽州府志. 台北: 成文出版社, 1981.

[102] 彭泽[明], 汪舜民[明]. 弘治徽州府志. 上海: 上海古籍书店, 1981.

[103] 丁廷楗[清], 赵吉士[清]. 康熙徽州府志. 台北: 成文出版社, 1975.

[104] 李兆洛[清]. 嘉庆怀远县志 光绪重修五河县志. 南京: 江苏古籍出版社, 1998.

[105] 钟泰[清], 宗能征[清]. 光绪亳州志. 南京: 江苏古籍出版社, 1998.

[106] 潘镕[清]. 萧县志. 合肥: 黄山书社, 2012.

[107] 张海[清]. 当涂县志. 民国(1912—1949) 石印本.

[108] 稽有庆[清], 魏湘[清]. 续修慈利县志. 台北: 成文出版社, 1976.

[109] 阿桂[清], 董诰[清]. 盛京通志. 沈阳: 辽海出版社, 1997.

[110] 长顺[清], 李桂林[清]. 吉林通志. 长春: 吉林文史出版社, 1986.

[111] 河北植物志编辑委员会. 河北植物志(第一卷). 石家庄: 河北科学技术出版社, 1986.

[112] 吴其濬. 植物名实图考. 北京: 商务印书馆, 1957.

[113] 胡先骕, 孙醒东. 国产牧草植物. 北京: 科学出版社, 1955.

二十一、民国时期方志中的苜蓿

　　方志，亦称地方志，是我国重要的文化典籍和史料资源。我国自明代提倡编纂方志，清代便昌盛起来[1]。到了民国时期，不论是地方政府还是中央政府对方志的编纂都十分重视，民国六年（1917 年），山西省公署下达了编写新志的训令，并颁布了《山西各县志书凡例》，民国十八年（1929 年）国民政府颁布了《修志事例概要》，这些措施促进了民国时期方志的纂修[2]。苜蓿作为重要的物产资源，被民国时期的许多方志记录在册，如河北《景县志》[3]、山东《莱阳县志》[4]、甘肃《重修灵台县志》[5] 和《新疆志稿》[6] 等，这些方志对我们了解和考查民国时期的苜蓿生产发展状况具有重要的历史意义。然而迄今为止，对民国时期方志中的苜蓿考查研究还尚属少见。本研究试图在收集民国时期方志的基础上，应用植物考据学原理与技术[7~9]，对我国民国时期的苜蓿种植分布、苜蓿植物生态学特性，乃至栽培利用等进行考查，以期对我国民国时期的苜蓿生产状况有个大致的了解，为苜蓿史研究积累一些资料。

1　方　志　源

　　以华北、西北、华东等地区诸省民国时期的方志为基础，通过方志收集整理、查证方志记载、爬梳剔抉和排比剪裁等手段，应用植物考据学原理，甄别归纳，再回溯史料，验证史实，重点对 58 个地方志中的苜蓿进行了考查（表 21-1）。

表 21-1　民国时期记有苜蓿的方志

方志名称	成书年份	记载之处
宁国县志 [10]	1936	卷七物产志·植物
萧城县志 [11]	1915	卷四食货志　物产
涡阳县志 [12]	1924	卷八物产·草类
歙县志 [13] S	1937	卷三食货志·物产
芜湖县志 [14]	1919	卷三十二实业志·物产
沛县志咸丰邳州志邳志补 [15]	1920	卷三风俗、卷之一疆域
邳志续编 [16]	1923	卷二十四物产
江阴县续志 [17]	1921	卷十一物产
栖霞新志 [18]	1930	第九章物产

方志名称	成书年份	记载之处
吴县志[19]	1933	卷五十物产
阜宁县新志[20]	1924	卷十一物产·植物
宣化县新志[21]	1921	卷四物产志·植物类
张北县志[22]	1936	卷四物产志·植物
怀安县志	1934	卷五物产志·植物
景县志耿[3]	1932	卷二物产品类·蔬类
威县志[24]	1929	卷三舆地志下·物产
徐水县新志[25]	1932	卷三物产记·植物
新城县志[26]	1935	卷十八地物篇·庶物
广平县志[27]	1939	卷五物产志
束鹿县志[28]	1937	卷五食货·土产
柏乡县志[29]	1932	卷三户口物产实业
交河县志[30]	1916	卷一舆地志·物产
霸县新志[31]	1934	卷四风土·物产
清苑县志[32]	1934	卷三风土·物产
顺义县志[33]	1933	卷之九物产志·植物
大名县志[34]	1934	卷二十三物产志·自然物
洛宁县志[35]	1917	卷二土产
齐东县志[36]	1935	卷一地理志·自然物产
高密县志[37]	1935	卷二地舆·物产
莘县志[38]	1937	卷四食货志·物产
阳信县志[39]	1926	卷七物产志·植物
昌乐县续志[40]	1934	卷十二物产志
夏津县志续编[41]	1924	卷四食货志·物产
德县志[42]	1935	卷十三风土志·物产
莱阳县志[4]	1934	卷二之六实业物产
陵县续志[43]	1936	卷三第十七编物产
胶澳志[44]	1928	食货志·农业
济阳县志[45]	1934	实业·农业
临晋县志[46]	1923	卷三物产略
襄垣县志[47]	1928	卷之二物产略
新绛县志[48]	1929	卷三物产略
介休县志[49]	1930	谱第二卷七物产谱
翼城县志[50]	1929	卷八物产
太谷县志[51]	1931	卷四生业略·物产
虞乡县新志[52]	1920	卷之四物产·草种
神木乡土志[53]	1937	卷三物产

方志名称	成书年份	记载之处
重修咸阳县志 [54]	1932	卷一物产
续修陕西通志稿 [55]	1934	卷一
澄城附志 [56]	1926	卷一
朔方道志 [57]	1926	卷三舆地志风俗物产
华亭县志 [58]	1933	卷一物产
重修灵台县志 [5]	1935	卷之一方舆图·物产
新修张掖县志 [59]	1912-1949	地理·物产
民勤县志 [60]	1926	物产·草类
重修镇原县志 [61]	1935	第一卷地舆志上·物产
大通县志 [62]	1919	第五部物产志·植物
新疆志稿 [6]	1930	卷之二畜牧
新疆地理志 [63]	1914	第二章地文地理·第七节动植物之分布

2 苜蓿种植分布及其状况

2.1 苜蓿种植分布

从所考方志看，民国时期我国华东、华北和西北都有苜蓿种植，主要分布在安徽、江苏、察哈尔、河北、山东、山西、陕西、宁夏、甘肃、青海和新疆等地（表21-2），其中安徽5个县、江苏6个县、察哈尔3个县、河北13个县、河南1个县、山东11个县、山西7个县、陕西3个县、宁夏1个道、甘肃5个县、青海1个县和新疆伊犁，共计57个县（道）。从表21-2可知，民国时期苜蓿种植以华北地区最多，达35个县，其次华东，达11个县，西北较少，为9个县（道）。

2.2 苜蓿种植状况

在有些方志中，对苜蓿的种植状况还作了记述。民国十二年（1923年）江苏的《邳志补》[15]记载："苜蓿《群芳谱》一名木粟、一名怀风、一名尤风草、一名连枝草、一名牧宿。张骞自大宛带种归，今处处种之。……史记·大宛传马嗜苜蓿。汉使取其实来，于是天子始种苜蓿。唐书·百官志凡驿马给地四顷，莳以苜蓿，又为饲马。邳人多于树边种之，以饲牛马，亦间有採为蔬者。"民国十八年（1929年）山西的《新绛县志》[48]亦记载："苜蓿各乡村皆种之，为最佳之牧料。《植物名实考》《述异记》谓张骞使西域始得苜蓿，则苜蓿非我国有也可知。"民国二十一年（1932年）河北的《徐水县新志》[25]指出："苜蓿一名木粟，一名怀风，一名光风草，一名连枝草，出大宛国，马食之则肥，张骞使西域带种归，今到处有之。徐水各村隙地种苜蓿者最多，用以饲马。"民国二十三年（1934 年）《续修陕西通志稿》[55] 亦记有"此（苜蓿）为饲畜嘉草……种此数年地可肥，为益甚多，故莳者广，陕西甚多。"民国二十四年（1935 年）甘肃的《重修镇原县志》[61] 记载："草之属茜草、马蔺、苜蓿其最多也。"

表 21-2　民国时期方志中的苜蓿种植分布[3-6, 10-63]

省地	县（道）
安徽	宁国县、蒙城县、涡阳县、歙县、芜湖县
江苏	沛县、邳州、江阴县、栖霞县、吴县、阜宁县
察哈尔	宣化县、张北县、怀安县
河北	景县、威县、徐水县、新城县、广平县、束鹿县、柏乡县、交河县、蔚县、霸县、清苑县、顺义县、大名县
河南	洛宁县
山东	齐东县、高密县、莘县、阳信县、昌乐县、夏津县、德县、莱阳县、陵县、胶澳县、济阳县
山西	临晋县、襄垣县、新绛县、介休县、翼城县、太谷县、虞乡县
陕西	神木县、咸阳县、澄成县
宁夏	朔方道
甘肃	华亭县、灵台县、张掖县、民勤县、镇原县
青海	大通县
新疆	伊犁

3　苜蓿植物生态学特性

3.1　苜蓿植物学特性

在有些方志中，对苜蓿生态植物学特性作了详细的记述。民国十八年（1929 年）河北的《威县志》[24] 记载："苜蓿：汉书作目宿；尔雅翼作木粟；郭璞作牧宿，谓其宿根自生；李时珍谓种出大宛，汉张骞带入中国；《西京杂记》曰，乐游苑自生玫瑰，树下多苜蓿，一名怀风，时人或谓光风草，风在其间萧萧然，日照其花有光彩故名怀风，茂陵人谓之连枝草。"民国二十二年（1933 年）河北的《顺义县志》[33] 指出："苜蓿菜叶似豌豆，可茹，其苗春生，一棵数十茎，一茎三叶，紫花，秋结实似穄入药。"民国二十四年（1935 年）河北的《张北县志》[22] 记载："苜蓿茎长二尺余，平卧于地上，叶羽状复叶，叶腋出花，轴花小黄色，发芽时坝下清明，坝上立夏立秋后收割，坝下多产之作为喂养牲畜之用。"民国二十三年（1934 年）河北的《怀安县志》[23] 记载："苜蓿茎长叶小花黄，生于山野，亦有成亩播种者。以饲牛马。"民国二十一年（1932 年）河北的《景县志》[3] 记载："苜蓿种出大宛，汉时张骞始带入中国，分紫黄二种。据

《群芳谱》张骞所带入者即紫苜蓿，今则处处有之，种后年年自生。"民国二十八年（1939 年）河北的《广平县志》[27] 记载，"苜蓿，李时珍曰原出大宛，张骞带入中国（本草纲目）；叶似豌豆，紫花，三晋为盛齐鲁次之，赵燕又次之（群芳谱）。又一种花黄色，宿根。"考证《河北植物志》[64] 可知，民国时期河北种植的 2 种苜蓿应该是紫花苜蓿（*Medicago sativa*）和黄花苜蓿（*M. falcata*）。

民国二十三年（1934 年），山东的《昌乐县续志》[40] 记载，"苜蓿叶小花紫。"民国二十四年（1935 年）山东的《德县志》[42] 记载："苜蓿，大别有二种，一曰紫花苜蓿，茎高数尺，叶羽状复叶，夏初开小紫花，春日苗芽嫩时亦可食，北方多种之。史记·大宛列传马嗜苜蓿，汉使取其实来，于是始种苜蓿，《群芳谱》谓即苜蓿南方无之，有一种野苜蓿亦曰南苜蓿或称金花菜，茎铺地，叶为三小叶合成，小叶倒卵形，顶端凹入，花小色黄，形似蝶，荚作螺旋形，有刺，入药者即此，南方随处有，北方地无之。"从上述记载可知，在民国时期德县种植的苜蓿有 2 种，一是紫花苜蓿，二是南苜蓿（*M. hispida*）。民国二十四年（1935 年）山东的《莱阳县志》[4] 记载："苜蓿有紫苜蓿、黄苜蓿、野苜蓿三种。"考证《植物名实图考》[65] 和《山东植物志》[66] 可知，莱阳县所记载的 3 种苜蓿分别为：紫花苜蓿（*Medicago satova*）、黄苜蓿（*M. hispida*，南苜蓿）和野苜蓿（*M. falcata*，黄花苜蓿）。

3.2 苜蓿改碱性

在民国时期，人们对苜蓿治理碱地的特性有了更进一步的认识。民国二十一年（1932 年）河北的《景县志》[3] 记载，"邑人往往与碱地种之（苜蓿），宿根至三年以上则硗瘠可变肥沃。以碱地其下层有硬沙坚如石，水不能渗，故泛而为卤。苜蓿根长而硬，且直下如锥，宿根至三年以上则其根将硬沙触破，而水得渗下。"民国二十一年（1932 年）河北的《柏乡县志》[29] 亦记载："苜蓿硗地不殖五地间或生之，亦物之有主权者。"民国二十三年（1934 年）山东的《济阳县志》[45] 记载苜蓿，多播种于碱地。

4 苜蓿饲蔬内用性

苜蓿的食用性与饲用性 在民国时期的华东、华北和西北等地区亦得到了较好的利用。在山东除记载苜蓿可饲用和食用外，并有苜蓿是很好的蜜源植物的记载。民国十五年（1926 年）山东的《阳信县志》[39] 记载，"苜蓿为畜牧药品，嫩叶可食。"民国二十三年（1934 年）山东的《夏津县志续编》[41] 记载，"苜蓿味甘甜，可饲牲畜。"民国二十三年（1934 年）山东的《昌乐县续志》[40] 记载，"苜蓿叶小花紫，可蒸食，亦可饲畜。相传自汉时其种来自西域。"民国二十三年（1934年）山东的《济阳县志》[45]记载苜蓿，"为畜产要品，嫩叶可食，且蜜源级富，附近宜于养蜂。"民国二十四年（1935年）山东的《新城县志》[26]记载："史记·大宛列传马嗜苜蓿，汉史取其实来；元史·食货志世祖初令各社种苜蓿防饥年；群芳谱一名木粟，一名怀风，三晋为盛齐鲁次之，赵燕又次之；葛洪·西京杂记，乐遊苑树下多苜蓿，一名怀风，时人或谓之光风，风在其间萧萧然，日照其花有光彩，故名苜蓿为怀风。茂陵人谓之连枝草。苜蓿宿根，根最长入土最深，初生时人多采食之，一岁三岁割以之饲牲畜，杜甫诗云：宛马总肥春苜蓿。"此外，民国一十二年（1923年）江苏的《邳志补》[15]记载："唐薛令之为东宫侍读官作苜蓿诗以自乐，朝日上团团，照见先生盘，盘中何所有，苜蓿长阑干。元史·食货志 至元七年，颁农桑之制，令各社布种苜蓿，以防饥年，则古人所常食也。唐书·百官志凡驿马给地四顷，莳以苜蓿，又为饲马。邳人多于树边种之，以饲牛马，亦间有采为蔬者。"民国十四年（1925年）安徽的《涡阳县志》[12]亦对苜蓿的可饲性做了说明："苜蓿：尔雅作木粟，言其米可炊饭也；郭璞作牧宿，谓其宿根，可牧牛马也。"

民国五年（1916年），河北的《交河县志》[30]记载："苜蓿或作莜蓿，可饲牛马。"民国十八年（1929年）河北的《威县志》[24]记载："尔雅翼作木粟，言其米可炊饭也；郭璞作牧宿，谓其宿根自生，可牧牛马也。"民国二十一年（1932年）河北的《景县志》[3]记载："苜蓿……刈苗作蔬，一年可三刈，亦可饲牛马。苜蓿原系蔬种植物。尔雅翼作木粟，言其米可炊饭也。陶宏景曰长安中乃有苜蓿园，北人甚重之，南人不甚食之，以无味故也。今见邑人种苜蓿者于春季嫩时偶然采作蔬用，其大宗全作饲牛马，并无专种之以作蔬者。"民国二十一年（1932年）河北的《徐水县新志》[25]记载："苜蓿……出大宛国，马食之则肥，张骞使西域带种归，今到处有之。徐水各村隙地种苜蓿者最多，用以饲马。"民国二十三年（1934年）河北的《清苑县志》[32]记载："苜蓿初生叶可食。"民国二十八年（1939年）河北的《广平县志》[27]记载，"六月种，嫩苗杂面蒸食，荄叶以饲牛马。"另外，在民国九年（1920年）山西的《虞乡县新志》[52]记载："苜蓿可作牲口细草，嫩时人亦好作吃。"民国十八年（1928年）山西的《翼城县志》[50]记载："苜蓿喂马用，春季初生嫩苗人家亦多采食者。"

在西北，苜蓿主要用于饲喂牛马，但人亦在食用。民国十五年（1926年）陕西的《澄成县志》[56]记载："苜蓿各处皆有，嫩叶作菜食，长大以喂牲畜，惟种者甚少，乡氏夏秋取。"民国二十三年（1934年）的《续修陕西通志稿》就说苜蓿"此为饲畜嘉草，嫩时可作蔬，凶年贫民决食以代粮。"民国十五年（1926年）宁夏的《朔方道志》[57]记载："苜蓿一名怀风，一名连枝草，嫩时可食。"同在民国十五年（1926年）甘肃的《民勤县志》[60]记载："苜蓿可饲牛马。"民国二十二年（1933年）甘肃的《华亭县志》[58]记载："苜蓿亦张骞西域得种，嫩叶作蔬，长苗饲畜。"民国二十四年（1935

年）甘肃的《重修灵台县志》[5]记载："苜蓿春初芽可食及夏干老花开俱喂牲畜。"1949年甘肃的《新修张掖县志》[59]记载，"苜蓿可饲马，由外国采回，武帝种于离馆旁。"民国八年（1919年）青海的《大通县志》[62]记载，"苜蓿《群芳谱》一名木粟，一名光风草，一名连枝草，春初芽嫩可食。"在新疆苜蓿饲喂牛马中认识到，牛食青绿苜蓿后会得臌胀病。例如，民国十九年（1930年）《新疆志稿》[6]记载："（伊犁）秋日苜蓿遍野，饲马则肥。牛误食则病。牛误食青苜蓿必腹胀，医法灌以胡麻油半斤，折红柳为枚卫之流涎。"

据不完全查证，民国时期华东、华北和西北等地诸省方志表明，苜蓿在这些地方得到普遍种植，共计有55个县（道）种植了苜蓿，其中以华北地区最多，达35个县，占所考苜蓿种植县的63.6%，其次华东，达11个县，占所考苜蓿种植县的20.0%，西北较少，为9个（道），占所考苜蓿种植县的16.4%。苜蓿已成为这些地区的重要牧草资源和蔬菜资源。在苜蓿栽培种植中，人们对其生物学特性亦有了较为明确的认识，对苜蓿植物学有了较明确的描述和记载，利用苜蓿的耐碱性和多年生性，进行碱地改良和肥田得到较好的效果。考查发现，民国时期方志中蕴含着丰富的苜蓿历史信息，这些信息研究对了解民国时期我国苜蓿发展状况据有十分重要的意义，因此，应加强这方面的研究。

参 考 文 献

[1] 李泰棻. 方志学. 上海: 商务印书馆, 1935.

[2] 来新夏. 方志学概论. 福州: 福建人民出版社, 1983.

[3] 耿兆栋, 张汝漪. 景县志. 台北: 成文出版社, 1976.

[4] 王丕煦, 梁秉锟. 莱阳县志. 台北: 成文出版社, 1968.

[5] 杨渠, 王朝俊. 重修灵台县志. 台北: 成文出版社, 1976.

[6] 钟广生. 新疆志稿. 台北: 成文出版社, 1968.

[7] 孙启忠, 柳茜, 那亚, 等. 我国汉代苜蓿引入者考. 草业学报, 2016, 25(1): 240-253.

[8] 孙启忠, 柳茜, 李峰, 等. 我国古代苜蓿的植物学研究考. 草业学报, 2016, 25(5): 202-213.

[9] 孙启忠, 柳茜, 陶雅, 等. 张骞与汉代苜蓿引入考述. 草业学报, 2016, 25(10): 180-190.

[10] 李内鹿. 宁国县志. 台北: 成文出版社, 1968.

[11] 汪篪, 于振江. 蒙城县志. 南京: 江苏古籍出版社, 1998.

[12] 黄佩兰, 王佩. 涡阳县志. 台北: 成文出版社, 1970.

[13] 石国柱, 承尧. 歙县志. 台北: 成文出版社, 1976.

[14] 余谊密, 鲍寔. 芜湖县志. 台北: 成文出版社, 1969.

[15] 杨俊仪. 沛县志咸丰邳州志, 邳志补. 上海: 上海古籍出版社, 1991.

[16] 窦鸿年. 邳志续编. 南京: 江苏古籍出版社, 1990.

[17] 陈思, 缪荃孙. 江阴县续志. 上海: 上海古籍出版社, 1991.

[18] 陈邦贤.栖霞新志.台北:文海出版社,1983.

[19] 曹允源,李根源.吴县志.南京:江苏古籍出版社,1990.

[20] 吴宝瑜,庞友蘭.阜宁县新志.台北:成文出版社,1975.

[21] 郭维城,王告士.宣化县新志.台北:成文出版社,1968.

[22] 陈继淹,许闻诗.张北县志.台北:成文出版社,1968.

[23] 景佐纲,张镜渊.怀安县志.台北:成文出版社,1968.

[24] 崔正春,尚希宝.威县志.台北:成文出版社,1976.

[25] 刘延昌,刘鸿书.徐水县新志.台北:成文出版社,1976.

[26] 侯安澜,王树祠.新城县志.台北:成文出版社,1968.

[27] 韩作舟.广平县志.台北:成文出版社,1968.

[28] 谢道安.束鹿县志.台北:成文出版社,1968.

[29] 牛宝善,魏永弼.柏乡县志.台北:成文出版社,1976.

[30] 高步青,苗毓芳.交河县志.台北:成文出版社,1968.

[31] 刘廷昌,刘崇本.霸县新志.台北:成文出版社,1968.

[32] 金良骥,姚寿昌.清苑县志.台北:成文出版社,1968.

[33] 李芳,杨得声.顺义县志.台北:成文出版社,1968.

[34] 程廷恒,洪家禄.大名县志.台北:成文出版社,1968.

[35] 贾毓鹗,王凤翔.洛宁县志.台北:成文出版社,1968.

[36] 梁中权,于清泮.齐东县志.台北:成文出版社,1976.

[37] 余有林,王照青.高密县志.台北:成文出版社,1968.

[38] 王嘉猷,严绥之.莘县志.台北:成文出版社,1976.

[39] 朱蘭,劳逦宣.阳信县志.台北:成文出版社,1968.

[40] 王金狱,赵文琴.昌乐县续志.台北:成文出版社,1968.

[41] 谢锡文,许宗海.夏津县志续编.台北:成文出版社,1968.

[42] 李树德,董瑶林.德县志.台北:成文出版社,1968.

[43] 苗恩波,刘荫歧.陵县续志.台北:成文出版社,1968.

[44] 赵琪,袁荣.胶澳志.台北:成文出版社,1968.

[45] 李国庆.济阳县志.民国二十三年刊本,1934.

[46] 俞家骧.临晋县志.台北:成文出版社,1976.

[47] 严用琛,鲁宗藩.襄垣县志.台北:成文出版社,1976.

[48] 徐昭俭 杨兆泰.新绛县志.台北:成文出版社,1976.

[49] 张广麟,董重.介休县志.台北:成文出版社,1976.

[50] 马继桢,吉廷彦.翼城县志.台北:成文出版社,1976.

[51] 刘玉玑,胡万凝.太谷县志.台北:成文出版社,1976.

[52] 周振声,李无逸.虞乡县新志.台北:成文出版社,1968.

[53] 作者不详.神木乡土志.台北:成文出版社,1970.

[54] 刘安国,吴廷锡.重修咸阳县志.1932年影印本.

[55] 宋伯鲁.续修陕西通志稿.民国23年(1934)铅印本.

[56] 王怀斌,赵邦楹.澄城县志.台北:成文出版社,1968.

[57] 王臣之. 朔方道志. 天津: 天津华泰印书馆, 1926.

[58] 郑震谷, 幸邦隆. 华亭县志. 台北: 成文出版社, 1976.

[59] 白册侯, 余炳元. 新修张掖县志. 1912—1949年抄本.

[60] 马福祥, 王之臣. 民勤县志. 台北: 成文出版社, 1970.

[61] 焦国理. 重修镇原县志. 台北: 成文出版社, 1970.

[62] 刘运新, 廖偰苏. 大通县志. 台北: 成文出版社, 1970.

[63] 张献廷. 新疆地理志. 台北: 成文出版社, 1968.

[64] 河北植物志编辑委员会. 河北植物志(第一卷). 石家庄: 河北科学技术出版社, 1986.

[65] 吴其濬. 植物名实图考. 北京: 商务印书馆, 1957.

[66] 陈汉斌. 山东植物志. 青岛: 青岛出版社, 1992.

第四篇　方志中的苜蓿考

人 名 索 引

地 名 索 引

非人名和地名的词汇、短语索引

非人名和地名的词汇、短语索引